真正代替欧几里得的教科书还没有写出来并且不可能写出来。

——《大英百科全书》

（全三册）

几何原本
欧几里得原理十三卷

第二册

〔古希腊〕欧几里得 著　冯翰翘 译　李桠楠 校

上海三联书店

中译本前言

译注本第二册包含欧几里得的卷Ⅲ.—Ⅸ.共七卷。其中卷Ⅲ.、Ⅳ.、Ⅵ.是关于平面几何的,卷Ⅴ.是关于比例论的,卷Ⅶ.—Ⅸ.是关于算术以及一些初等数论的内容,卷Ⅲ.由11个定义和37个命题构成。这11个定义是关于等圆,圆的切线,两圆相切,弓形、弓形角,弓形内的角、扇形、相似弓形的。要特别注意弓形角(angle of a segment)与弓形内的角(angle in a segment)的区别,定义7把弓形角定义为由一条直线和一段圆弧所夹的角,是曲线与直线构成的混合角。实际上是弦切角。而定义8把弓形内的角定义为圆弧上一点到直线的两个端点的直线所夹的角。这37个命题中有一些是作图题,求已知圆的圆心,作圆的切线,二等分已知弧,作弓形,等等,其余大都是直线与圆,圆与圆,弓形内的角与弓形角,切线与割线等之间的关系,其中最重要的是交弦定理(命题35)、圆幂定理(命题36)及其逆定理(命题37)。

卷Ⅳ.由7个定义和16个命题构成。这些定义是关于圆形的内接、外接、内切、外切,以及恰合于圆(fitted into a circle)的直线。最后这个定义实际上就是圆的弦的定义,但是,欧几里得始终没有使用术语"弦",而总是用上述直线代替。卷Ⅳ.的16个命题全部是作图。主要是作圆的内接或外切正三角形、正方形、正五边形、正六边形、正十五边形。在注释中说明这些正多边形的应用,以及哪些正多边形可以几何地作出。

卷Ⅵ.由4个定义和33个命题构成。而在定义的注释中还有用括号括起来的定义5.前四个定义是关于相似直线形、互反比例、中外比以及图形的高的定义。当然,相似形是用比例定义的,因而放在了卷Ⅴ.的比例论之后。第五个定义是关于比的复合的。这33个命题是关于三角形相似的条件及性质,等积三角形和等积平行四边形与边的关系,分已知线段成中外比(命题30)及勾股定理的推广(命题31),等等。

卷Ⅴ.是有特别重要意义的一卷,由18个定义和25个命题构成。这18个定义中最重要的是比的定义。首先要知道当时关于数的概念只是正整数,并且把1称为单位,2,3,4,…称为数,数之间的运算只是这些数之间的加法和乘法的定义,没有减法及除法的定义,其次是过去关于比及比例的定义也是正整数

1

之间的比及比例。在无理量，譬如正方形的对角线发现之后，以前的比例理论无法应用于几何中的无理量，因而不可能有相似三角形等的相似理论。在这种情况下，要对比的一般概念定义是多么重要和多么困难。欧几里得的定义3首先描述了比是什么：比是两个同类量彼此之间的一种大小关系。这个定义与点是没有部分的，直线是点平放着的线等的定义一样，只是描述而不是严格的数学定义。比的真正数学定义是定义5关于相同比的定义。这个定义实际上对应戴德金（Dedekind）的实数理论，因而欧几里得的相同比的定义实际上跨越了有理数及无理数的两个重大阶段。由此我们可以看出这个定义的伟大意义（详情见关于定义5的注释）。有了比的定义，比例的定义就没有任何困难了，定义6说，有相同比的四个量叫作成比例的量。这些定义中值得注意的是定义1，欧几里得把能度量一个量的较小量称为它的一部分（a part），即我们通常所说的因子（submultiple）。再一个是首末比的定义，若 $a, b, c, \cdots, k, l$ 是一组量。$A, B, C, \cdots, K, L$ 是另一组量，并且

$$a : b = A : B,$$
$$b : c = B : C,$$
$$k : l = K : L,$$

则

$$a : l = A : L。$$

这个命题称为首末比。实际上是这些比的复合或乘积的结果。首末比在数学中有两种含义，另一种是牛顿在《自然哲学的数学原理》中所说的关于流数（即导数）的定义。运动物体的开始和末了的距离与时间的比。这25个命题都是关于比和比例的基本性质，从现代的代数观点来看都是简单自明的，不过在当时的情况下不是用代数而是用几何方法来证明这些命题也是难能可贵的。

在卷 V. 的注释引论中特别提及三种均值，即算术均值、几何均值和调和均值，几何均值就是比例均值（中文也译成比例中项）。古希腊数学家特别喜爱这三种均值，这可能是对当时缺乏除法运算的补充，有些评论者曾经奇怪地把这三种均值都称为比例。两个数 a, b 的算术均值 x 是 $a - x = x - b, x = \dfrac{a+b}{2}$，几何均值 y 是 $a : y = y : b, y = \sqrt{ab}$，调和均值 z 是 $\dfrac{1}{a} - \dfrac{1}{z} = \dfrac{1}{z} - \dfrac{1}{b}, z = \dfrac{2ab}{a+b}$，在数学中把等差级数中各项的倒数构成的级数称为调和级数，最简单的调和级数是1，

$\dfrac{1}{2}, \dfrac{1}{3}, \dfrac{1}{4}, \cdots$。一个评论者说:"最完美的比例是由下述四个项构成的比例。"即比例

$$a : \frac{a+b}{2} = \frac{2ab}{a+b} : b。$$

这个比例把三种均值联系在一起,真是一个绝妙的比例!

卷Ⅶ. 由 22 个定义和 39 个命题构成。定义 1 与定义 2 是关于正整数的定义,这个定义一直沿用到现代集合论关于自然数的定义之前,也是现代小学生开始学习算术中数的方法。首先把单位定义为每个称为一的东西的抽象(An unit is that by virtue of which each of the things that exist is called one),即一个人,一匹马,一张纸,一个国家,等等中"一"的抽象,现代小学教科书中也是这样做的。这是欧几里得许多定义中最好的定义之一,尽管从现代观点来看这也不是一个严格的数学定义,严格的现代关于自然数的定义是众所周知的,定义空集为零,含一个元素的集合为一,等等,即定义

$$0 = \emptyset,$$
$$1 = \{\emptyset\} = \{0\},$$
$$2 = \{\emptyset, \{\emptyset\}\} = \{1, 2\},$$
$$3 = \{\emptyset, \{\emptyset\}, \{\emptyset, \{\emptyset\}\}\} = \{0, 1, 2\},$$
$$\cdots\cdots$$

在这个定义之前把正整数也称为自然数,在这个定义之后,现代数学教科书把自然数集合增加了零,即自然数集合

$$\mathbf{N} = \{0, 1, 2, 3, \cdots\}。$$

定义 2 把 $2, 3, 4\cdots$ 定义为单为 1 的合成,即 1 的倍数或相加。定义 3 把一个数的一部分(a Part)定义为这个数的因子。定义 4 把一个数的部分(Parts)定义为小于它但不是因子的数。例如,2 是 6 的一部分,而 4 是 6 的部分。定义 8 和 9 定义了偶倍偶数和偶倍奇数,这是对一些偶数的性质的定义,但并不是偶数的分类。命题Ⅸ.32 证明了 $2^n (n = 2, 3, 4, \cdots)$ 只是偶倍偶数,命题Ⅸ.33 证明了 $2(2m + 1)(m = 1, 2, 3, \cdots)$ 只是偶倍奇数,命题Ⅸ.34 证明了其他的偶数(除了 2 之外)都既是偶倍偶数也是偶倍奇数。但是一些评论者认为欧几里得的定义是错误的,认为同一个数既是偶倍偶数也是偶倍奇数是不对的。他们把偶倍偶数定义为只是 $2^n, n = 2, 3, 4, \cdots$ 把偶倍奇数定义为只是 $2(m + 1), m = 1, 2, 3, \cdots$ 把其余的偶数(除了 2 之外)定义为奇倍偶数,这就给出了偶数的一个分类。奇怪的是,他们对奇数也进行了类似的分类,但这是一个错误的分类(详情见定

义 9,10 的注）。其他的定义都是明显的。

卷Ⅶ. 的 39 个命题主要是关于正整数的整除性质及互素性质的讨论，从代数角度看这些命题大都是明显的。

卷Ⅷ. 和卷Ⅸ. 是卷Ⅶ. 的继续。卷Ⅷ. 有 27 个命题，卷Ⅸ. 有 36 个命题。这些命题中最重要的是Ⅸ. 20，即素数有无穷多个，欧几里得的证明一直沿用至今，是一个永垂不朽的证明。这三卷共 39 + 29 + 36 = 102 个命题，从代数的角度看大都是明显的。

目　录

卷 Ⅲ

定义

1. **等圆**就是直径或半径相等的圆。

2. 一条直线叫作**切于一圆**,就是它和圆相遇,而延长后不与圆相交。

3. 两圆叫作彼此**相切**,就是彼此相遇,而不彼此相交。

4. 当圆心到圆内直线的垂线相等时,称这些直线到圆心有**相等的距离**。

5. 而且当垂线较长时,称这直线有**较大的距离**。

6. **弓形**是由一条直线和一段圆弧所围成的图形。

7. **弓形角**是由一条直线和一段圆弧所夹的角。

8. 在弓形的圆弧上取一点,连接这点和弓形的底的两个端点的二直线所夹的角叫作**弓形内的角**。

9. 而且当包含角的两条直线截取一段圆弧时,这个角叫作**张于这段弧上的角**。

10. 由顶点在圆心的角的两边和这两边所截一段圆弧围成的图形叫作**扇形**。

11. **相似弓形**是那些含相等角的弓形,或者说它们内的角是彼此相等的。

定义 1

Equal circles **are those the diameters of which are equal or the radii of which are equal.**

许多编辑者认为不应当把这个包括在定义之中。某些人,例如塔塔格里亚(Tartaglia)把它称为**公设**;另外一些人,例如博雷里(Borelli)和浦莱费尔(Playfair)把它称为**公理**;而比林斯雷(Billingsley)和克拉维乌斯(Clavius)等人承认它是**定义**,并且基于作圆的方式做了解释;西姆森(Simson)和浦夫莱德勒(Pfleiderer)认为它是**定理**。我认为欧几里得主张它是定义是正确的,并且满足亚里士多德(Aristotle)的要求,"定义的话"不只叙述事实,而且应当指明原因。具有相等半径的圆的相等当然可以用重叠来证明,但是我们已经知道,欧几里得尽量避免使用这种方法,并且可以毫无错误地说"所谓等圆就是具有相等半径的圆"。因此不会在《原理》系统中产生任何问题,因为不可能证明在这个定义中断言的两个圆的相等不同于《原理》中基于全等公理断言的其他相等图形的相等。相等圆的存在(在这个定义的意义上)由相等直线的存在和 I. 公设 3 推出。

希腊人没有关于**半径**的独特的词,此处应当是从中心画出的直线。

定义 2

A straight line is said *to touch a circle* which, meeting the circle and being produced, does not cut the circle.

欧几里得在此区分了"相遇"(to meet)与"相切"(to touch),但是在欧几里得之前,一些几何学家有时也有混淆。

定义 3

Circles are said to *touch one another* which, meeting one another, do not cut one another.

托德亨特(Todhunter)对这个定义有两种看法,一种看法是这两个圆在接触点的附近不相截,并且必须证明在其他地方不相截;另一种看法是这个定义意味着这两个圆根本不相截。托德亨特认为后面这个看法是正确的。我认为这并没有证据,我倾向于这个定义只是说这两个圆相遇在一点,而不是在**这一点**相截。我认为这个解释是比较可靠的,尽管欧几里得实际上在命题Ⅲ.11—13中假定了两个圆相切于一个点,在其他地方不相交,但是他给我们证明了这个定理的方法。特别地说,他在命题Ⅲ.7,8 中给出了关于圆的更多信息,这些可以用来解答欧几里得的未证明的假设。事实上,这些命题并没有使用在卷Ⅲ.后面的定理证明中;Ⅲ.9 的第二个证明要求Ⅲ.8,但是海伯格(Heiberg)认为只有第一个证明是真实的。

在Ⅲ.11,12 之前欧几里得没有区分外切和内切,尽管Ⅲ.6 的图形(原来的正文中没有阐述)只表示内切的情形。但是此处圆的相切定义蕴含着许多关于内切和外切的内容:(a)一个圆内切于另外一个圆时,在相遇之前必然通过它相切的圆的内点;(b)一个圆外切于另一个圆时,在相遇之前必然通过它相切的圆的外点。事实上,这些都用在与内切和外切有关的地方,Ⅲ.6的证明就用到这些。

定义 4

In a circle, straight lines are said *to be equally distant from the centre* when the perpendiculars drawn to them from the centre are equal.

定义 5

And that straight line is said to be *at a greater distance* on which the greater perpendicular falls.

定义 6

A segment of a circle is the figure contained by a straight line and a circumference of a circle.

定义 7

An angle of a segment is that contained by a straight line and a circumference of a circle.

这个定义只有历史意义。由直线和圆周形成的弓形的角是普罗克洛斯(Proclus)所说的"混合"型的角。一个特殊的这种类型的角是所谓的"半圆角",我们将在Ⅲ.16中再次遇到它,以及所谓的"牛角形的角",即圆的切线与圆本身之间的角。"半圆角"曾经出现在帕普斯(Pappus)的著作中。海伦(Heron)没有给出**弓形角**的定义,并且欧几里得提及它以及**半圆角**是从早期教科书中幸存下来的(参考Ⅲ.16的注)。

然而,我们在上面关于Ⅰ.5的注释中看到**弓形角**在欧几里得时代之前在几何证明中所起的作用。在亚里士多德的一段话中,定理Ⅰ.5出现在欧几里得时代之前的教科书中,用任一弓形的两个角相等来证明。后面这个性质被认为比定理 I.5 更初等;事实上,欧几里得给出的这个定义蕴含着同样的事情,因而只说到一个"弓形角",即"由一条直线与一段圆弧所夹的角"。欧几里得在此处没有实际上使用这个"角",但是不必打破传统,把这个定义去掉。

定义 8

An *angle in a segment* is the angle which, when a point is taken on the circumference of the segment and straight lines are joined from it to the extremities of the straight line which is the *base of the segment*, is contained by the straight lines so joined.

定义 9

And , when the straight lines containing the angle cut off a circumference, the angle is said to *stand upon* that.

定义 10

A *sector of a circle* is the figure which, when an angle is constructed at the centre of the circle, is contained by the straight lines containing the angle and the circumference cut off by them.

一个注释者说,**修鞋匠的刀子**提示了扇形的名字。

比欧几里得的定义更广义的扇形定义出现在希腊的注释者和安那里兹(an-Nairīzī)的著作中。"有两种不同的扇形:一种是角的顶点在中心,另一种是角的顶点在圆周上。还有另外的顶点既不在圆周也不在中心,而是在某个另外的点,称为**拟扇形**(sector-like figures)。"海伦给出了这个解释。

由一段圆弧和从它的端点画出的两条交于任一点的直线围成的**拟扇形**出现在欧几里得的书《图形的分割》中,写这个专著的目的是分割三角形、梯形、四边形和圆等图形为相等的部分或者给定比。例如,用过一条边上给定点的直线分三角形为相等的两部分。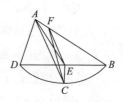

其中命题 28 中出现拟扇形,用一条直线分这个图形为相等的两部分。其解答是康托(Cantor)给出的(*Gesch. d. Math.* I₃,pp. 287—8)。

若 *ABCD* 是给定的图形,*E* 是 *BD* 的中点,*EC* 与 *BD* 成直角,显然,折线 *AEC* 平分这个图形。

连接 *AC*,作 *EF* 平行于它并交 *AB* 于 *F*。

连接 *CF*,可以看出 *CF* 分这个图形为两个相等的部分。

定义 11

Similar segments **of circles are those which admit equal angles, or in which the angles are equal to one another.**

德·摩根(De Morgan)说在"相似弓形"(similar segments)中的相似(similar)的使用是在预料之中,并且它就是图形的相似。他说这个定义是一个定理,若"相似"采用后面的含义。

命题

命题 1

求给定圆的圆心。

设 *ABC* 是所给定的圆,要求找出圆 *ABC* 的圆心。

任意作弦 *AB*,点 *D* 二等分它。

由点 *D* 作 *DC* 和 *AB* 成直角,且设 *DC* 经过点 *E*,将 *CE* 二等分于 *F*。

我断言 *F* 就是已知圆 *ABC* 的圆心。

因为假设 *F* 不是圆心,则可设 *G* 是圆心,连接 *GA*,*GD*,*GB*。那么,因为 *AD* 等于 *DB*,且 *DG* 公用,两边 *AD*,*DG* 分别等于两边 *BD*,*DG*。

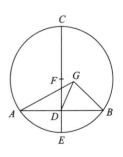

又底 *GA* 等于底 *GB*,因为它们都是半径。

所以,角 *ADG* 等于角 *GDB*。   [I.8]

但是,当一条直线和另一条直线所成的邻角彼此相等时,它们每一个都是直角;   [I.定义 10]

所以角 GDB 是直角。

但是，角 FDB 也是直角，所以角 FDB 等于角 GDB，大的等于小的：这是不可能的。

所以，G 不是圆 ABC 的圆心。

类似地，我们可以证明除 F 以外，圆心也不可能是任何其他的点。所以，点 F 是圆 ABC 的圆心。

推论　由此可知，如果在一个圆内，一条直线把一条弦截成相等的两部分且交成直角，则这个圆的圆心在该直线上。

证完

托德亨特注意到在作图中所说的 DC 延长到 E，假定了 D 是在圆内，欧几里得在Ⅲ.2 中证明了这个理论。尽管不必假定 D 在圆内，但是对后续的作图是很有必要的，即过 D 作直线与 AB 成直角将交这个圆于两个点。

因此，要说一下德·摩根建议的另一个方法。德·摩根首先证明了基本定理："垂直地平分一条弦的直线必然包含中心。"而后从它直接推出Ⅲ.1、Ⅲ.25 和Ⅳ.5。这个基本定理是下述定理的直接推论：若 P 是到 A 和 B 距离相等的任一点，则 P 在垂直平分 AB 的直线上。其次取给定圆的任意两个弦 AB，AC，并且作 DO，EO 垂直地平分它们。

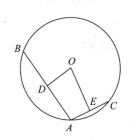

除非 BA，AC 在一条直线上，直线 DO，EO 必然交于某点 O（见Ⅳ.5 的注证明这个）。又因为 DO 和 EO 都包含中心，所以 O 必然是中心。

这个方法比欧几里得的方法更好，具有下述优点：为了求一个圆的中心，只要知道圆周上的三个点就已足够。因此，若两个圆具有三个公共点，则它们必然有相同的中心和半径，两个不完全重合的圆不可能有三个公共点。又正如德·摩根指出的，这个作图使我们：（1）只要给出一个弓形或一段弧，就能作出整个圆［Ⅲ.25］；（2）能外接一个圆于任意三角形（Ⅳ.5）。

但是，若希腊人使用这个作图法来求一个圆的圆心，则他们必须考虑增加一个证明。证明没有其他这样得到的点是圆心，显然既可以从Ⅲ.1 中的类似反证法的方法证明，也可以从Ⅲ.9 证明，即若在圆内有一个点，从它到圆周有三条直线相等，则这一点必然是圆心。事实上，这个证明等于说两条垂直平分线不可能多于一个的公共点。

即使在德·摩根的方法中，也有未证明的假定。为了使 DO，EO 相交，AB，AC 必须不在一条直线上，或者说，BC 不通过 A。这个结果来自Ⅲ.2，因而，严格地说，Ⅲ.2 应当在Ⅲ.1 的前面。

回到欧几里得自己的命题Ⅲ.1，注意这个证明只说明圆心不可能在 CD 的任一侧，它一定在 CD 上或 CD 的延长线上。然而，认为中心必然是 CE 的中心是当然的而无须证明。可以用反证法证明这个，而证明是如此显然，不值得给出。同样的讨论可以证明**一个圆不可能有多于一个的中心**。这个命题可以作为Ⅲ.1 的推论。

西姆森注意到Ⅲ.1 可以用反证法证明。在卷Ⅲ.的开头，我们除了圆的定义之外没有更多可使用的东西。然而，我们不能认为由作图找到的点是中心，因为它是要证明的。因而，若假定某个另外的点是中心，则要证明这是荒谬的；因此可以推出所找到的点就是中心。

像通常一样，Ⅲ.1 的推论是插入的。

命题 2

如果在一个圆的圆周上任意取两个点，则连接这两个点的直线落在圆内。

设 *ABC* 是一个圆，而且 *A*、*B* 是在它上任意取定的点。

我断言由 *A* 到 *B* 连成的直线落在圆内。

因为假设不落在圆内，如果这是可能的，则假设它落在圆外，是 *AEB*，设圆 *ABC* 的圆心可以求出。 [Ⅲ.1]

设圆心为 *D*，连接 *DA*，*DB*，画 *DFE*。

那么，因为 *DA* 等于 *DB*，角 *DAE* 也等于角 *DBE*。

[Ⅰ.5]

又延长三角形 *DAE* 的一边 *AEB*，

则角 *DEB* 大于角 *DAE*。 [Ⅰ.16]

但是，角 *DAE* 等于角 *DBE*，

所以，角 *DEB* 大于角 *DBE*，且大角对的边也大。 [Ⅰ.19]

从而，*DB* 大于 *DE*，但 *DB* 等于 *DF*，所以 *DF* 大于 *DE*，小的大于大的：这是不可能的。

所以，由 *A* 到 *B* 连接的直线不能落在圆的外边。

类似地，我们也可证明它也决不会落在圆周上。

所以，它落在圆内。

证完

证明的反证法形式是不必要的,它的优点是消除两个假设,即弦(1)在外面,(2)在圆上,为了直接证明这个命题,我们只要证明若 E 是直线 AB 上在 A 与 B 之间的任一点,则 DE 小于这个圆的半径。这个可以用上述方法证明,在 I.24 中,证明了若 DE 不大于 DF,则 F 落在 EG 之下(见 I.24 的图)。

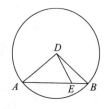

这个假定等于下述命题:"从一个三角形的顶点到底的任意直线小于这两条边中的较大者,或者小于每一条,当这两条边相等时。"此时这两条边相等,并且因为角 DAB 等于角 DBA,而外角 DEA 大于内对角 DBA,由此推出角 DEA 大于角 DAE,因此,DE 小于 DA 或 DB。

卡梅尔(Camerer)指出,我们可以给这个命题增加另一个命题:AB 延长线上的所有点在这个圆的外面,这个可以由德·摩根在 I.21 后面提出的下述命题推出(也可以用三角形的外角大于内对角与大角对大边来证明)。

"垂线"是从给定点到给定直线的最短线,并且关于其他线,与垂线越近越小,反之亦成立;并且从这个点到这条线相等的直线不多于两条,垂线的每一侧有一条。

从给定点到给定直线相等的直线不多于两条的事实由普罗克洛斯在 I.16 的注中证明,并且可以像在 I.12 的注中用 I.7 证明。由此可以推出:

一条直线截一个圆不能多于两点。

德·摩根在 III.2 之后引入这个命题。这个证明不适用于通过中心的直线;而这条线截圆于两个点是显然的。

命题 3

若在一个圆中,一条经过圆心的直线二等分那一条不经过圆心的直线,则它们交成直角;并且如果它们交成直角,则这直线二等分那一条直线。

设 ABC 是一个圆,并且在圆中有一直线 CD 经过圆心且二等分不过圆心的直线 AB 于点 F,

我断言它们交成直角。

因为可以求出圆 ABC 的圆心,设它是 E。连接 EA,EB。因 AF 等于 FB,且 FE 是公共的,两边等于两边;且底 EA 等于底 EB。

故,角 AFE 等于角 BFE。   [I.8]

但是,当一条直线和另一条直线交成两个彼此相等的邻角时,每一个等角都等于直角。

[I.定义10]

所以,角 *AFE*,角 *BFE* 都是直角。

于是,经过圆心的 *CD* 二等分不过圆心的 *AB* 时,它们交成直角。

又设 *CD* 和 *AB* 交成直角。

我断言 *CD* 二等分 *AB*,即 *AF* 等于 *FB*。

用同一个作图,由于 *EA* 等于 *EB*,角 *EAF* 也等于角 *EBF*。 [Ⅰ.5]

但是,直角 *AFE* 等于直角 *BFE*,故 *EAF*,*EBF* 是两个角相等且有一条边相等的两个三角形,且 *EF* 是公共的,它对着相等的角。

从而,其余的边也等于其余的边。 [Ⅰ.26]

于是 *AF* 等于 *FB*。

证完

这个命题表明Ⅲ.1 的推论有两个部分(参考Ⅰ.6 的注)。德·摩根把它放在Ⅲ.1 的下面。

命题 4

若在一个圆中,两条不经过圆心的直线彼此相交,则它们不互相平分。

设 *ABCD* 是一个圆,且在它里面有两条直线 *AC*,*BD*。它们不经过圆心,彼此相交于 *E*。

我断言它们彼此不二等分,

因为,如果可能,设它们彼此二等分,这样 *AE* 就等于 *EC*,且 *BE* 等于 *ED*,圆 *ABCD* 的圆心可以求出。

[Ⅲ.1]

设它是 *F*,连接 *FE*。

那么,因为直线 *FE* 经过圆心,又二等分不经过圆心的直线 *AC*,则它们也交成直角。

[Ⅲ.3]

故,角 *FEA* 为直角。

又,因直线 *FE* 二等分直线 *BD*,它们也交成直角, [Ⅲ.3]

所以,角 *FEB* 是直角。

但是,已经证明了角 *FEA* 是直角,

故,角 *FEA* 等于角 *FEB*,小的等于大的:这是不可能的。

所以,*AC*,*BD* 不互相平分。

证完

命题 5

若两个圆彼此相交,则它们不同心。

设圆 ABC, CDG 彼此相交于点 B、C。

我断言它们不同心。

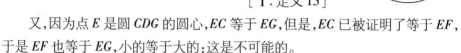

因为,如果可以同心,设心为 E,连接 EC,任意作直线 EFG,

那么,因为点 E 是圆 ABC 的圆心,EC 等于 EF。

[I . 定义 15]

又,因为点 E 是圆 CDG 的圆心,EC 等于 EG,但是,EC 已被证明了等于 EF,于是 EF 也等于 EG,小的等于大的:这是不可能的。

所以,点 E 不是圆 ABC, CDG 的圆心。

证完

命题Ⅲ.5,6 可以合并成一个。两个圆相截,或相交而不相截,只要它们不重合就不会有区别;在每一种情况下,它们都不会有相同的中心。包括这两种情形可以阐述为:**若两个圆的圆周交于一点,则它们不同心。** 换句话说,**若两个圆同心并且它们的圆周有一个公共点,则它们必然重合。**

命题 6

若两个圆彼此相切,则它们不同心。

设二圆 ABC, CDE 彼此相切于点 C。

我断言它们没有共同的圆心。

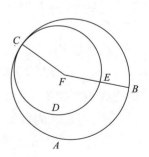

如果它们有共同的圆心 F,连接 FC,且设经过 F 任意作 FEB。

那么,因为点 F 是圆 ABC 的圆心,则 FC 等于 FB。

又,因点 F 是圆 CDE 的圆心,则 FC 等于 FE。

但是,已经证明了 FC 等于 FB;

故,FE 也等于 FB。小的等于大的:这是不可能的。

所以,F 不是圆 ABC, CDE 的圆心。

证完

英语编辑者把这个命题阐述为**内切**。这个内是插入的,无疑,这是由于欧几里得的图形只是内切的情形。事实上,像通常一样,他选择较困难的情形来证明,而留下其他情形(外切)给读者。事实上,两个外切的圆不同心是显然的;而欧几里得的证明也可以用于这一情形。

卡梅尔指出,Ⅲ.6 的证明隐含地假定了点 E 与 B 不能重合,或者在 C 内切的两个圆不能在任意其他点相交,而这个事实在Ⅲ.13 之前并未证明。但是此处不必要这个一般假设,只要从公共中心作的一条线交另一个圆于不同的点,并且内切的概念要求一个圆在相交另一个圆之前必须通过一个圆的内点。

命题 7

若在一个圆的直径上取一个不是圆心的点,由这点到圆上所引的线段中,圆心所在的一段最长,同一直径上余下的线段最短;而且在其余的线段中,越靠近过圆心的线段越长;从这点到圆上可画出相等的线段只有两条,它们各在最短线段的一侧。

设 ABCD 是一个圆,AD 是它的直径,在 AD 上取一个不是圆心的点 F,设 E 为圆心,FB,FC,FG 是由 F 向圆 ABCD 上所引的线段。

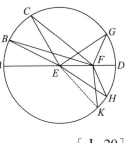

我断言 FA 最大,FD 最小,其次 FB 大于 FC,FC大于 FG,连接 BE,CE,GE。

因为在任何一个三角形中,两边之和大于其余一边。 [Ⅰ.20]

故,EB,EF 的和大于 BF。

但是 AE 等于 BE,故 AF 大于 BF。

又,因为 BE 等于 CE,且 FE 是公共的,两边 BE,EF 等于两边 CE,EF。

但是,角 BEF 大于角 CEF;故底 BF 大于底 CF。 [Ⅰ.24]

同理,CF 也大于 FG。

又,因 GF,FE 的和大于 EG,并且 EG 等于 ED;GF 与 EF 的和大于 ED。

由以上两边减去 EF;则余下的 GF 大于余下的 FD。

所以,FA 最大,FD 最小,并且 FB 大于 FC,FC 大于 FG。

又可证,由点 F 到圆 ABCD 上可画出相等的线段只有两条,它们各在最短线段 FD 的一侧。

在线段 EF 上,且在它上面的点 E,作角 FEH 等于角 GEF。 [Ⅰ.23]

连接 FH。

那么,因为 *GE* 等于 *EH*,并且 *EF* 是公共的,两边 *GE*,*EF* 等于两边 *HE*,*EF*。且角 *GEF* 等于角 *HEF*。

故,底 *FG* 等于底 *FH*。　　　　　　　　　　　　　　　　　　　[Ⅰ.4]

又可以证明由点 *F* 到圆上再没有等于 *FG* 的线段。

因为,如果可能有,设为 *FK*。

那么,因为 *FK* 等于 *FG* 且 *FH* 等于 *FG*,*FK* 也等于 *FH*,则离圆心较近的线段等于较远的线段:这是不可能的。

从而,由点 *F* 引到圆上等于 *GF* 的另外的线段是没有的。

所以,这样的线段只有一条。

证完

德·摩根指出,在这个证明中存在未证明的假设。我们从 *F* 引直线 *FB*,*FC*,使得角 *DFB* 大于角 *DFC*,并且假定从中心 *E* 到 *B*,*C* 作直线,角 *DEB* 大于角 *DEC*。我认为这个容易证明,用在Ⅲ.2 的注中提及的从给定直线外一点引到给定直线的不同线的长度的定理的部分逆即可。这个逆的大意是:

若从一个点到给定直线画两条不相等且不是垂线的直线,则较大者离垂线较远。

这个可以用反证法证明,或者直接用Ⅰ.47 建立。因此,在附图中,*FB* 必然截 *EC* 于某个点 *M*。

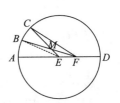

由于角 *BFE* 小于角 *CFE*,

所以 *EM* 小于 *EC*,因而小于 *EB*。

因此 *FB* 与这个圆的交点 *B* 距离 *E* 到 *FB* 的垂足比 *M* 更远;

所以角 *BEF* 大于角 *CEF*。

这个命题的第一部分的另一个阐述是 H. M. 泰勒(H. M. Taylor)给出的:"所有过圆内不是中心的一点的所有直线中,过中心的一条是最大的,而其延长线过中心的一条是最小的;并且关于任意其他两条线,对较大中心角的较大。"用**对着中心角**作判别无疑可以避免上述欧几里得证明中的未证明的假设,并且类似的代替也用在Ⅲ.8 的第一部分中,避免了未证明的假设,以及用在从凹圆周和凸圆周外的一个点到其上的直线之间的较复杂的情形。

尼克松(Nixon)类似地用对中心角的判别,但是给出的理由是欧几里得的"较近"和"较远"不清楚且没有定义。史密斯(Smith)和布赖恩特(Bryant)在Ⅲ.8中使用了这个代替,但在Ⅲ.7 中遵循欧几里得的理论。

从整体上看,我认为欧几里得的计划是采用从不是圆心的点直接到圆周作直线,并且在这一点与通过这一点与圆心的直线作成较大或较小的角,这样更有启发性且更有用,这样的线直接用于后面命题的证明中或者澄清与这些证明有关的困难。

海伦(an-Nairīzī,ed. Curtze,pp. 114—5)关于这个命题有一个奇怪的注。他首先说,欧几里得证明了越接近圆心的线越长。在欧几里得的命题中,线不是接近或远离中心,而是接近或远离中心的线。欧几里得采用这些线与后面这条线夹角的大小;海伦引入了距离——从中心到直线的距离,即从这点到线的垂线的长度,但欧几里得在Ⅲ.14,15之前并未使用。而后海伦注意到,在欧几里得的命题中,所比较的这些线都在过中心的线的一侧,并且指出在对侧的线同样能证明。事实上需要一个很不同的证明。

海伦的第一种情形是这样两条直线,从圆心到它们的垂线落在这两条线上,而不是在其延长线上。

设 A 是给定点,D 是圆心,设 AE 比 AF 更接近中心,故 AE 上的垂线 DG 小于 AF 上的垂线 DH。则

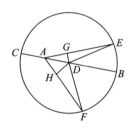

DG,DE 上的两个正方形 = DH,HF 上的两个正方形,

并且,DG,GA 上的两个正方形 = DH,HA 上的两个正方形。

但是,DG 上的正方形 < DH 上的正方形,

因而,GE 上的正方形 > HF 上的正方形,

并且,GA 上的正方形 > HA 上的正方形。

因此, $\qquad$ $GE > HF$,

$\qquad$ $GA > HA$。

由加法得, $\qquad$ $AE > AF$。

海伦的第二种情形是一条垂线落在一条线的延长线上,如附图。此时我们可类似地证明

$\qquad$ $GE > HF$,

并且, $\qquad$ $GA > AH$。

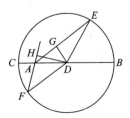

于是 AE 大于 HF,AH 的和,因此更有 AE 大于 HF,AH 的差,即大于 AF。

海伦没有给出第三种可能的情形,即两条垂线都落在这些线的延长线上,此时上述方法不能用。尽管 AE 比

AF 更接近圆心,即 DG 小于 DH,但是

AE 不是大于而是小于 AF。

而这个不能用上述同样的方法证明。

事实上,我们可以证明

$$GE > HF,$$

$$GA > AH,$$

我们不能推出 AE,AF 的长度的比较。

此时为了证明,应当首先证明Ⅲ.35,即证明若 EA 延长到 K,并且延长 FA 到 L,则

矩形 FA,AL = 矩形 EA,AK,

由此并且由第一种情形 $AK > AL$,可以推出

$$AE < AF。$$

我认为从海伦的注可以总结出一个教训:对欧几里得命题的补充或给出另外的方法,只能是对主题的混淆。对两条线在直径两侧的情形的新证明也是不必要的,因为欧几里得证明了对于第一条从这一点到圆周的线在直径的另一侧有另一条同样长度、同样倾斜的线。

命题 8

如果在圆外取一点且从这点画通过圆的直线,其中之一过圆心而且其他的可任意画出。那么,在凹圆弧上的连线中,以经过圆心的最长;这时靠近通过圆心的连线大于远离的连线。但是,在凸圆弧上的连线中,在取定的点与直径之间的一条最短;这时靠近的连线短于远离的连线。而且由这点到圆周上的连线,相等的连线中只有两条,它们各在最短连线的一侧。

设 ABC 是一个圆,且设 D 是在 ABC 外取定的点,从它画线段 DA,DE,DF,DC,并设 DA 经过圆心。

我断言在凹圆弧 $AEFC$ 上,经过圆心的连线 DA 最长,DE 大于 DF,且 DF 大于 DC;但是,落在凸圆弧 $HLKG$ 上的连线中,在这点与直径 AG 之间的连线 DG 是最短的;而且靠近最短线 DG 的连线小于远离的连线,即 DK 短于 DL,且 DL 短于 DH。

因为设求出圆 ABC 的圆心   [Ⅲ.1]

为 M;连接 ME,MF,MC,MK,ML,MH。

其次,因为 AM 等于 EM,将 MD 加在它们各边;

14

则 *AD* 等于 *EM* 与 *MD* 的和。但是,*EM*,*MD* 的和大于 *ED*,

[Ⅰ.20]

故 *AD* 也大于 *ED*。

又,因为 *ME* 等于 *MF*,且 *MD* 是公共的,所以 *EM* 与 *MD* 的和等于 *FM* 与 *MD* 的和。

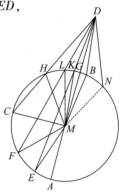

又,角 *EMD* 大于角 *FMD*,故底 *ED* 大于底 *FD*。

[Ⅰ.24]

类似地,我们可证明 *FD* 大于 *CD*,故 *DA* 最大,而 *DE* 大于 *DF*,又 *DF* 大于 *DC*。

[Ⅰ.20]

其次,因为 *MK*,*KD* 的和大于 *MD*,

并且 *MG* 等于 *MK*,所以余下的 *KD* 大于余下的 *GD*。

这样一来,*GD* 小于 *KD*。

又,因为在三角形 *MLD* 的一边 *MD* 上,有两条直线 *MK*,*KD* 相交在此三角形内,故 *MK*,*KD* 的和小于 *ML*,*LD* 的和。

[Ⅰ.21]

并且 *MK* 等于 *ML*;故余下的 *DK* 小于余下的 *DL*。

类似地,我们可以证明 *DL* 也小于 *DH*。

故 *DG* 最小,而 *DK* 小于 *DL*,*DL* 小于 *DH*。

又可证由点 *D* 到圆所连接的相等的两条线段,它们各在最短的连线 *DG* 的一边。

在线段 *MD* 上取一点 *M*,作角 *DMB* 等于角 *KMD*,且连接 *DB*。其次,因为 *MK* 等于 *MB*,并且 *MD* 是公共的,两边 *KM*,*MD* 分别等于两边 *BM*,*MD*,并且角 *KMD* 等于角 *BMD*,从而底 *DK* 等于底 *DB*。

[Ⅰ.4]

又可证,由点 *D* 到圆上再没有另外的线段等于 *DK*。

因为,如果可能,设为 *DN*。因 *DK* 等于 *DN*,而 *DK* 等于 *DB*,*DB* 也等于 *DN*,那么靠近最短连线 *DG* 的等于远离的:这是不可能的。

所以,由点 *D* 起,落在圆 *ABC* 上的相等连线不能多于两条,这两条线段各在最短线 *DG* 的每一侧。

证完

正如德·摩根指出的,此处有类似于在Ⅲ.7 证明中的两个隐含的假设,即 *K* 落在三角形 *DLM* 内,*E* 落在三角形 *DFM* 的外面。这些事实可以用相同于Ⅲ.7 的方法证明。设 *DE* 交 *FM* 于 *Y*,交 *LM* 于 *Z*。如前,*MZ* 小于 *ML*,因而,小于 *MK*。所以,*K* 从 *M* 到 *DE* 的垂足比 *Z* 更远。类似地,*E* 到这个垂足比 *Y* 更远。

海伦讨论了两条线在过外点的直径的两侧的情形，这类似于在上述注释中的情形。

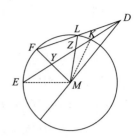

事实上，此时对于 E, F 是 AE, AF 与圆相交的第二个点，这个方法有效。

若 AE 比 AF 距中心 D 更近，则

DG, GE 上的两个正方形 $= DH, DF$ 上的两个正方形，

DG, GA 上的两个正方形 $= DH, HA$ 上的两个正方形，

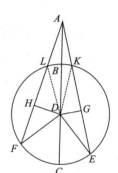

因此，由 $DG < DH$，

可以推出 $GE > HF$。

                  $AG > AH$，

相加 $AE > AF$。

但是，若 K, L 是 AE, AF 与圆相交的第一个点，这个方法失效，而海伦用Ⅲ.36 证明了这个性质。他如下推理：

AKD 是钝角，

AD 上的正方形 $= AK, KD$ 上的两个正方形及二倍的矩形 AK, KG 的和。

$$[Ⅱ.12]$$

ALD 也是钝角，并且

AK, KD 上的两个正方形及二倍的矩形 AK, KG 的和等于

AL, LD 上的两个正方形及二倍的矩形 AL, LH 的和。

由于 KD, LD 上的两个正方形相等，所以

AK 上的正方形及二倍的矩形 $=AL$ 上的正方形及二倍的矩形 AL, LH。

或者，AK 上的正方形及矩形 $AK, KE = AL$ 上的正方形及矩形 AL, LF，

即   矩形 $AK, AE =$ 矩形 AL, AF。

但是，由前面部分所得，

                $AE > AF$。

所以， $AK < AL$。

Ⅲ.7,8 讨论到圆周的线的长度，(1)从圆内一点，(2)从圆外一点；类似的命题关于从圆周上一点作直线也是真的；**若在圆周上任取一点，则从它到圆周的所有直线中，通过中心的是最大的；关于其他的线，越接近通过中心的线越长；并且从同一点可以到圆周引两条，并且只有两条相等的直线，每一条在最长的线的一侧。**

Ⅳ.7,8 和上述给出的命题的逆都是真的，并且用反证法很容易证明。其部

分逆可以叙述为:(1)若从一个圆所在的平面内一点作到圆周的直线,并且其中一条大于任意其他的线,则圆心必然在这条线上;(2)若其中一条小于任意其他的线:(a)若这个点在圆内,则圆心在这条最小线的延长线上超过这一点的部分,(b)若这个点在圆外,则圆心在最小线的延长线上超过与圆交点的部分。

命题 9

若在圆内取一点,由这点到圆上所引相等的线段多于两条,则这个点是该圆的圆心。

设 ABC 是一个圆,D 是在圆内取的点,且由点 D 到圆上可引多于两条相等的线段,即 DA, DB, DC。

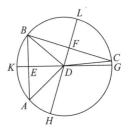

我断言点 D 就是圆 ABC 的圆心。

因为,可连接 AB, BC 且平分它们于点 E, F;再连接 ED, FD 且使它们经过点 G, K, H, L。

那么,因为 AE 等于 EB,ED 是公共的,两边 AE, ED 等于两边 BE, ED,并且底 DA 等于底 DB,

所以,角 AED 等于角 BED。   [Ⅰ.8]

从而,角 AED, BED 的每个都是直角。   [Ⅰ.定义10]

故 GK 分 AB 为相等两部分,且成直角。

又因为,如果在一个圆内,一条直线截另一条线段成相等的两部分,且交成直角,则圆心在前一条直线上。   [Ⅲ.1,推论]

即圆心在 GK 上。

同理,圆 ABC 的圆心也在 HL 上,而且弦 GK, HL 除点 D 以外再也没有公共点。

从而,点 D 是圆 ABC 的圆心。

                                                                                    证完

这个命题的结果被亚里士多德引用,见 *Meteorologica* Ⅲ.3,373 a 13—16(参考 Ⅰ.8 的注)。

德·摩根指出,Ⅲ.9 逻辑等价于 Ⅲ.7 的一部分,Ⅲ.7 证明了每个非中心点不是这样一个点,从它可以引三条相等的直线到圆。于是 Ⅲ.7 说的是每个非 A 是非 B,而 Ⅲ.9 说的是等价的事实,每个 B 是 A。H. M. 泰勒作出了这个定理的逻辑推理,**若从一个点可以到圆引三条相等的直线,则这个点就是圆心。**把这个作为他的命题的推论,他的命题包括Ⅲ.7的这一部分。欧几里得不遵循这样的逻辑推理,正像我们在其他地方看到的。

在早期的欧几里得的教科书中,这个命题有两个证明。奥古斯特(August)和海伯格认为上述证明是真的,便抛弃了另一个,而西姆森把它放在一个附录中。卡梅尔说这个真正的证明也应当仔细地考虑两条直线 AB,BC 之一通过 D 的情形。然而,这是欧几里得的习惯,证明最困难的情形,其他的留给读者。

西姆森选择的另一个证明如下:

"设 D 是圆 ABC 内的一点,并且从 D 有三条相等的直线 AD,DB,DC 落在圆 ABC 上。

我断言 D 是圆 ABC 的中心。

假定不是这样,设圆心是 E,连接 DE 并延长到圆上的点 F,G,则

FG 是圆 ABC 的直径。

此时 D 是圆 ABC 的直径 FG 上的一点,并且不是圆心,所以 DG 是最长的线段,并且 DC 大于 DB,DB 大于 DA。

但是后面这三条线是相等的;矛盾。

所以 E 是这个圆的中心,证毕。"

托德亨特指出,可以假设点 E 落在角 ADC 内。此时,不能证明 DC 大于 DB,以及 DB 大于 DA,但是可以证明 DC 或 DA 小于 DB;它足以建立这个命题。

命题 10

一个圆截另一个圆,其交点不多于两个。

因为,如果可能的话,设圆 ABC 截圆 DEF,其交点多于两个,

设为 B,G,F,H。

连接 BH,BG,且平分它们于点 K,L,又由 K,L 作 KC,LM 和 BH,BG 成直角,且使其通过点 A,E。

那么,因为在圆 ABC 内,一条弦 AC 截另一条弦 BH 成相等两部分且成直角,所以圆 ABC 的圆心就在 AC 上。

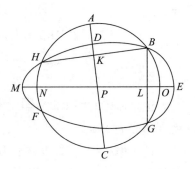

[Ⅲ.1,推论]

又因为,在同一圆 *ABC* 中,一弦 *NO* 截另一弦 *BG* 成相等两部分且成直角,则圆 *ABC* 的圆心在 *NO* 上。

但是已经证得它在 *AC* 上,且弦 *AC*,*NO* 除点 P 外不再有交点。

所以点 *P* 是圆 *ABC* 的圆心。

类似地,我们还可以证明点 *P* 也是圆 *DEF* 的圆心。

所以,两个圆 *ABC*,*DEF* 彼此相截时有一个共同的圆心 *P*:这是不可能的。

[Ⅲ.5]

证完

在这个命题的证明中,并没有假定这两个圆彼此相截;它证明了两个圆不能交于比两个点更多,不论它们相截还是相切。

在早期的教科书中,这个命题也有两个证明,西姆森选择了第二个,奥古斯特和海伯格把它放在附录中,这个证明如下:

"设圆 ABC 截圆 DEF 多于两个点,即 *B*,*G*,*H*,*F*;设 *K* 是圆 *ABC* 的中心,连接 *KB*,*KG*,*KF*。

因为点 *K* 取在圆 *DEF* 之内,并且从 *K* 有三条相等的线 *KB*,*KF*,*KG* 落在圆 *DEF* 上,所以点 *K* 是圆 *DEF* 的中心。   [Ⅲ.9]

但是 *K* 也是圆 *ABC* 的中心。

因此彼此相截的两个圆有相同的中心 K:

这是不可能的。   [Ⅲ.5]

所以一个圆不能截另一个圆多于两点。

证毕。"

这个证明是属于海伦的(见 an-Nairīzī,ed. Curtze,pp. 120—1)。它不是完整的,因为它假定了圆 *ABC* 的中心 K 在圆 *DEF* 之内。它可以用Ⅲ.8 及在Ⅲ.8 的注中叙述的一个点在圆周上的相应命题来完成。(1)若点 K 在圆 *DEF* 的圆周上,我们得到与上述后面的命题矛盾,从这个命题可以断言,只有两条相等的直线可以从 K 引到圆周 *DEF*;(2)若点 K 在圆 *DEF* 的外面,则我们得到的结论与Ⅲ.8 的相应部分矛盾。

欧几里得的证明包含一个未证明的假设,即平分成直角的 *BG*,*BH* 的两条线交于点 *P*,关于这个的讨论见Ⅳ.5 的注。

命题 11

如果两个圆互相内切，又给定它们的圆心，用直线连接这两个圆心，如果延长这条直线，则它必过两圆的切点。

设两圆 ABC，ADE 相互内切于点 A，且给定圆 ABC 的圆心 F，及 ADE 的圆心 G。

我断言连接 G，F 的直线必过点 A。

因为假若它们不是这样，如果这是可能的话，设连线为 FGH，且连接 AF，AG。

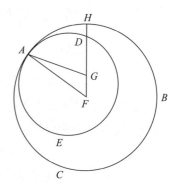

那么，因为 AG，GF 的和大于 FA，即大于 FH。

从以上各边减去 FG，则余下的 AG 大于余下的 GH。

但是，AG 等于 GD，故 GD 也大于 GH，小的大于大的：这是不可能的。

所以，F 与 G 的连线不能落在 FA 的外边。

从而，它一定经过切点 A。

证完

奥古斯特和海伯格仍然把另一个证明放在附录之中，这个证明与真正的证明只有微小的差别，因而被略去。

这个真正的证明有隐含的但在图上看是明显的假定。卡梅尔在他的信中消除了这个疑虑。

他首先注意到，连接两个圆心的直线必须在内切于另一个圆的圆心方向延长（为了简明起见，我把这个圆称为"内圆"，尽管我只是说这个圆在另一个圆的内面切另一个圆，另无其他含义，但是根据相切的定义，在切点附近的这个圆上的点必然在它切的圆的内面）。而后，卡梅尔按下述步骤进行。

1. 在给定点相切的两个圆不可能在任意点相截。因而在切点附近"内圆"上的点在"外圆"之内，若在其他地方相截，则必须从外面返回。这只可能：（a）若它通过一个点并且从另一点返回，或者（b）若它通过与返回通过同一点。（a）是不可能的，因为它要求两个圆有三个公共点；（b）要求内圆在这个点有一个纽结，这时半径就会截两个环：这是不可能的。

2. 因为两个圆不能相截，所以一个必须完全在另一个的内面。

3. 因此外圆必须大于内圆，外圆的半径大于内圆的半径。

4.若 F 是大圆的中心,G 是内圆的中心,并且若 FG 超过 G 延长,而不通过切点 A,则有三种可能:

(a)A 可能在 GF 的延长线超过 F 的地方。

(b)A 可能在 FG 的外面,此时 FG 延长超过 G,必然

　　(i)交这两个圆于一个公共点,或者

　　(ii)交这两个圆于两个点,与内圆的交点较近于 G。

(a)是不可能的,因为内圆的半径小于外圆的半径。

(b)(ii)是欧几里得的情形,并且这个证明对(b)(i)也成立,即 D 与 H 重合。

于是所有另外的假设证明了都是不可能的,这个命题完全能成立。

然而,我认为这个程序可以如下缩短。

为了使得欧几里得的证明是结论性的,我们只要:(1)注意延长 FG 超过内圆的中心 G,并且(2)证明 FG 与内圆的交点距离 G 不比它与另一个圆的交点更远。欧几里得的证明对第一个点比第二个点较近于 G 或第一个点与第二个点重合都是有效的。

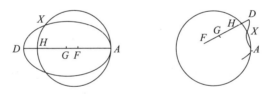

若 FG 延长超过 G 但不通过 A,则有两种可能:(a)A 在 GF 超过 F 的延长线上;(b)A 可能在 FG 的延长线的外面。

在每一种情形下,若 FD 的延长线交内圆于 D,交另一个圆于 H,并且若 GD 大于 GH,则内圆必然截外圆于某个在 A 与 D 之间的点 X。

但是,若两个圆有一个公共点 X 在过中心线的一侧,则必然有另一个相应的点在另一侧。由Ⅲ.7,8 可以见得,这是显然的;这个点 Y 在 X 的对侧(关于 FG),直线 FY,GY 与 FD 的夹角分别等于角 DFX,DGX。

因此,两个圆就有至少三个公共点:这是不可能的。

所以 GD 不能大于 GH;故 GD 必然等于或小于 GH,欧几里得的证明是有效的。

关于假设 FG 与 A 在同一直线上,而 G 在 F 与 A 之间的问题容易解决,欧几里得留给了读者。

因为 GD 等于或小于 GH,所以 GD 小于 FH,因而小于 FA。

但是 *GD* 等于 *GA*,因而大于 *FA*:这是不可能的。

这个命题也可以直接用Ⅲ.7证明。

事实上,由Ⅲ.7可知,*GH* 是从 *G* 到以 *F* 为心的圆的最短线;

因此 *GH* 小于 *GA*,因而小于 *GD*:这是矛盾的。

这个命题是关于圆内切的关键命题,当它一旦建立,两个圆的相对位置可以完全用它阐明。

如附图,若 *F* 是外圆的中心,*G* 是内圆的中心,并且若外圆的任一半径 *FQ* 分别交这两个圆于 *Q*,*P*,可以推出 *FA* 是从 *F* 到内圆周的最长线,*FP* 小于 *FA*,并且当 *FQ* 从 *FA* 绕到 *FP* 时,*FP* 减小,一直到最小长度 *FB*。因此这两个圆在除了 *A* 之外的其他点并不相交,并且当 *FQ* 从 *FA* 绕到 *FC* 时,外圆的半径 *FQ* 在这两个圆之间

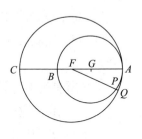

的部分会越来越大,并且到 *FC* 时最大,而后在 *FC* 的另一侧又逐渐减小。

同样的讨论给出Ⅲ.11的部分逆,构成帕普斯的第6引理:**若 *AB*,*AC* 在一条直线上,并且在 *A* 的一侧,则以 *AB*,*AC* 为直径的两个圆相切(内切在点 *A*)。**帕普斯从这两个圆在 *A* 有公切线的事实推出上述结论;它的真实性从下述事实显而易见,当 *FQ* 从 *FA* 的两侧离开时,*FP* 减小;因此这两个圆交于 *A* 但不相截。

帕普斯的第5引理(Ⅶ.p.824)是另一个部分逆:**给定两个内切于 *A* 的圆,并且从 *A* 引的直线截这两个圆,若外圆的中心在 *ABC* 上,则内圆的中心也在 *ABC* 上。**帕普斯本人证明了这点:这两个圆在 *A* 点上有公切线,用两种方式:(1)切线与 *AC* 成直角,因而与 *AB* 成直角;所以内圆的中心在 *AB* 上。(2)用Ⅲ.32,两个圆的内错弓形的角是直角,故 *ABC* 是两个圆的直径。

命题 12

若两个圆相互外切,则它们的圆心的连线通过切点。

设两圆 *ABC*,*ADE* 相互外切于点 *A*,且给定圆 *ABC* 的圆心为 *F*,*ADE* 的圆心为 *G*。

我断言 *F* 与 *G* 的连线通过切点 *A*。

因为,假设不是这样,但如果可能的话,设它通过 *FCDG*,连接 *AF*,*AG*。

那么,因为点 *F* 是圆 *ABC* 的圆心,所以 *FA* 等于 *FC*。

又,因为点 *G* 是圆 *ADE* 的圆心,所以 *GA* 等于 *GD*。

但是,已经证明了 *FA* 也等于 *FC*,

故,FA,AG 的和等于 FC,GD 的和。

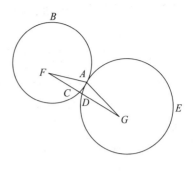

这样,整体的 FG 大于 FA,AG 的和,但它也小于它们的和：   [Ⅰ.20]

这是不可能的。

所以,由 F 到 G 的连线不会不经过切点 A,从而,它一定经过切点 A。

证完

关于Ⅲ.11,海伦说:"欧几里得在Ⅲ.11中假设了两个圆内切,讨论了这种情形并且证明了所想象的。**而我将证明关于外切的情形。**"而后他给出了Ⅲ.12的证明及图形。显然,海伦和安那里兹没有把Ⅲ.12放在这个地方。

坎帕努斯(Campanus)和阿拉伯编辑者 N. 亚特秋西(N. at-Tūsī)没有对Ⅲ.12,只是对Ⅲ.11加了下述话,"在外切的情形,两条线 GA 和 CF 就大于 GF,因此 GD 和 CF 就大于 GF,这是假的。"塞翁(Theon)或某个其他的编辑者把海伦的证明增加在他的版本中。安那里兹和坎帕努斯一致地把海伯格正文的命题 12 编号为命题 13。

欧几里得的证明是有效的,仅当连接两个圆心的 FG 与以 F 为圆心的圆交于 C,与另一个圆交于 D,C 不在圆 ADE 内,D 不在圆 ABC 内。(这个证明也是有效的,当 C,D 重合或者图中点的顺序是 F,C,D,G。)现在,若 C 在圆 ADE 内,D 在圆 ABC 内,则这两个圆必然在 A 与 C 之间,以及 A 与 D 之间相截。因此,在 CD 的另一侧也有另一个对应的公共点。这两个圆就有三个公共点:这是不可能的。

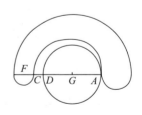

因此,欧几里得的证明是有效的,当 F,A,G 形成一个三角形时,并且留给读者的是 A 不在 FG 上,而是在 FG 的延长线上。此时,如前 C,D 重合或 C 比 D 更近于 F,则半径 FC 等于 FA:这是不可能的,由于 FC 不能大于 FD,因而小于 FA。

Ⅲ.12 也可以由Ⅲ.8证明。

又,一旦证明了Ⅲ.12,Ⅲ.8能帮助我们证明这两个圆彼此完全在外面,并且除了切点没有其他公共点。

在帕普斯的引理中有两个是这个命题的部分逆。引理4(Ⅶ.p.824)的大意是,若 AB,AC 在一条直线上,B 和 C 在 A 的两侧,则以 AB,AC 为直径的两个圆在 A 外切。引理3(Ⅶ.p.822)说,若两个圆在 A 外切,并且过 A 作 BAC 截这两个圆,以及包含一个圆心,则 *BAC* 也包含另一个圆心。其证明同前,使用在 *A* 的公共切线。

H. M. 泰勒克服了涉及Ⅲ.11,12 的困难。他首先证明,**若两个圆交于一点,这一点并不在过两个中心的直线上,则这两个圆在这一点相截**。这个很容易用Ⅲ.7,8 和第三个类似的定理证明。而后他给出一个推论:**若两个圆相切,则切点在过两个中心的直线上**。他没有解释如何从定理推出,但好像可以简单的逻辑推出。由这个命题可知,每个 *A*(两个圆不相交在两个圆心的直线上的一点)是 *B*(两个圆相截);因而每个非 *B* 是非 *A*,即不相截的两个圆不相交在两个圆心的直线上。非相截的两个圆或者相切或者不相交。在前一种情形,它们必然相交在两个中心的连线上;事实上,若它们不相交在这条直线上,则它们相截。但是这个纯逻辑的推理并不是欧几里得的风格。正如德·摩根所说,"欧几里得可能在他的著作中忽视了'每个 *x* 是 *y*'与'每个非 *y* 是非 *x*'是等价的;每一次他用新的证明从一个推出另一个"[引自凯恩斯的《形式逻辑》(*Formal Logic*) p. 81]。

用Ⅰ.20 容易证明泰勒的下一个命题,**若两个圆相交在一点上,这一点在两个中心连线之间,则这两个圆在这一点相切,并且每一个圆在另一个圆的外面**。但是,类似的证明好像有同样的意义,它假定了未证明的事实,即圆心最接近交点的圆是内圆。最后,为了证明**若两个圆有一个切点,则它们不会在任意其他点相交**。泰勒使用了不可靠的推论。因此,在任一情形,他的另外的证明不比欧几里得的更好。

欧几里得Ⅲ.11—13 的另一种表达出现在现代流行的教科书[例如,勒让德(Legendre),巴尔特赛(Baltzer),亨里西与特鲁特利恩(Henrici and Treutlein),维朗尼斯(Veronese),英格拉米(Ingrami),恩里奎斯(Enriques)和阿马尔迪(Amaldi)]中,用两个圆的中心之间的距离与它们的半径之间的关系表达这两个圆上的重合点的个数、位置及性质。恩里奎斯和阿马尔迪给出了如下不同情形的讨论(维朗尼斯给出了相反的形式)。

1. **若两个圆心之间的距离大于两个半径的和,则这两个圆没有公共点并且彼此在外。**

设 *O*,*O'* 是两个圆的中心(我们称为圆 *O*,*O'*),*r*,*r'* 分别是它们的半径。

因为 *OO'* > *r* + *r'*,更有 *OO'* > *r*,因而 *O'* 在圆 *O* 的外面。

其次,圆 *O* 的圆周截 *OO'* 于点 *A*,并且因为 *OO'* > *r* + *r'*,所以 *AO'* > *r'*,并且 *A* 是圆 *O'* 的外点。

而 *O'A* 小于任意到圆 *O* 的直线,譬如 *O'B*(Ⅲ.8);因此圆 *O* 的圆周上的所有点,譬如B,都在圆O'的外面。

最后,若C是圆O的任一内点,OC,$O'C$的和大于$O'O$,更大于$r+r'$。

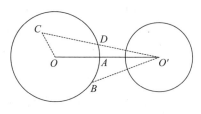

但是OC小于r,所以$O'C$大于r',C是O的外点。

类似地,可证圆O'的圆周上的及其内面的任意点在圆O的外面。

2. 若两个不等圆的圆心之间的距离小于这两个圆的半径的差,则这两个圆周没有公共点并且小圆完全在大圆之内。

设O,O'是两个圆的圆心,r,r'分别是它们的半径($r<r'$)。

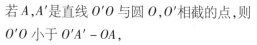

因为$OO'<r'-r$,更有$OO'<r'$,所以O是圆O'的内点。

若A,A'是直线$O'O$与圆O,O'相截的点,则

$O'O$小于$O'A'-OA$,

因而$O'O+OA$或$O'A$小于$O'A'$,

所以A是O'的内点。

但是,在所有从O'到圆O的圆周的所有直线中,过圆心O的$O'A$是最大的
$$[\text{Ⅲ}.7];$$
因此所有圆O的圆周上的所有点在圆O'的内面。

类似于上述推理可以证明圆O的内面的所有点在圆O'的内面。

3. 若两个圆的圆心之间的距离等于两个半径的和,则这两个圆周有一个公共点并且只有一个,这个点在圆心的连线上。每一个圆在另一个圆的外面。

设O,O'是两个圆心,r,r'是这两个圆的半径,OO'等于$r+r'$。

于是OO'大于r,故O'在圆O的外面,并且圆O的圆周截OO'于点A。

又因为OO'等于$r+r'$,并且OA等于r,由此推出$O'A$等于r',故A也在圆O'的圆周上。

由类似上述命题1的证明可以证明圆O的圆周上以及内部的所有点都在圆O'的外面。类似地,圆O'的圆周上以及内部所有点(除了A)都在圆O的外面。

只有一个公共点的两个圆在这一点相切,这一点在两个圆的连线上,并且因为这两个圆彼此在外面,所以它们对切。

4. 若两个不等圆的圆心之间的距离等于两个半径的差,则这两个圆有一个公共点并且只有一个,这一点在两个圆心的连线上。较小圆在另一个圆的内面。

其证明同于上述命题 2 的证明。

这两个圆在两个圆心连线上的点内切。

5. 若两个圆的圆心之间的距离小于两个半径的和,而大于两个半径的差,则这两个圆周有两个公共点,这两个点关于两个中心的连线对称但不在这条线上。

设 O,O' 是两个圆的圆心,r,r' 是它们的半径,r' 较大,使得

$$r' - r < OO' < r + r'。$$

由此可以推出 $OO' + r > r'$,若在 $O'O$ 的延长线上取 OM 等于 r(M 在圆 O 的圆周上),则 M 在圆 O' 的外面。

我们必须使用欧几里得 I.1 中的同样的公设,即

一段有一个端点在一个给定的圆内,另一个端点在给定圆的外面的圆弧与给定圆有一个公共点并且只有一个;由此可以推出,若我们考虑两个构成一个完整圆周的两个圆弧,即若一个圆的圆周通过一个给定圆的一个内点,并且还有一个外点,则它截后面这个圆于两点。

而后我们必须证明圆 O 除了它的圆周上一点 M 在圆 O' 的外面,还有它的圆周上的另一点 L 在后面这个圆的内面。

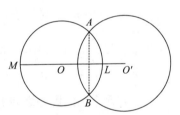

根据 OO' 大于、等于或小于较小圆的半径 r,要区分三种情形。

(1) $OO' > r$(见前面的图)

沿 OO' 量取 OL 等于 r,L 在圆 O 的圆周上。

因为 $OO' < r + r'$,所以 $O'L$ 小于 r',故 L 在圆 O' 的内面。

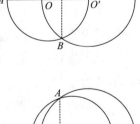

(2) $OO' = r$

此时圆 O 的圆周通过 O',L 与 O' 重合。

(3) $OO' < r$

若沿 OO' 取 OL 等于 r,则点 L 在圆 O 的圆周上。

此时 $O'L = r - OO'$,故 $O'L < r$,更有 $O'L < r'$,因此 L 在圆 O' 内。

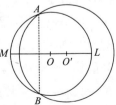

于是在所有这三种情形中,因为圆 O 的圆周通过圆

O' 的一个外点 M，并且通过 O' 的一个内点 L，所以这两个圆周相截在两点 A,B 上。　　　　　　　　　　　　　　　　　　　　　　　　　［公设］。

并且 A,B 不可能在圆心的连线 OO' 上，因为这条线只截圆 O 于 L,M，并且这两个点一个在圆 O' 的内面，另一个在圆 O' 的外面。

因为 AB 是两个圆的公共弦，所以垂直且平分它的直线通过两个中心，即 OO'。

并且又由Ⅲ.7,8，可以证明弧 ALB 上除了 A,B 之外的所有点在圆 O' 之内，并且弧 AMB 上除了 A,B 之外的所有点在这个圆的外面；等等。

命题 13

一个圆和另外一个圆无论是内切还是外切，其切点不多于一个。

因为，如果可能的话，设圆 $ABDC$ 与圆 $EBFD$ 相切，其切点多于一个，即 D、B，首先设它们内切。

设圆 $ABDC$ 的圆心是 G，且 $EBFD$ 的圆心是 H。

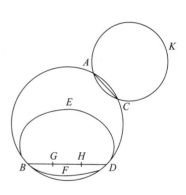

则连接从 G 到 H 的直线通过 B,D。

　　　　　　　　　　　　　　［Ⅲ.11］

设其为 $BGHD$。

其次，因为点 G 是圆 $ABCD$ 的圆心，BG 等于 GD，故 BG 大于 HD；从而 BH 比 HD 更大。

又因为，点 H 是圆 $EBFD$ 的圆心，BH 等于 HD。

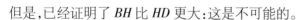

但是，已经证明了 BH 比 HD 更大：这是不可能的。

故，一个圆和另外一个圆内切时，切点不多于一个。

进一步可证外切时切点也不会多于一个。

因为，如果可能的话，设圆 ACK 与圆 $ABDC$ 的切点多于一个，设它们是 A、C，连接 AC。

那么，因为圆 $ABDC,ACK$ 的每个圆周上已经任意取定了两个点 A、C，它们的连线将落在每个圆的内部。　　　　　　　　　　　　［Ⅲ.2］

但是，它落在了圆 $ABDC$ 内部而且落在圆 ACK 的外部：　　［Ⅲ.定义 3］

这是不合理的。

因此，一个圆与另一个圆外切时，切点不多于一个。

而且,也已证明了内切时也不可能。

　　关于这个命题的证明中的困难难不住我们,因为它们在关键的命题Ⅲ.11,12 的讨论中已消除。这个命题的第一部分的欧几里得证明不同于西姆森的证明;我们首先讨论欧几里得的证明。关于这个,卡梅尔指出第二个切点在圆心连线的延长线上超过外圆中心的部分,而在Ⅲ.11 中证明的是中心连线的延长线的超过内圆中心的部分通过切点。但是,由Ⅲ.11 中给出的同样推理,我们可以证明两个圆不可能有圆心连线之外的切点,若存在这样的点,则就有对应的公共点在这条线的另一侧,因而两个圆就会有三个公共点。因此剩余的假设只是第二个切点在圆心的连线上,并且在外圆圆心的方向;而欧几里得的证明已否定了这个假设。

　　奇怪的是,海伦(见 an-Nairīzī,ed. Curtze,pp. 122—4)没有发问欧几里得的假设——两个圆心的连线通过两个切点(若可能有两个切点),而是致力于证明外圆的圆心必须在内圆之内,他认为这是欧几里得断言的,尽管在正文中没有这个断言。事实的证明当然是容易的。若两个圆心的连线通过两个切点,并且外圆的中心在内圆的上面或外面,则圆心连线必然截内面于三个点:这是不可能的,正如海伦证明的,一条直线不能截一个圆周多于两个点。

　　西姆森的证明如下(没有必要给出他给出的两个图)。

　　"若有可能,设圆 BEF 切圆 ABC 多于一个点,并且首先是内切,切点是 B,D;连接 BD,并且作 GH 垂直且平分 BD。

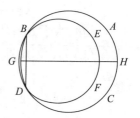

　　因为点 B,D 在每个圆周上,所以直线 BD 落在每个圆内,并且它们的中心在 BD 的垂直平分线 GH 上。

　　因而 GH 通过切点(Ⅲ.11),这是不可能的,因为点 B,D 在线 GH 的外面。

　　所以一个圆不能内切另一个圆多于一点。"

　　关于这个,卡梅尔指出,除了 GH 与圆相交的切点之外,它们不可能有另外的切点,(1)在 GH 上,或(2)在它的外面。(2)是不可能的,因为此时就会有第三个公共点在 GH 的对侧;而情形(1)在欧几里得的证明中已消除。

　　西姆森保留了欧几里得的关于这个命题的第二部分的证明,尽管他自己的关于第一部分的证明也适用于第二部分,只要用Ⅲ.12 代替Ⅲ.11,欧几里得证明第二部分使用了第一部分的证明。

命题 14

在一个圆中相等的直线到中心的距离相等;反之,若到中心的距离相等,则这些直线也彼此相等。

设 *ABDC* 是一个圆;*AB*,*CD* 是其中相等的直线。

我断言 *AB*,*CD* 到中心的距离相等。

设圆 *ABDC* 的圆心已取定;　　　　　　　　[Ⅲ.1]

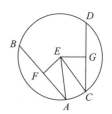

设是 *E*,由 *E* 向 *AB*,*CD* 作垂线 *EF*,*EG*;且连接 *AE*,*EC*。

那么,因为通过圆心的直线 *EF* 交不经过圆心的直线 *AB* 成直角,它也二等分 *AB*。　　　　　　　　[Ⅲ.3]

所以 *AF* 等于 *FB*,于是 *AB* 是 *AF* 的二倍。

同理,*CD* 也是 *CG* 的二倍,又因 *AB* 等于 *CD*,故 *AF* 也等于 *CG*。

又,因为 *AE* 等于 *EC*,*AE* 上的正方形也等于 *EC* 上的正方形。但是,*AF*,*EF* 上的正方形的和等于 *AE* 上的正方形,这是因为在 *F* 处的是直角,而且 *EG*,*GC* 上的正方形的和等于 *EC* 上的正方形,这是因为在 *G* 处的是直角。　　　[Ⅰ.47]

所以,在 *AF*,*FE* 上的正方形的和等于 *CG*,*GE* 上的正方形的和,其中 *AF* 上的正方形等于 *CG* 上的正方形,这是因为 *AF* 等于 *CG*。

于是余下的 *FE* 上的正方形等于 *EG* 上的正方形。

从而,*EF* 等于 *EG*。

但是,当到中心的距离相等时,这些直线叫作到中心有相等距离的直线。

　　　　　　　　[Ⅲ.定义4]

于是 *AB*,*CD* 到中心的距离相等。

其次,设直线 *AB*,*CD* 有到中心相等的距离,即 *EF* 等于 *EG*。

我断言 *AB* 也等于 *CD*。

因为,可用同样的作图,类似地,我们可以证明 *AB* 是 *AF* 的二倍,*CD* 是 *CG* 的二倍。

又因为,*AE* 等于 *CE*,所以 *AE* 上的正方形等于 *CE* 上的正方形。

但是,*EF*,*FA* 上的正方形的和等于 *AE* 上的正方形;而且 *EG*,*GC* 上正方形的和等于 *CE* 上的正方形。　　　　　　　　[Ⅰ.47]

所以 *EF*,*FA* 上的正方形的和等于 *EG*,*GC* 上正方形的和,其中 *EF* 上的正方形等于 *EG* 上的正方形,这是因为 *EF* 等于 *EG*;所以,余下的 *AF* 上的正方形等于 *EG* 上的正方形;故 *AF* 等于 *CG*。但是,*AB* 是 *AF* 的二倍,*CD* 是 *CG* 的二倍。

所以 AB 等于 CD。

证完

海伦(an-Nairīzī, pp. 125—7)对这个命题增加了下述命题:这个圆的中心落在这两个弦之间。他首先用反证法,而后直接证明。

命题 15

在一个圆中的直线以直径最长,而且靠近圆心的直线总是大于远离圆心的直线。

设 ABCD 是一个圆,AD 是直径,E 是圆心;设 BC 较靠近直径 AD,而 FG 较远。

我断言 AD 最长并且 BC 大于 FG。

由圆心 E 向 BC,FG 作垂线 EH,EK。

因为 BC 是靠近圆心且 FG 是远离圆心的,EK 大于 EH。　　　　　　　　　　　　　　　　　　[Ⅲ.定义 5]

取 EL 使它等于 EH,过 L 作 LM 使它和 EK 成直角且经过点 N;连接 ME,EN,FE,EG。

那么,因为 EH 等于 EL,BC 等于 MN。　　　　　　　　[Ⅲ.14]

又因为,AE 等于 EM 且 ED 等于 EN,所以 AD 等于 ME 与 EN 的和。

但是,ME,EN 的和大于 MN。　　　　　　　　　　　　　[Ⅰ.20]

又 MN 等于 BC,故 AD 大于 BC。

又因为,两边 ME,EN 的和等于两边 FE,EG 的和,且角 MEN 大于角 FEG。

所以,底 MN 大于底 FG。　　　　　　　　　　　　　　　[Ⅰ.24]

但是,已经证明了 MN 等于 BC,

所以,直径 AD 最大,BC 大于 FG。

证完

注意欧几里得的证明不同于在我们的教科书中的证明(这是西姆森的证明),在欧几里得证明中引入另一条线段 MN,它等于 BC,垂直于 EK,因而平行于 FG。西姆森省去了 MN,其证明类似于西奥多修斯(Theodosius)的证明(Sphaerica Ⅰ.6)。他证明了 EH,HB 上的两个正方形的和等于 EK,KF 上的两个正方形的和;因此他推出,因为 EH 上的正方形小于 EK 上的正方形,所以 BH

上的正方形大于 FK 上的正方形。可能欧几里得认为这个太复杂或者需要再增加一些公理。但是,另一方面,欧几里得本人假定了张在 MN 上的圆心角大于张在 FG 上的圆心角,或者换句话说,M,N 落在三角形 FEG 的外面。这个类似于在 Ⅲ.7,8 中做的假定,并且其真实性是显然的,由于圆的半径 EM,EN 大于从 E 到 MN 截 EF,EG 的截点之间的距离,因而后面两点比 M,N 更接近 L,L 是从 E 到 MN 的垂足。

西姆森增加了这个命题的逆,证明方法与证明命题本身相同。

命题 16

由一个圆的直径的端点作直线与直径成直角,则该直线落在圆外,又在这个平面上且在这直线与圆周之间不能再插入另外的直线;而且半圆角大于任何锐直线角,而余下的角小于任何锐直线角。

设 ABC 是以 D 为圆心的圆,AB 是直径。

我断言由 AB 的端点 A 作与 AB 成直角的直线落在圆外。

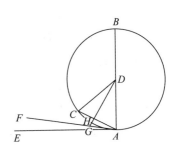

因为,假设不是这样,但是如果可能的话,设它是 CA 且落在圆内,连接 DC,因为 DA 等于 DC,角 DAC 也等于角 ACD。　　　　　　　　[Ⅰ.5]

但是,角 DAC 是直角,

故,角 ACD 也是直角。这样,在三角形 ACD 中,两角 DAC,ACD 的和等于两直角:这是不可能的。　　　　　　　　　　　　　　　[Ⅰ.17]

故,由点 A 作直线与 BA 成直角时,这直线不能落在圆内。

类似地,也可以证明这样的直线也决不落在圆周上,从而落在圆外。

设它落在 AE 处;

其次,可证在这个平面上,在直线 AE 和圆周 CHA 之间不能再插入其他直线。

因为,如果可能的话,设插入的直线是 FA,且由点 D 作 DG 垂直于 FA。

那么,因为角 AGD 是直角,而角 DAG 小于直角,

AD 大于 DG。　　　　　　　　　　　　　　　　　　　　　[Ⅰ.19]

但是,DA 等于 DH,故 DH 大于 DG,小的大于大的:这是不可能的。

从而,在这个平面上,不能在直线与圆周之间再插入其他的直线。

进一步可证由弦 BA 与圆周 CHA 所夹的半圆角大于任何锐直线角,并且余

下的由圆周 *CHA* 与直线 *AE* 所包含的角小于任何锐直线角。

因为,如果有某一直线角大于由直线 *BA* 与圆弧 *CHA* 包含的角,而且某一直线角小于由圆周 *CHA* 与直线 *AE* 包含的角,则在平面内,在圆弧与直线 *AE* 之间可以插入直线包含这样一个角,是由直线包含的,而它大于由直线 *BA* 和圆弧 *CHA* 包含的角,而且与直线 *AE* 包含的其他的角都小于由圆弧 *CHA* 与直线 *AE* 包含的角。

但这样的直线不能插入。所以,没有由直线所夹的任何锐角大于由弦 *BA* 与圆弧 *CHA* 包含的角;也没有由直线所夹的任何锐角小于由圆弧 *CHA* 与直线 *AE* 所夹的角。

推论 由此容易得出,由圆的直径的端点作和它成直角的直线切于此圆。

证完

这个命题具有历史意义,因为这个命题的最后一部分引起从 13 世纪到 17 世纪的争论。历史有一个重复,因为在古代希腊,在欧几里得时代前后,有大量的关于同类型的讨论,争论关于圆周与切线之间的"半圆角"和其余角的性质。正如我们看到的(关于 Ⅰ. 定义 8 的注),后面这个角称为牛角形角;尽管这个术语没有在欧几里得的著作中出现,它常常被普罗克洛斯应用,并作为大家可以理解的术语。并且我们从普罗克洛斯知道关于这个主题的古代争论,我们从这两个角在《原理》中隐含的出现可以推出它们在欧几里得时代是流行的。伴随弓形角的定义,说明这些角只是提及其名称并且在初等几何中没有应用,提及这些角可能对应于插入没有应用的菱形和长斜方形的名字。

普罗克洛斯把"半圆角"和"牛角形角"作为真实的角。他说:"由直线和圆周夹的角有两种形成:一是由直线与凸的圆周所夹的角,如半圆角;二是由直线与凹的圆周所夹的角,如牛角形角。""存在混合线,如螺线,以及混合角,如半圆角和牛角形角。"古代出现的困难也出现在欧几里得的这个命题中。因为角可以用线分开,所以它应当是量;"但是若它是量,并且所有同类的有限量彼此可以比,则所有同类的角,即使所有曲面上的角,彼此都有比,故牛角形的角与直线形的角也应当有比,但是彼此有比的东西加倍后可以互相超过,因而牛角形角也可以超过直线角;这是不可能的,因为已证明了前者小于任意直线角。"(Proclus. p. 121)。直线与圆相切的性质也涉及这个问题,并且在欧几里得时代之前的争论显然来自德谟克里特(Democritus)"On a difference in a gnomon or on contact of a circle and a sphere"(论拐尺形的差或圆和球的相切)。有人译为"On a difference in an angle or on contact with a circle and a sphere"。当然很难说是与球有关的"角";但是我认为这不会构成任何困难,因为球可以像圆一样来处理。我并不认为牛角形角的问题与无限小问题类似。

关于牛角形角的争论的全部历史不能在此给出;关于这个主题的更多的讨论见卡梅尔的 *Euclid*(Excursus Ⅳ. on Ⅲ. 16)或康托的 *Geschichte der Mathematik* Vol. Ⅱ. 下面简短的注释是一些有名的数学家的看法。坎帕努斯在13世纪编辑了 *Euclid*,他从Ⅲ.16推出下述原理有缺陷,**从较小过渡到较大,或者反过来,要经过所有中间量,因而通过相等**。他说,若圆的直径绕着它的端点运动,直到它达到这个圆的切线位置,则只要它截圆,它就会形成一个小于"半圆的角"的锐角;但是在到不再相截的时刻,它形成一个大于"半圆角"的直角。在运动过程中,这个直线角从来没有等于"半圆角"。因而明显地与X.1不相容,并且坎帕努斯注意到"这些不是同一意义上的角,因为曲线和直线不是同类的东西"。当然这个推理假定了直角大于"半圆角"。

类似观点来自卡尔达诺(Cardano,1501—1576),他注意到**一个量可以连续地增加,没有限制,而另一个量没有限制地减小;然而第一个增加的量可能小于第二个减小的量**。第一个量是切角(angle of contact),它可以同样地"增加",用越来越小的圆切在同一直线的同一点上,而它总是小于任意小的直线角。

其次,我们考虑法国几何学家佩里塔里奥斯(Peletarius),他在1557年编辑了《原理》,他的观点好像有很大的进展。佩里塔里奥斯认为"切角"不是一个角,"两个圆相切",即两个彼此内切或外切的圆周之间的"角"不是一个量,而且"直线与圆相切"也不是一个量;由直径与圆周所夹的角,不论内圆或外圆,都是直角,并且等于直线的直角,而且在所有圆中由直径与圆周所夹的角是相等的。佩里塔里奥斯给出的后面命题的证明在给卡尔达诺的信中:若一个较大与较小的半圆的直径放在一条直线上并且有一个公共端点,则(1)较大的角显然不小于较小的角,(2)前者也不大于后者;事实上,若是这样,我们可以得到另一个较大的半圆角,这个较大的半圆角大于直角,这是不可能的。因此,所有半圆角都相等,并且它们之间没有差别。由于他认为所有切角不是角,不是量,因而什么也不是,所以佩里塔里奥斯认为X.1的困难到了尽头。他又说角的本质是相截,而不是相切,并且切线不是在切点对圆倾斜,而是在这一点陷入在圆中。

克拉维乌斯说,显然切角可以用大于给定圆的圆弧来分开,两个不同大小的半圆角不可能相等,若把它们彼此相贴,它们不能重合。没有任何东西妨碍切角是量,鉴于X.1,必须承认它们与直线角不是同类的;若切角什么也不是,则欧几里得就不会证明它小于任何真正的角。

维塔(Vieta,1540—1603)站在佩里塔里奥斯一边,认为切角不是角,他使用了一个新的证明方法。他说,圆可以看成一个平面图形,它具有无数多条边和角;**而一条直线切另一条直线就相互重合并且不构成角。**

伽利略(Galileo Galilei,1564—1642)与维塔有相同的观点,并且用相似的论证支持这个观点,把圆与一个有无数条边的内接多边形作比较。

最后,关于这个问题应当提及的作者是约翰·沃利斯(John Wallis,1616—1703)。在1656年,他发表了一篇论文,题目是"De angulo contactus et semicirculi tractatus",在其中他也认为所谓的角不是真正的角,并且不是量,沃利斯的观点如下:根据欧几里得的定义,一个平面角是两条线的倾斜度,因而形成一个角的两条线必须彼此倾斜,若两条线在交点没有彼此倾斜(当圆周切于一条直线时就是这种情形),则这两条线不形成角。"因而切角不是角,由于在切点直线不向圆倾斜,而是放在它上或者与它重合。又,因为一个点不是一条线,而是线的开端(beginning),并且一条线不是一个面,而是面的开端,所以一个角不是两条线之间的距离,而是它们的初始倾向的分开。两条在交点不形成角的线彼此分开程度依赖于其弯曲的程度(degree of curvature),较小圆的弧有较大的弯曲;但是我们不能说直线与相切的曲线构成的"角"大于或小于另一个曲线与相切在同一点的同一条直线构成的"角",因为它们都不是真正的角(参考 Cantor Ⅲ. p. 24)。

有一个推论:"一条直线只在一个点与圆相切,由于与圆交两个点的直线已证在圆里面。"这个被海伯格省略,因为它无疑是塞翁增加的。西姆森增加了进一步的注释:"显然有且只有一条直线在同一点与圆相切。"

命题 17

由给定点作直线切于已知圆。

设 A 是给定的点,BCD 是已知圆。

于是,要求由点 A 作一直线切于圆 BCD。

设取定圆心 E。　　　　　　　　　[Ⅲ.1]

连接 AE,以圆心 E 和距离 EA 画圆 AFG,由 D 作 DF 和 EA 成直角,连接 EF,AB。

我断言由点 A 作出的 AB 是切于圆 BCD 的。

因为,E 是圆 BCD,AFG 的圆心,EA 等于 EF,且 ED

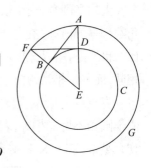

等于 *EB*。故两边 *AE*,*EB* 等于两边 *FE*,*ED*,并且它们包含着在点 *E* 处的公共角。

从而,底 *DF* 等于底 *AB*,并且三角形 *DEF* 全等于三角形 *BEA*。

其余的角等于其余的角。   [Ⅰ.4]

所以,角 *EDF* 等于角 *EBA*。

但是,角 *EDF* 是直角,故角 *EBA* 也是直角。

现在,*EB* 是半径,且由圆的直径的端点所作直线和直径成直角,则直线切于圆。   [Ⅲ.16,推论]

故,*AB* 切于圆 *BCD*,

所以,由给定点 *A* 作出了圆 *BCD* 的切线 *AB*。

证完

由作图可以说明从圆外一点可以作两条直线与给定圆相切,并且这两条线长度相等,而且对外点与圆心的连线有相等的倾斜。这些事实是由海伦给出的(an-Nairīzī, p.130)。

欧几里得把给定点放在圆周上的情形留给了读者,由于其作图可以直接用 Ⅲ.16 作出,不值得再给出一个命题。

我们容易知道半圆内的角是直角[Ⅲ.31],我们只要以 *AE* 为直径画一个圆,并且这个圆截给定圆于两个切点。

命题 18

如果一条直线切于一个圆,则圆心到切点的连线垂直于切线。

设直线 *DE* 切圆 *ABC* 于点 *C*,给定圆 *ABC* 的圆心 *F*,由 *F* 到 *C* 的连线为 *FC*。

我断言 *FC* 垂直于 *DE*。

因为,如果不垂直,设由 *F* 作垂直于 *DE* 的直线 *FG*,因为角 *FGC* 是直角,角 *FCG* 是锐角,

[Ⅰ.17]

而且较大的角所对的边也较大。   [Ⅰ.19]

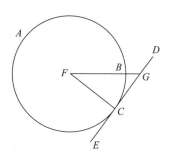

所以,*FC* 大于 *FG*。

但是,*FC* 等于 *FB*,故 *FB* 也大于 *FG*,小的大于大的:这是不可能的。

所以 *FG* 不垂直于 *DE*。

类似地,我们可以证明除 *FC* 之外,再没有其他的直线垂直于 *DE*。

所以，FC 垂直于 DE。

证完

正像Ⅲ.3 包含Ⅲ.1 的推论的两个部分逆，这个命题和下一个命题给出了Ⅲ.16 的推论的两个部分逆。我们可这样说明它们之间的关系：设三个东西，（1）一个圆在一点的切线，（2）从圆心到切点的连线，（3）在切点作成的直角[与（1）或（2）联合]。则Ⅲ.16 的推论断言（2）与（3）合起来给出（1），Ⅲ.18 是（1）与（2）给出（3），而Ⅲ.19 是（1）与（3）给出（2），即在切点垂直切线的直线通过圆心。

命题 19

如果一条直线切于一个圆，而且从切点作一条与切线成直角的直线，则圆心就在这条直线上。

设直线 DE 切圆 ABC 于点 C，而且从 C 作 CA 与 DE 成直角。

我断言圆心在 AC 上。

假设它不是这样，如果这假设是可能的，设 F 是圆心，连接 CF。

因为直线 DE 切于圆 ABC，且 FC 是由圆心到切点的连线，FC 垂直于 DE，   [Ⅲ.18]

故角 FCE 是直角。

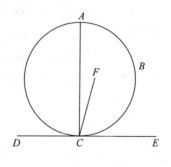

但是，角 ACE 也是直角，故角 FCE 等于角 ACE，小角等于大角：这是不可能的。

从而，F 不是圆 ABC 的圆心。

类似地，我们能证明除圆心在 AC 上以外，决不会是其他的点。

证完

我们也可以把Ⅲ.19 看成Ⅲ.18 的部分逆。假定（1）一条直线通过圆心，（2）过切点的直线，（3）垂直于切线；则Ⅲ.18 断言（1）和（2）产生（3），而Ⅲ.19 断言（2）和（3）产生（1）；我们也可以给出Ⅲ.18 的第二个部分逆，由（1）和（3）产生（2），过中心且垂直于切线的直线通过切点。

此时，甚至在Ⅲ.16 推论的后面我们可以增加一个定理：**内切或外切的两个**

圆在切点有一条公共切线。事实上,两个中心的连线,必要时可延长,通过它们的切点,而且过这一点并且垂直于中心连线的直线是这两个圆的切线。

命题 20

在一个圆内,同弧上的圆心角等于圆周角的二倍。

设 *ABC* 是一个圆,角 *BEC* 是圆心角,而角 *BAC* 是圆周角,它们有一个以 *BC* 为底的弧。

我断言角 *BEC* 是角 *BAC* 的二倍,连接 *AE* 且经过 *F*,

那么,因 *EA* 等于 *EB*,角 *EAB* 也等于 *EBA*;

[Ⅰ.5]

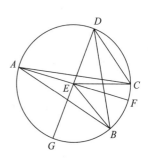

故角 *EAB*,*EBA* 的和是角 *EAB* 的二倍。

但是角 *BEF* 等于角 *EAB* 与 *EBA* 的和;

[Ⅰ.32]

从而角 *BEF* 也是角 *EAB* 的二倍。

同理,角 *FEC* 也是角 *EAC* 的二倍。

所以,整体角 *BEC* 是整体角 *BAC* 的二倍,

又,移动成另外的直线,就有另外的角

BDC;连接 *DE*,并延长到 *G*。

类似地,我们能证明角 *GEC* 是角 *EDC* 的二倍,其中角 *GEB* 是角 *EDB* 的二倍。

所以,剩下的角 *BEC* 是角 *BDC* 的二倍。

证完

早期的编辑者,塔塔格里亚、康曼丁奥斯(Commandinus)、佩里塔里奥斯、克拉维乌斯以及其他人给出这个命题的推广,推广到圆心角大于两直角的情形。推广是显然的,并且其证明与欧几里得的证明的第一部分相同;Ⅲ.21 的推广不必证明两种情形;Ⅲ.22 可以直接从下述事实推出,构成整个圆的两个弓形的圆心角的和等于四个直角;Ⅲ.31 也可由推广的命题直接推出。

所有这些编辑者在这个事情上抢先在海伦的前面,这个从安那里兹的评论知道(ed. Curtze,p. 131 sqq.)。

海伦说,"任一个在圆心的角是在圆周上的角的二倍,当一个弧是这两个角的底,并且在圆心的填满四个直角的其余角,是张在上述同弧上的角的二倍。"

海伦的证明如下:

设 *CDB* 是在圆心的角,*CAB* 是在圆周的角。

延长 *BD*,*CD* 到 *F*,*G*;在 *BC* 上任取一点 *E*,并且连接 *BE*,*EC*,*ED*。

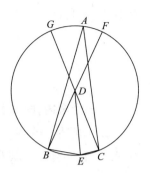

则角 *BAC* 是 *BDC* 的一半;并且角 *BDG*,*GDF*,*FDC* 是弓形 *BEC* 内的任意角的二倍。

证明:因为 *CD* 等于 *ED*,所以

角 *DCE*,*DEC* 相等。

因而外角 *GDE* 等于角 *DEC* 的二倍。

类似地,外角 *FDE* 等于角 *DEB* 的二倍。

由加法,角 *GDE*,*FDE* 是角 *BEC* 的二倍。

但是角 *BDC* 等于角 *FDG*,因而角 *BDG*,*GDF*,*FDC* 是角 *BEC* 的二倍。

并且欧几里得已证明了这个命题的第一部分,即角 *BDC* 是角 *BAC* 的二倍。

海伦说,*BAC* 是弓形 *BAC* 内的任意角,因而弓形 *BAC* 内的任意角是角 *BDC* 的一半。

所以弓形 *BAC* 内的所有角是相等的。

又,*BEC* 是弓形 *BEC* 内的任意角,并且等于角 *BDG*,*GDF*,*FDC* 的一半。

所以弓形 *BEC* 内的所有角相等。

因此Ⅲ.21 被一般地证明。

最后,海伦说,因为角 *BDG*,*GDF*,*FDC* 是角 *BEC* 的二倍,并且角 *BDC* 是角 *BAC* 的二倍,所以由加法而得,四个直角的和是角 *BAC*,*BEC* 的和的二倍。

因此角 *BAC*,*BEC* 的和等于二直角,Ⅲ.22 被证明。

海伦的上述注释是全面的,而欧几里得没有在Ⅲ.20 中使用到钝角。他没有认识到大于二直角的"角"或者所谓的"直线角"作为角。这个从他的角定义为**倾斜度**是显然的,并且从后来其他希腊数学家使用的语言,有机会引入其推广。例如,普罗克洛斯的"四边三角形"的概念(参考关于角的定义的注)说明不能把凹陷的角作为角,此时只有那个外角才能称为角,并且在《原理》的开始引入等于或大于二直角的角是不协调的,因为其他的定义,例如直角的定义就需要修改。若一个"角"等于二直角,则在一直线内的一条直线与另一条直线形成的角就满足欧几里得的直角定义。道奇森(Dodgson)注意到这个问题,他说:"若一条直线在端点立在这条直线上并且形成一个角,是否可能等于两直角?当然这是不可能的,因为每个直线角小于二直角,正如每个立体角小于四直角(p.292)。"[一般地认为"角"的含义隐含地在Ⅵ.33 中推广,但是没有真正的理

由，见这个命题的注。]

注意，按照习惯欧几里得略去了证明下述情形，即在弓形内的角的一条线通过圆心的情形，欧几里得的证明明显地给出了证明这个的方法，而某些编辑者，例如克拉维乌斯认为有必要分别给出。

托德亨特注意到在Ⅲ.20的证明中有两个假设，即若 A 是 B 的二倍，C 是 D 的二倍，则 A 与 C 的和或差分别是 B 与 D 的和或差的二倍，这两个假设是 V.1 与 V.5 的特殊情形。但是，容易知道这个假设的正确性而不必求助于卷 V.

命题 21

在一个圆中，同一弓形内的角是彼此相等的。

设 $ABCD$ 是一个圆，并且令角 BAD 与角 BED 是同一弓形 $BAED$ 内的角，

我断言角 BAD 与角 BED 是彼此相等的。

因为，可取定 $ABCD$ 的圆心，设其为 F；连接 BF, FD。

因为角 BFD 的顶点在圆心上，且角 BAD 的顶点在圆周上，它们以相同的弧 BCD 作为底，

故角 BFD 是角 BAD 的二倍。

同理，角 BFD 也是角 BED 的二倍，

所以角 BAD 等于角 BED。

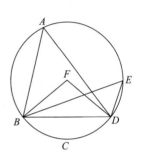

[Ⅲ.20]

证完

在Ⅲ.20的限制下，"在中心的角"必须小于二直角，这个命题的欧几里得证明只适用于大于半圆的弓形，等于或小于半圆的弓形的情形应当分别考虑，许多证明中最简单的证明是西姆森的证明。

"若弓形 $BAED$ 不大于半圆，设 BAD, BED 是它内的两个角，则这两个角也相等。"

作 AF 到圆心，并且延长到 C，连接 CE。

因此弓形 $BADC$ 大于半圆，由前一种情形，角 BAC，BEC 相等。

同样地，由于 $CBED$ 大于半圆，

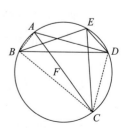

角 *CAD*,*CED* 相等。

所以整个角 *BAD*,*CED* 相等。"

我们可以用反证法证明这个命题的逆，**即若有同一个底并且在同侧的任意两个三角形，并且两个顶角相等，则过底的两个端点与一个三角形的顶点的圆也通过另一个三角形的顶点。** 这个圆可以由欧几里得的Ⅲ.9 的作图作出，Ⅲ.9 说明如何过任意三个点作一个圆，尽管在Ⅳ.5 中才有所述的命题。现在，设圆 *BAC* 是另一个三角形，与三角形 *BAC* 有相同的底 *BD*，并且在同一侧，它的顶角 *D* 等于角 *A*，则这个圆通过 *D*。

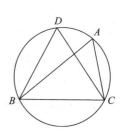

事实上，若不是这样，它必然通过 *BD* 上或 *BD* 延长线上某个点 *E*。若连接 *EC*，则由Ⅲ.21 角 *BEC* 等于角 *BAC*，因而等于角 *BAC*，故等于角 *BDC*。因而一个三角形的外角等于内对角，由Ⅰ.16 可知这是不可能的。

所以 *D* 在圆 *BAC* 上。

类似地，对任何一个另外的以 *BC* 为底并且其顶角等于 *A* 的三角形也成立。于是，**若在同一个底上在同侧作任意个数的三角形，并且它们具有相等的顶角，则所有这些顶点在一个圆周上。**

塞忍纳斯(Serenus) 由Ⅲ.21 导出一个有用的定理(*De sectione conj*, props. 52,53)。

若 *ADB* 是任一个弓形，*C* 是圆周上这样一个点，*AC* 等于 *CB*，并且若以 *C* 为圆心，以 *CA* 或 *CB* 为半径作圆 *AHB*，*ADB* 是弓形 *ACB* 内的任一个另外角，并且 *BD* 的延长线交外弓形于 *E*，则 *AD*,*DB* 的和等于 *BE*。

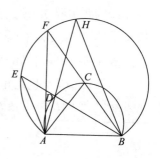

若 *BC* 的延长线交外弓形于 *F*，连接 *FA*，则由假设，

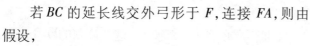

CA,*CB*,*CF* 相等。

因而角 *FAC* 等于角 *AFC*。

由Ⅲ.21，角 *ACB*,*ADB* 相等；

因而它们的补角 *ACF*,*ADE* 相等。

又，由Ⅲ.21，角 *AEB*,*AFB* 相等。

因此，在三角形 *ACF*,*ADE* 中，两个角分别相等；所以第三个角 *EAD*,*FAC* 相等。

但是角 *FAC* 等于角 *AFC*，因而等于角 *AED*。

因此角 *AED*,*EAD* 相等，或者说 *DEA* 是等腰三角形，即

AD 等于 *DE*。

两边加上 BD,我们得到

$$BE \text{ 等于 } AD \text{ 与 } DB \text{ 的和。}$$

现在 *BF* 是外弓形所在圆的直径,故

$$BF \text{ 大于 } BE;$$

所以 *AC*,*CB* 的和大于 *AD*,*DB* 的和。

一般地,在同一个底上,在同一侧并且有相等顶角的所有三角形中,等腰三角形有最大的周长,并且离等腰三角形越远的三角形有越小的周长。

塞忍纳斯的这个定理充分地给我们解答了下述托德亨特的《欧几里得》p. 324 的问题的方法。

求给定弓形上一点,使得到弓形底的两个端点的连线的和等于给定直线(其长度当然有限制)。

设上述图中 *ACB* 是给定弓形,*C* 是其上一点,使得 *AC* 等于 *CB*。

而后以 *C* 为圆心,以 *CA* 或 *CB* 为半径作弓形 *AHB*。

最后,以 *A* 或 *B* 为圆心,给定直线为半径作圆。若给定直线大于 *AB* 而小于二倍的 *AC*,则这个圆交外弓形于两点。若连接这两个点到后面圆的圆心(*A* 或 *B*),则连线与内弓形的交点就满足所给条件。若给定直线等于二倍的 *AC*,则 *C* 就是要求的点。若给定直线大于二倍的 *AC*,则无解。

命题 22

内接于圆的四边形其对角的和等于两直角。

设 *ABCD* 是一个圆,令 *ABCD* 是内接四边形。

我断言对角的和等于两直角,连接 *AC*,*BD*。

因为在任何三角形中三个角的和等于两直角,   [Ⅰ.32]

所以三角形 *ABC* 的三个角 *CAB*,*ABC*,*BCA* 的和等于两直角。

但是,角 *CAB* 等于角 *BDC*,这是因为它们在同一弓形 *BADC* 上;   [Ⅲ.21]

并且角 *ACB* 等于角 *ADB*,这是因为它们在同一弓形 *ADCB* 上;

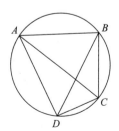

故整体角 *ADC* 等于角 *BAC* 与角 *ACB* 的和。

将角 *ABC* 加在以上两边,则角 *ABC*,*BAC*,*ACB* 的和等

于角 ABC 与角 ADC 的和。但是角 ABC,BAC,ACB 的和等于两直角，

所以角 ABC 与角 ADC 的和也等于两直角。

类似地，我们能证明角 BAD，角 DCB 的和也等于两直角。

证完

正如托德亨特的注释，这个命题的逆是真的并且非常重要：**若一个四边形的两对角的和等于二直角，则一个圆可以外接到这个四边形。**我们可以用Ⅲ. 9 或Ⅳ. 5 的方法作一个外接于三角形 ABC 的圆，并且用反证法证明这个圆过第四个角点 D。

命题 23

在同一线段上且在同一侧不能作出两个相似且不相等的弓形。

因为，如果可能的话，设在同一线段 AB 的同侧可以作出相似且不相等的弓形 ACB,ADB。

作 ACD 与二弓形相交，连接 CB,DB。又，因为弓形 ACB 相似于弓形 ADB，

又相似的弓形有相等的角， [Ⅲ. 定义 11]

所以角 ACB 等于角 ADB，即外角等于内对角：这是不可能的。 [Ⅰ. 16]

证完

克拉维乌斯和其他早期的编辑者指出，尽管"在同侧"对欧几里得的证明是必要的，但是在同一直线的对侧也不可能有两个相似而不相等的弓形；这是显然的，只要把一个弓形绕底旋转到另一个的同侧即可。

西姆森注意到，欧几里得在下一个命题Ⅲ. 24 中认为下述假设是必要的：若两个在相等底上的弓形彼此相贴，使得两个底重合，则这两个弓形不能在除了底的端点之外的其他点相截（否则两个圆就会在多于两点相截），这个注释对Ⅲ. 23 也是必要的，使得一个弓形在另一个的内面。因而，西姆森证明Ⅲ. 23 的开头如下：

"由于圆 ACB 截圆 ADB 于两点 A,B，它们不能在任一其他点相截。

因而一个弓形必然落在另一个的内面。

设 ACB 落在 ADB 内面，并且作直线 ACD，等等。"

西姆森也用"彼此不重合"代替了欧几里得阐述中的"不相等"。

在Ⅲ.24中,西姆森略去了假设弓形 *AEB* 贴合到另一个弓形 *CFD* 时,"否则放在 *CGD*"的话;事实上,在说了 *AB* 必然与 *CD* 重合之后,他引用了Ⅲ.23 的结论:"因而,直线 *AB* 与 *CD* 重合,弓形 *AEB* 必然与弓形 *CFD* 重合,所以等于它。"

命题 24

在相等线段上的相似弓形是相等的。

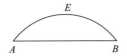 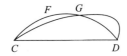

因为,可设 *AEB*,*CFD* 是相等线段 *AB*,*CD* 上的相似弓形。

我断言弓形 *AEB* 等于弓形 *CFD*。

如果将弓形 *AEB* 移到 *CFD*,若点 *A* 落在 *C* 上以及 *AB* 落在 *CD* 上,点 *B* 也将与点 *D* 重合,这是因为 *AB* 等于 *CD*,并且 *AB* 重合于 *CD*,这段弓形 *AEB* 也将重合于弓形 *CFD*。

因为,如果线段 *AB* 与 *CD* 重合,但弓形 *AEB* 不与弓形 *CFD* 重合,它或者落在里面,或者在外面,或者落在 *CGD* 的位置,则一个圆与另一个圆的交点多于两个:这是不可能的。　　　　　　　　　　　　　　　　　　　[Ⅲ.10]

因此,若线段 *AB* 移至 *CD*,弓形 *AEB* 必定也与弓形 *CFD* 重合。

所以,二弓形相重合,因而是相等的。

证完

与上一个命题的注比较,我在"在它外面"(outside it)之后用分号代替了希腊正文中的逗号,为了指出下述推理"并且一个圆截一个圆多于两个点"只是推出第三个假设,相贴的弓形"否则放在 *CGD*",前两个假设由前述命题Ⅲ.23 被省略。

命题 25

已知一个弓形,求作一个整圆,使其弓形为它的一个截段。

设 *ABC* 是给定的弓形,求作一个整圆,使弓形 *ABC* 是它的一个截段。

设 *AC* 被二等分于点 *D*，由点 *D* 作 *DB* 和 *AC* 成直角。连接 *AB*；

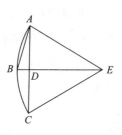

那么，角 *ABD* 大于、等于或小于角 *BAD*。

首先，设它大于角 *BAD*；在直线 *BA* 上的点 *A* 处作角 *BAE* 等于角 *ABD*，延长 *BD* 到点 *E*，连接 *EC*。

因为角 *ABE* 等于角 *BAE*，线段 *EB* 也等于 *EA*。 [Ⅰ.6]

又因为 *AD* 等于 *DC*，*DE* 是公共的，

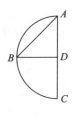

所以两边 *AD*，*DE* 分别等于两边 *CD*，*DE*；并且角 *ADE* 等于角 *CDE*，由于每一个都是直角，

故底 *AE* 等于底 *CE*。

但是，已经证明了 *AE* 等于 *BE*，故 *BE* 也等于 *CE*。从而，三条线段 *AE*，*EB*，*EC* 彼此相等。

故以 E 为圆心，以线段 *AE*，*EB*，*EC* 之一为距离所画的圆，是可经过其余的点而得的整圆。 [Ⅲ.9]

从而，已知一个弓形，其整圆可以作出。

又很明显，弓形 *ABC* 小于半圆，因为圆心 *E* 在它的外面。

类似地，如果角 *ABD* 等于角 *BAD*，*AD* 等于 *BD*，*DC* 的每一个。三条线段 *DA*，*DB*，*DC* 彼此相等，*D* 就是整圆的圆心，明显地（弓形）*ABC* 是一个半圆。

但是，如果角 *ABD* 小于角 *BAD*，且若我们在 *BA* 上的 *A* 点处作一个角等于 *ABD*，圆心落在 *DB* 上且在弓形 *ABC* 内，显然弓形 *ABC* 大于半圆。

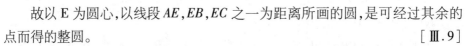

于是，给定某个圆的一个弓形，它所在的整圆就可画出。

证完

西姆森把角 *ABD*，*BAD* 相等作为第一种情形，而后是其他两种情形，若必要可延长 *BD*。这个比欧几里得的程序稍短一点，尽管欧几里得在第三种情形没有重复第一种情形的证明。

坎帕努斯、佩里塔里奥斯和其他人解答这个问题用取两个非平行弦的垂直平分线，其交点是圆心，因为每一条垂直平分线包含圆心并且它们只交于一点。克拉维乌斯、比林斯雷、巴罗（Barrow）和其他人给出更简单的解答，两条弦有一个公共端点（参考Ⅲ.9，10 的欧几里得的证明）。德·摩根喜爱这个方法，并且（如上述Ⅲ.1 的注）把Ⅲ.1 这个命题，以及Ⅳ.5 都作为下述定理的推论：“垂直平分弦的直线必然包含圆心。”H.M.泰勒特别选取了这个顺序和方法，尽管他

用任意两个非平行的弦来求圆心;而求给定圆弧的中心(他的命题对应于
Ⅲ.25),首先垂直平分底,而后垂直平分连接底的一个端点与上述垂直平分线
与圆的交点的弦。

若这个问题在Ⅳ.5 之后解答,在证明了 AE,EB,EC 相等之后,就可以说
"以 E 为圆心,以 AE,EB,EC 之一为半径作的圆通过这个弓形的其他点"
(Ⅲ.9),说明这个圆与这个弓形重合。

命题 26

在等圆中相等的圆心角或者相等的圆周角所对的弧也是彼此相等的。

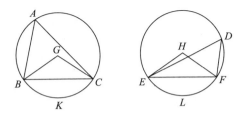

设 ABC,DEF 是相等的圆,并且在它们中有相等的角,即圆心角 BGC,EHF;
圆周角 BAC,EDF。

我断言弧 BKC 等于弧 ELF。

连接 BC,EF。

现在,因为圆 ABC,DEE 相等,它们的半径就相等。

这样,两线段 BG,GC 等于线段 EH,HF;并且在 G 处的角等于在 H 处的角;
故底 BC 等于底 EF。   [Ⅰ.4]

又,因为在 A 处的角等于在 D 处的角,弓形 BAC 相似于弓形 EDF。

[Ⅲ.定义 11]

而且,它们是在相等的线段上。

但是,在相等线段上的相似弓形是彼此相等的。   [Ⅲ.24]

故,弓形 BAC 等于弓形 EDF,但是整体圆 ABC 也等于整体圆 DEF。

所以,余下的弧 BKC 等于余下的弧 ELF。

证完

正如Ⅲ.21,若欧几里得的证明要包括所有情形,就要考虑圆心角等于或大
于二直角的情形。否则我们就必须分别讨论圆周角等于或大于一个直角的情

形。圆周角是钝角的情形当然可以用Ⅲ.22的方法归结为圆周角是锐角的情形；在圆周角是直角的情形容易证明,只要作到这个角的顶点以及到包含它的线的两个端点的半径,后两个半径在一条直线上,因此它们在两个圆中作成相等的底。

拉得纳(Lardner)有另一个处理圆周角是直角或钝角的情形。在每一种情形,他说,"平分它们,并且它们的一半是相等的,又可以如上证明这半个角所对的圆弧相等,因此可以推出给定的两个角所对的弧是相等的。"

命题 27

在等圆中等弧上的圆心角或者圆周角是彼此相等的。

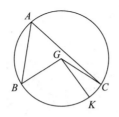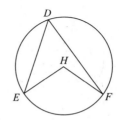

设在等圆 ABC,DEF 中,在等弧 BC,EF 上,角 BGC,角 EHF 分别在圆心 G 和 H 处,而且角 BAC,EDF 在圆周上。

我断言角 BGC 等于角 EHF,并且角 BAC 等于角 EDF。

因为,若角 BGC 不等于角 EHF,它们中有一个较大,设角 BGC 是较大的。在线段 BG 上点 G 处,作角 BGK 等于角 EHF。　　　　　　　　　　　　[Ⅰ.23]

现在,当角在圆心处时,在等弧上的角相等,　　　　　　　　　　[Ⅲ.26]

故弧 BK 等于弧 EF。

但是弧 EF 等于弧 BC,

故弧 BK 也等于弧 BC,小的等于大的:这是不可能的。

从而,角 BGC 不能不等于角 EHF,

于是它等于它。又,在点 A 处的角是角 BGC 的一半,

在点 D 处的角是角 EHF 的一半,　　　　　　　　　　　　　[Ⅲ.20]

所以,在点 A 处的角也等于在点 D 处的角。

证完

这个命题是上述命题的逆,并且关于处理不同情形的方法的注释也适用于此。

命题 28

在等圆中相等直线截出相等的弧,优弧等于优弧,劣弧等于劣弧。

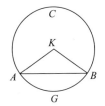 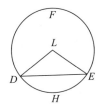

设 ABC , DEF 是等圆,在这些圆中,设 AB , DE 是相等的直线,它们截出优弧 ACB , DFE 与劣弧 AGB , DHE 。

我断言优弧 ACB 等于优弧 DFE ,而且劣弧 AGB 等于劣弧 DHE 。

设 K , L 分别是给定圆的圆心,

连接 AK , KB , DL , LE 。

现在,因为圆是相等的,故半径也相等。

因为,两边 AK , KB 等于两边 DL , LE ,并且底 AB 等于底 DE 。

所以,角 AKB 等于角 DLE 。   [Ⅰ . 8]

但是,当它们是圆心角时,与它们相对的弧相等。   [Ⅲ . 26]

所以,弧 AGB 等于 DHE 。

又,整体圆 ABC 也等于整体圆 DEF ;

所以,余下的弧 ACB 等于余下的弧 DFE 。

证完

欧几里得的证明没有包括特殊情形,即在一个圆中的弦通过中心;其证明是容易的,因为一个圆中的弦通过圆心,所以第二个圆中的弦也是那个圆的直径,相等的圆有相等的直径;因此这两个弓形在每个圆中截出的是半圆,这两个半圆必然相等,由于两个圆相等。

命题 29

在等圆中,等弧所对的直线相等。

设 ABC , DEF 是等圆,在它们中截出等弧 BGC , EHF ;连接直线 BC , EF 。

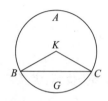 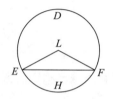

我断言 *BC* 等于 *EF*。

设圆心已给定,它们是 *K*,*L*;连接 *BK*,*KC*,*EL*,*LF*。

现在,因为弧 *BGC* 等于弧 *EHF*,

所以角 *BKC* 也等于角 *ELF*。 [Ⅲ.27]

又,因为圆 *ABC*,*DEF* 相等,所以半径也相等。

故,两边 *BK*,*KC* 等于两边 *EL*,*LF*,并且它们的夹角也相等。

所以,底 *BC* 等于底 *EF* [Ⅰ.4]

证完

在给定弧是半圆的特殊情形的逆更容易证明。

命题Ⅲ.26—29 当然对用同一个圆代替等圆也同样是真命题。

命题 30

二等分已知弧。

设 *ADB* 是给定的弧,于是要求二等分弧 *ADB*。

连接 *AB* 且二等分于 *C*,由点 *C* 向直线 *AB* 作 *CD* 交成直角,连接 *AD*,*DB*。

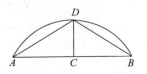

那么,因为 *AC* 等于 *CB*,且 *CD* 是公共的,所以两边 *AC*,*CD* 等于两边 *BC*,*CD*;角 *ACD* 等于角 *BCD*,这是因为它们每一个都是直角。

因而底 *AD* 等于底 *DB*。 [Ⅰ.4]

但是,相等的弦截出相等的弧,优弧等于优弧,劣弧等于劣弧。 [Ⅲ.28]

又,弧 *AD*,*DB* 的每一个都小于半圆,

所以弧 *AD* 等于弧 *DB*。

从而,所给定的弧被点 *D* 二等分。

证完

命题 31

在一个圆内半圆上的角是直角;在大于半圆的弓形上的角小于一直角;在小于半圆的弓形上的角大于一直角;此外,大于半圆的弓形角大于一直角,并且小于半圆的弓形角小于一直角。

设 *ABCD* 是一个圆,*BC* 是它的直径,*E* 是圆心,连接 *BA*,*AC*,*AD*,*DC*。

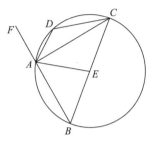

我断言在半圆 *BAC* 上的角 *BAC* 是直角;在大于半圆的弓形 *ABC* 上的角 *ABC* 小于一直角;而且在小于半圆的弓形 *ADC* 上的角 *ADC* 大于一直角。

连接 *AE*,且把 *BA* 延长到 *F*。

于是,因为 *BE* 等于 *EA*,所以角 *ABE* 也等于角 *BAE*。 [Ⅰ.5]

又,因为 *CE* 等于 *EA*,

所以角 *ACE* 也等于角 *CAE*。 [Ⅰ.5]

故整体角 *BAC* 等于两角 *ABC*,*ACB* 的和。

但是,角 *FAC* 为三角形 *ABC* 的外角,它也等于两角 *ABC*,*ACB* 的和。 [Ⅰ.32]

故,角 *BAC* 也等于角 *FAC*。

所以,每一个都是直角。 [Ⅰ.定义10]

从而,在半圆 *BAC* 上的角 *BAC* 是直角。

其次,因为在三角形 *ABC* 内两角 *ABC*,*BAC* 的和小于两直角, [Ⅰ.17]

而角 *BAC* 是直角,角 *ABC* 小于直角;且它是在大于半圆的弓形 *ABC* 上的角;

其次,因为 *ABCD* 是圆内接四边形,而在圆内接四边形中对角的和等于二直角。 [Ⅲ.22]

这时角 *ABC* 小于一直角,

所以余下的角 *ADC* 大于一个直角,且它是在小于半圆的弓形 *ADC* 上的角。

这时更可证较大的弓形角,亦即由弧 *ABC* 和弦 *AC* 构成的角大于一个直角;且较小的弓形角,亦即由弧 *ADC* 和弦 *AC* 所构成的角小于一直角。

这是显然的。

因为由直线 *BA*,*AC* 构成的角是直角,由弧 ABC 与弦 AC 所构成角大于一直角。

又,因为由弦 AC 及 AF 所构成的角是直角,

所以由弦 CA 与弧 ADC 所构成的角小于一直角。

证完

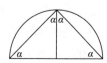

正如已经说过的,这个命题可以由Ⅲ.20 直接导出,若Ⅲ.20 扩展到包括弓形等于或小于半圆的情形,这对应着圆心角等于二直角或大于二直角。

在亚里士多德的著作中有关于这个定理的第一部分证明的线索,亚里士多德有两段关于半圆的角是直角的话:第一段是 *Anal. Post.* Ⅱ.11,94 a 28:"为什么半圆上的角是直角? 或者说什么使它成为直角? 设 A 是一个直角,B 是二直角的一半,C 是半圆上的角。则 B 是直角 A 的根源,直角是半圆上角 C 的属性。因为 B 等于 A,并且 C 等于 B;C 是二直角的一半,由于 B 是二直角的一半,所以 A 是 C 的属性,并且后者意味着半圆上的角是直角。"这一段话与欧几里得或另外插入的证明是相容的。但是第二段说明了不同的观点,这是 *Metaph.* 1051 a 26 中的内容:"为什么半圆上的角总是直角? 原因是,若有三条直线,两条构成底,并且第三条在它的中点构成直角,可以明显地看出这个事实。"(在两行的前面提及一个三角形的角的和等于二直角)。这就是说,把角取在半圆周的中点,用两个等腰直角三角形证明它是下述两个角的和,第一个等于图中大三角形的角的和的四分之一,或两个直角的四分之一,并且其证明必须用定理Ⅲ.21(相等弓形内的角相等)完成,不需要欧几里得的更一般的证明。

在希腊的正文中,在奥古斯特之前,有一个另外的证明半圆上的角 ABC 是直角。奥古斯特和海伯格把它放在附录中。

"因为角 AEC 是角 BAE 的二倍(因为它等于两个内对角),角 AEB 也是角 EAC 的二倍。所以角 AEB,AEC 是角 BAC 的二倍。

但是角 AEB,AEC 等于二直角;所以

角 BAC 是直角。"

拉得纳给出了这个定理的第二部分的一个稍微不同的证明。

若 ABC 是一个大于半圆的弓形,作直径 AD,连接 CD,CA。

则在三角形 ACD 中,角 ACD 是直角(作为半圆上的角);

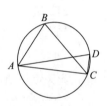

因而角 *ADC* 是锐角。

但是角 *ADC* 等于同一个弓形内的角 *ABC*；

所以角 *ABC* 是锐角。

欧几里得在这个命题中涉及大于或小于半圆的弓形角，类似于Ⅲ.16,这是古代的争论并且没有放在初等几何的重要部分,参考Ⅲ.定义 7 和Ⅲ.16 的注。

这个命题的推论被海伯格略去,由于它是塞翁之后插入的。大意是:"由这个容易明白,若一个三角形的一个角等于其他两个角的和,则第一个角是直角,由于它的外角也等于它,并且若这两个相邻角相等,则它们是直角。"无疑地,这个推论是正确的。另一方面,这个事实的确出现在Ⅲ.31 的证明中,这个推论可以作为通常的推论,我不同意海伯格的说法,"若欧几里得希望增加它,他应当放在Ⅰ.32 的后面。"

上面已经提及,这个命题提供了Ⅲ.17 从圆外一点作一个圆的两条切线的另一个做法。

从Ⅲ.31 直接推出两个具有历史意义的定理。

第一个是帕普斯关于阿波罗尼奥斯(Apollo-nius)的卷Ⅱ中第 24 个问题的引理,大意是:若一个圆 *DEF* 通过另一个圆 *ABC* 的中心 *D*,并且 *F* 是两个圆心连线与圆 *DEF* 的交点,过 *F* 作任意直线(必要时延长)与圆 *DEF* 交于 *E*,与圆 *ABC* 交于 *B*,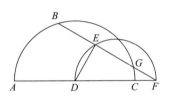
G,则 *E* 是 *BG* 的中点。事实上,若连接 *DE*,则角 *DEF*(半圆上的角)是直角[Ⅲ.31],并且 *DE* 与圆 *ABC* 的弦 *BG* 成直角,也平分它[Ⅲ.3]。

第二个是在 *Liber Assumptorum* 中的一个命题,通过阿拉伯人得知。

若一个圆内的两条弦 *AB*,*CD* 在点 *O* 交成直角,则在 *AO*,*BO*,*CO*,*DO* 上的四个正方形的和等于直径上的正方形。

作直径 *CE*,并连接 *AC*,*CB*,*AD*,*BE*。

则角 *CAO* 等于角 *CEB*,(在第一个图中由Ⅲ.21 推出,在第二个图中由Ⅰ.13 和Ⅲ.22 推出),直角 *COA* 等于半圆上的角 *CBE*[Ⅲ.31]。

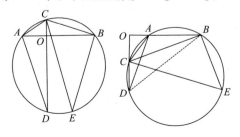

因而三角形 *AOC*，*EBC* 分别有两个角相等；故第三个角 *ACO*，*ECB* 相等。（在第二个图中由 Ⅰ.13 和 Ⅲ.22 推出。）

所以在两个图中，弧 *AD*，*BE* 以及相应的弦 *AD*，*BE* 相等。 ［Ⅲ.26,29］

AO，*DO* 上的两个正方形等于 *AD* 上的正方形［Ⅰ.47］，即等于 *BE* 上的正方形。

又，*CO*，*BO* 上的两个正方形等于 *BC* 上的正方形。

由加法而得，*AO*，*BO*，*CO*，*DO* 上的正方形等于 *EB*，*BC* 上的正方形，即等于 *CE* 上的正方形。 ［Ⅰ.47］

命题 32

如果一条直线切于一个圆，而且由切点作一条过圆内部的直线和圆相截，该直线和切线所成的角等于另一弓形内的角。

设直线 *EF* 切圆 *ABCD* 于点 *B*，且由点 *B* 作过圆 *ABCD* 内的直线 *BD* 和圆相交。

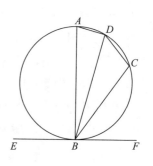

我断言 *BD* 和切线 *EF* 所成的角等于在另一个弓形内的角，即角 *FBD* 等于在弓形内的角 *BAD*，而且角 *EBD* 等于弓形内的角 *DCB*。

因为，可由 *B* 作 *BA* 和 *EF* 成直角，在弧 *BD* 上任意取一点 *C*，连接 *AD*，*DC*，*CB*。

则因直线 *EF* 切圆 *ABCD* 于 *B*，由切点作 *BA* 和切线成直角，则圆 *ABCD* 的圆心在 *BA* 上。 ［Ⅲ.19］

故 *BA* 是圆 *ABCD* 的直径。

所以，角 *ADB* 是半圆的角。 ［Ⅲ.31］

故，其余的角 *BAD*，*ABD* 的和等于一直角。 ［Ⅰ.32］

但是，角 *ABF* 也是直角，故角 *ABF* 等于角 *BAD*，*ABD* 的和。

由以上两边各减去角 *ABD*，

则余下的角 *DBF* 等于 *BAD*，而它在相对的弓形内。

其次，因为 *ABCD* 是圆内接四边形，它的对角的和等于两直角。 ［Ⅲ.22］

但是，角 *DBF*，*DBE* 的和也等于两直角。

所以角 *DBF*，*DBE* 的和等于角 *BAD*，*BCD* 的和，

其中，已经证明了角 *BAD* 等于角 *DBF*；

所以，余下的角 *DBE* 等于相对弓形 *DCB* 内的角 *DCB*。

证完

这个定理的逆是真的,即**若通过一个圆的一条弦的端点所作的直线与这条弦所构成的角分别等于这个圆的交错弓形内的角,则这条直线是圆的切线。**

卡梅尔和托德亨特说这个可以间接地证明;克拉维乌斯给出了一个直接证明,设 BD 是给定的弦,设 EF 通过 B,与 BD 构成的角分别等于这个圆的交错弓形内的角。

设 BA 是通过 B 的直径,并且设 C 是不包含 A 的弓形 DCB 的圆周上的任一点,连接 AD,DC,CB。

又假设角 FBD 等于角 BAD,给两者都加上 ABD;因而

角 ABF 等于角 ABD,BAD 的和。

但是半圆上的角 BDA 是直角;因而三角形 ABD 中其他两个角 ABD,BAD 的和是直角。

所以角 ABF 是直角;又因为 BA 是过 B 的直径,所以

EF 与这个圆相切于 B。　　　　　　　　　　[Ⅲ.16,推论]

帕普斯给出这个命题的推论,**若两个圆相切,则任意一条过切点的直线在两个圆中截出的弓形分别相似。**帕普斯证明这个用作在切点的公切线并且使用命题Ⅲ.32。

命题 33

在给定的直线上作一个弓形,使它内的角等于已知直线角。

设 AB 为所给定的直线,且在 C 处的角是已知角。那么,需要在所给定的直线 AB 上作一个弓形,使它内的角等于点 C 处的角。C 处的角可以是锐角,或者直角,或者钝角。

首先,令它是锐角。如右图中,在直线 AB 上的点 A 处作角 BAD 等于在 C 处的角,

因而角 BAD 也是锐角。

作 AE 和 DA 成直角,AB 被二等分于 F,由点 F 作 FG 和 AB 成直角,连接 GB。

那么,因为 AF 等于 FB,并且 FG 是公共的。

两边 AF,FG 等于两边 BF,FG,并且角 AFG 等于角 BFG。

故,底 AG 等于底 BG。

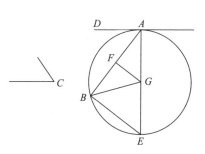

　　　　　　　　　　　　　　　　　　　　　　[Ⅰ.4]

所以,以 G 为圆心,GA 为距离,经过 B 作圆,这圆就是 ABE;连接 EB。现在,因为由直径的端点 A 作 AD 和 AE 成直角,

所以 AD 切于圆 ABE。 [Ⅲ.16,推论]

因为直线 AD 切于圆 ABE,且从切点 A 作一直线 AB 经过圆 ABE 内部;角 DAB 等于在相对弓形上的角 AEB。 [Ⅲ.32]

但是,角 DAB 等于在 C 处的角,故在 C 处的角也等于角 AEB。

从而,在已知直线 AB 上可作出包含角 AEB 的弓形 AEB,使角 AEB 等于 C 处的已知角。

其次,设在 C 处是直角,又要求在 AB 上作一弓形使弓形内的角等于点 C 处的直角。

设角 BAD 已作出,它等于点 C 处的直角,如下图。

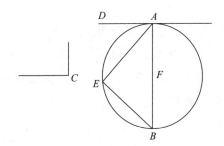

设 AB 二等分于 F,且以 F 为心,以 FA 或 FB 为距离画圆 AEB。则直线 AD 切于圆 ABE,因为在点 A 处的是直角。 [Ⅲ.16,推论]

又,角 BAD 等于在弓形 AEB 上的角,后者是一直角,因为它是半圆上的角。 [Ⅲ.31]

但是,角 BAD 也等于在 C 处的角。

故,角 AEB 也等于在 C 处的角。

从而,在 AB 上又可作出包含等于 C 处的角的弓形 AEB。

最后,设在 C 处的是钝角,在直线 AB 上的点 A 作出角 BAD 等于 C 处的角,如下图。

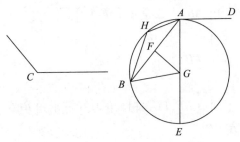

作 AE 和 AD 成直角，AB 又被二等分于 F，作 FG 与 AB 成直角，连接 GB。

则因 AF 又等于 FB，且 FG 是公共的。

两边 AF，FG 等于两边 BF，FG，并且角 AFG 等于角 BFG。

故，底 AG 等于底 BG。 [Ⅰ.4]

从而，以 G 为心，且以 GA 为距离作圆也过 B，即圆 AEB。

现在，因为由直径的端点作出的 AD 和直径 AE 成直角，故 AD 切于圆 AEB。

[Ⅲ.16，推论]

而且，AB 是过切点 A 且与圆相交。

故角 BAD 等于作在相对弓形 AHB 内的角。 [Ⅲ.32]

但是，角 BAD 等于 C 处的角，故在弓形 AHB 内的角也等于 C 处的角。

所以，在所给定的直线 AB 上作出了包含等于 C 处角的弓形 AHB。

证完

西姆森注意到，第一种情形和第三种情形，即给定的角分别是锐角与钝角，有完全相同的作图和证明，因而没有必要重复它们，把两种情形放在一起讨论，只是画了两个不同的图形。正如西姆森所说，第二种情形，即给定角是直角的证明"是绕着圈子走"，而克拉维乌斯说这个问题可以更容易解答，只要平分 AB 并且在它上画一个半圆。然而，看一看欧几里得的图形和证明，出现了更奇怪的事情：在第二种情形的证明中，他没有使用在其他两种情形中使用的交错弓形的角。在证明了 AD 切于这个圆之后他才做了这个，这个只要求点 E 放在 AB 关于 D 的对面。代替这个，他用Ⅲ.31证明了角 AEB 等于角 C，由于前者是半圆上的角，因而等于直角 C。

区别无疑是由于下述事实，他在Ⅲ.32中没有区别截线与切线是直角的情形，即两个相错的弓形是半圆的情形。为了证明这个情形也需要Ⅲ.31，不需要在Ⅲ.32中分别叙述它，并且直接引用Ⅲ.31。

在欧几里得的第一和第三种情形的证明中，假定了 AE 与 FG 相交；当然说明这个没有困难。

命题 34

在一给定的圆中截出包含等于已知直线角的弓形。

设 ABC 是所给定的圆，在 D 的角是已知的直线角，则要求由圆 ABC 截出包含等于在 D 处的已知直线角的弓形。

设 *EF* 在点 *B* 切于 *ABC*,在直线 *FB* 上的点 *B* 处作角 *FBC* 等于在 *D* 处的角。 [Ⅰ.23]

那么,因为直线 *EF* 切于圆 *ABC*,

并且由切点 *B* 作经过圆内的弦 *BC*,所以角 *FBC* 等于在相对弓形 *BAC* 内的角。 [Ⅲ.32]

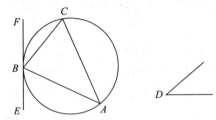

但是,角 *FBC* 等于在 *D* 处的角;

故,在弓形 *BAC* 内的角等于点 *D* 处的角。

所以,由从所给定的圆 *ABC* 已经截出了包含等于在 *D* 处的已知直线角的弓形 *BAC*。

证完

另一个作图是作圆心角(若必要时,在推广的意义上)二倍于给定角,并且若给定角是直角,只要作这个圆的直径即可。

命题 35

如果在一个圆内有两条相截的直线,则其中一条被分成的两段所夹的矩形等于另一条被分成两段所夹的矩形。

设在圆 *ABCD* 内两条直线 *AC*,*BD* 互相截于点 *E*。

我断言由 *AE*,*EC* 所夹的矩形等于由 *DE*,*EB* 所夹的矩形。

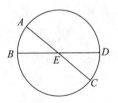

如果 *AC*,*BD* 经过圆心;设 *E* 是圆 *ABCD* 的圆心,则很明显 *AE*,*EC*,*DE*,*EB* 相等。

由 *AE*,*EC* 所夹的矩形也等于由 *DE*,*EB* 所夹的矩形。

其次,设 *AC*,*DB* 不过圆心;设 *F* 为圆 *ABCD* 的圆心,由 *F* 作 *FG*,*FH* 分别垂直于弦 *AC*,*DB*,而且连接 *FB*,*FC*,*FE*。

那么,因为直线 *GF* 经过圆心,交一条不经过圆心的弦 *AC* 并与它交成直角,

且二等分它; 　　　　　　　　　　　　　　　　　　　[Ⅲ.3]

　　故 AG 等于 GC。

　　因为,弦 AC 被二等分于 G 且不等分于 E,由 AE,EC
所夹的矩形与 EG 上的正方形的和等于 GC 上的正方形。
　　　　　　　　　　　　　　　　　　　　　　　[Ⅱ.5]

　　将 GF 上的正方形加在以上两边,

　　则矩形 AE,EC 与 GE,GF 上的正方形的和等于 CG,
GF 上正方形的和。

　　但是,FE 上的正方形等于 EG,GF 上的正方形的和,而且 FC 上的正方形等
于 CG,GF 上的正方形的和。　　　　　　　　　　　　[Ⅰ.47]

　　故,矩形 AE,EC 与 FE 上的正方形的和等于 FC 上的正方形。

　　又,FC 等于 FB,

　　则矩形 AE,EC 与 EF 上的正方形和等于 FB 上的正方形。

　　同理也有,矩形 DE,EB 与 FE 上的正方形的和等于 FB 上的正方形。

　　但是,矩形 AE,EC 与 EF 上的正方形的和已被证明等于 FB 上的正方形。

　　故,矩形 AE,EC 与 FE 上的正方形的和等于矩形 DE,EB 与 FE 上正方形
的和。

　　由以上两边各减去 FE 上的正方形。

　　所以,余下的由 AE,EC 所夹的矩形等于由 DE,EB 所夹的矩形。

证完

　　西姆森在欧几里得的正文中增加了两种情形,(1)一条弦通过圆心并且垂
直平分另一条不通过圆心的弦,(2)一条弦通过圆心并且截另一条不通过圆心
的弦,但相截不是直角。而后西姆森把欧几里得的第二种情形用作过 E 的直径
归结为上述第二种情形,他的注释如下:"正如命题 25 和 33 应当分为更多的情
形,同样地,命题 35 也是这样。不能认为欧几里得省略它们是因为它们容易,
事实上他给出的两条直线通过圆心的情形是最容易的。在下一个命题中,他分
别地证明了直线通过圆心以及不通过圆心的情形;塞翁以及其他人认为插入它
们太长,但是要求不同证明的情形不应当在《原理》中省略,这些情形在阿拉伯
的译本中出现并且放在正文中。"尽管基于各种情形的推理有独创性,我认为欧
几里得只给出最简单和最困难的情形是他的习惯,避免给出太多的情形,而他
并没有忽视它们的存在。

　　西姆森给出了下一个命题(Ⅲ.36)的推论,即**若以圆外任一点作两条截圆**

的直线,则由整条线和它的圆外部分包含的矩形彼此相等。这个可以与Ⅲ.35一起联合阐述。

托德亨特指出,Ⅲ.35,36 的证明的大部分等于证明下述命题,**若在等腰三角形的底或延长线上任取一点,则由底的两段(即从这个点分别到底的两个端点的距离)包含的矩形等于连接这个点到顶点的直线上的正方形与这个三角形的一条等边上的正方形的差**。这个是Ⅰ.47 与Ⅱ.5 或Ⅱ.6 合起来的推论。

Ⅲ.35 和Ⅲ.36 的西姆森的推论的逆可以叙述如下,**若两条直线 AB,CD 相交在 O(若必要可延长),并且若矩形 AO,OB 等于矩形 CO,OD,则可以外接通过四个点 A,B,C,D 的圆**。证明是间接的。我们首先作一个圆过三个点 A,B,C(用Ⅲ.9,10 的欧几里得证明),而后用Ⅲ.35 及Ⅲ.36 的推论证明这个圆也通过 D。

命题 36

如果在一个圆外取一点,且由它向圆作两条直线,其中一条与圆相截而另一条相切,则由圆截得的整个线段与圆外定点和凸弧之间一段所夹的矩形,等于切线上的正方形。

设在圆 ABC 外取一点 D,且由点 D 向圆上作两条直线 DCA,DB;DCA 截圆 ABC 而 BD 切于圆。

我断言由 AD,DC 所夹的矩形等于 DB 上的正方形,DCA 或者经过圆心或者不经过圆心。

首先,设它经过圆心,且设 F 是圆 ABC 的圆心,连接 FB。

则角 FBD 是直角。　　　　　　　　　　　　　　　　　[Ⅲ.18]

并且因为 AC 二等分于 F,CD 是加在它上的线段,

所以矩形 AD,DC 与 FC 上的正方形的和等于 FD 上的正方形。　[Ⅱ.6]

但是,FC 等于 FB,

所以,矩形 AD,DC 与 FB 上的正方形的和等于 FD 上的正方形。

又,FB,BD 上的正方形的和等于 FD 上的正方形。　　　　　[Ⅰ.47]

从而,矩形 AD,DC 与 FB 上的正方形的和等于 FB,BD 上的正方形的和。

设由以上两边各减去 FB 上的正方形,

则余下的矩形 AD,DC 等于切线 DB 上的正方形。

其次,设 DCA 不经过圆 ABC 的圆心,取定圆心 E,且由 E 作 EF 垂直于 AC;连接 EB,EC,ED。

则角 EBD 是直角。　　　　　　　　　　　　　　　　　[Ⅲ.18]

又因为，一条直线 EF 经过圆心，并交不经过圆心
的弦 AC 成直角，则二等分它。 [Ⅲ.3]

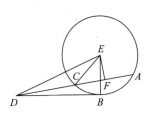

故 AF 等于 FC。

现在，因为线段 AC 被 F 二等分，把 CD 加在它上
边，由 AD,DC 所夹的矩形与 FC 上的正方形的和等于
FD 上的正方形。

[Ⅲ.6]

将 FE 上的正方形加在以上各边，则矩形 AD,DC 与 CF,FE 上的正方形的
和等于 FD,FE 上的正方形的和。

但是，EC 上的正方形等于 CF,FE 上的正方形的和，因为角 EFC 是直角。

[Ⅰ.47]

又 ED 上的正方形等于 DF,FE 上的正方形的和；故矩形 AD,DC 与 EC 上的
正方形的和等于 ED 上的正方形。

又 EC 等于 EB，故矩形 AD,DC 与 EB 上的正方形的和等于 ED 上的正
方形。

但是，EB,BD 上的正方形的和等于 ED 上的正方形，因为角 EBD 是直角。

[Ⅰ.47]

故矩形 AD,DC 与 EB 上的正方形的和等于 EB,BD 上的正方形的和。

由以上两边各减去 EB 上的正方形，则余下的矩形 AD,DC 等于 DB 上的正
方形。

证完

参考上述命题的注。注意，可以首先自然地证明若 A 是一个外点，并且两
条直线 AEB,AFC 分别截图于 E,B 和 F,C，则矩形 BA,AE 等于矩形 CA,AF，而
后从 A 的切线是直线 AEB 的极限位置，此时 E 与 B 重合，矩形变成切线上的正
方形，欧几里得和希腊几何学家一般不用这种推理，而是喜欢极限情形的另外
证明。这个也涉及Ⅲ.36。

命题 37

如果在圆外取一点，并且由这点向圆引两条直线，其中一条与圆相截，而另
一条落在圆上。假如由截圆的这条线段的全部和这条直线上由定点与凸弧之
间圆外一段所夹的矩形等于落在圆上的线段上的正方形，则落在圆上的直线切
于此圆。

设在圆 ABC 外取一点 D，由点 D 作两条直线 DCA，DB 落在圆 ACB 上；DCA 截圆，而 DB 落在圆上；

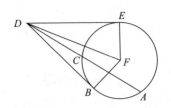

又设矩形 AD，DC 等于 DB 上的正方形。

我断言，DB 切于圆 ABC。

为此，作 DE 切于 ABC，取圆 ABC 的圆心，设其为 F；连接 FE，FB，FD。

那么，角 FED 是直角。　　　　　　　　　　　　　　　　　　[Ⅲ.18]

现在，因为 DE 切圆 ABC 且 DCA 截此圆，所以矩形 AD，DC 等于 DE 上的正方形。　　　　　　　　　　　　　　　　　　　　　　　　　[Ⅲ.35]

但是，矩形 AD，DC 也等于 DB 上的正方形，故 DE 上的正方形等于 DB 上的正方形，

所以，DE 等于 DB。

又 FE 等于 FB。

故两边 DE，EF 等于两边 DB，BF；

并且 FD 是三角形的公共底。

故，角 DEF 等于角 DBF。　　　　　　　　　　　　　　　　　　[Ⅰ.8]

但是，角 DEF 是直角，

故，角 DBF 也是直角。

又将 BF 延长成一直径，且由圆的直径的端点作一直线与该直径成直角，则此直线切于圆。　　　　　　　　　　　　　　　　　　　　[Ⅲ.16，推论]

所以，DB 切于此圆。

类似地，可以证明圆心在 AC 上的情况。

　　　　　　　　　　　　　　　　　　　　　　　　　　　　证完

德·摩根注意到此处有和 Ⅰ.48 一样的缺点，缺少间接证明，即在 DB 关于 DF 的对侧作切线 DE，这个情形类似于坎帕努斯给出的直接证明。他从 D 作过圆心的直线，而后（没有作第二个切线）用 Ⅱ.6 证明 DF 上的正方形等于 DB，BF 上两个正方形的和，因此（由 Ⅰ.48）角 DBF 是直角，但是这个证明使用了 Ⅰ.48，与德·摩根的注释有关。

间接的证明是容易的，若 DB 不与圆相切，则延长后与圆相截，并且可以推出 DB 上的正方形等于由 DB 与更长的线围成的矩形：这是荒谬的。

卷 Ⅳ

定义

1. 当一个直线形的各角的顶点分别在另一个直线形的各边上时,这个直线形叫作**内接**于后一个直线形。

2. 类似地,当一个图形的各边分别经过另一个图形的各角的顶点时,前一个图形叫作**外接**于后一个图形。

3. 当一个直线形的各角的顶点都在一个圆周上时,这个直线形叫作**内接于圆**。

4. 当一个直线形的各边都切于一个圆周时,这个直线形叫作**外切于这个圆**。

5. 类似地,当一个圆的圆周切于一个图形的每一条边时,称这个**圆内切于这个图形**。

6. 当一个圆的圆周经过一个图形的每个角的顶点时,称这个**圆外接于这个图形**。

7. 当一条线段的两个端点在圆周上时,则称这条线段**恰合于圆**。

1. A rectilineal figure is said to be *inscribed* in a rectilineal figure when the respective angles of the inscribed figure lie on the respective sides of that in which it is inscribed.

2. Similarly a figure is said to be *circumscribed about a figure* when the respective sides of the circumscribed figure pass through the respective angles of that about which it is circumscribed.

3. A rectilineal figure is said to be *inscribed in a circle* when each angle of the inscribed figure lies on the circumference of the circle.

4. A rectilineal figure is said to be *circumscribed about a circle*, when each side of the circumscribed figure touches the circumference of the circle.

5. Similarly a circle is said to be *inscribed in a figure* when the circumference of the circle touches each side of the figure in which it is inscribed.

6. A circle is said to be *circumscribed about a figure* when the circumference of the circle passes through each angle of the figure about which it is circumscribed.

7. A straight line is said to be *fitted into a circle* when its extremities are on the circumference of the circle.

命题

命题 1

已知一个直线不大于一个圆的直径，把这个直线恰合于这个圆。

设给定的圆是 ABC，D 是不大于此圆直径的已知直线。求作恰合于圆 ABC 的一条直线，使它等于线段 D。

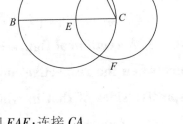

作圆 ABC 的直径 BC。

如果 BC 等于 D，就不必要再作此直线了，因为 BC 恰合于圆 ABC 且等于直线 D。

但是，如果 BC 大于 D，

取 CE 等于 D，以 C 为心，以 CE 为距离作圆 EAF；连接 CA。

因为点 C 是圆 EAF 的圆心，所以 CA 等于 CE。

但是 CE 等于 D，故 D 也等于 CA。

因此，在所给定的圆 ABC 内恰合了一条等于已知线段 D 的直线 CA。

证完

关于这个问题，当然有无穷多个解；若一个特定的点选作这条弦的端点，则有两个解。较困难的情形是附加条件，例如（1）这条弦要平行于一条给定的直线,(2)这条弦必要时可延长,通过给定点。前一个问题由帕普斯解决(Ⅲ. p. 132);代替把弦作为给定圆的同心圆的切线,这个同心圆的半径上的正方形等于给定圆的半径与半个给定长度上的两个正方形的差,它只是作这个圆的直径平行于给定的方向,从圆心沿着它在每个方向量取等于半个给定长度的长度,而后在直径的一侧过这两个点作直径的垂线。

第二个问题作一个小于圆的直径的给定长度的弦,并且通过一个给定点,这是一个较重要的问题,曾经是阿波罗尼奥斯讨论过的一个问题。帕普斯把这个问题叙述如下:"给定一个圆,在其内恰合给定长度的直线并且通过一个给定点。"为此我们只要在给定的圆内作一条给定

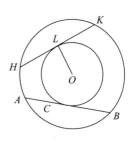

长度的弦,取这条弦的中心 L,以给定圆的圆心 O 为圆心,以 OL 为半径作一个圆,最后通过给定点 C 作这个圆的切线,交给定圆于 A,B。若 C 在内圆的外面,则 AB 是两个解之一;若 C 在内圆周上,则只有一个解;若 C 在内圆的内面,则无解。于是,若 C 在外圆的内面,除了给定长度不大于这个圆的直径之外,还有另一个可能有解的条件,即给定的长度不小于二倍的这样一条直线,它上的正方形等于下述两个正方形的差,(1)给定圆的半径上的正方形,(2)圆心到给定点之间距离上的正方形。

命题 2

在一个给定的圆内作一个与已知三角形等角的内接三角形。

设 ABC 是所给定的圆,并且 DEF 是已知三角形,要求在圆 ABC 内作一个与三角形 DEF 等角的内接三角形。

设在点 A 作 GH 切于圆 ABC;   [Ⅲ. 16,推论]

在直线 AH 上的点 A 作角 HAC 等于角 DEF,且在直线 AG 上的点 A 作角 GAB 等于角 DFE。   [Ⅰ. 23]

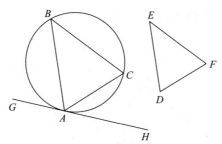

连接 *BC*。

则因直线 *AH* 切于圆 *ABC*，且由切点 *A* 作一直线 *AC* 经过圆的内部。

故角 *HAC* 等于相对弓形上的角 *ABC*。 [Ⅲ.32]

但是，角 *HAC* 等于角 *DEF*，故角 *ABC* 也等于角 *DEF*。

同理，角 *ACB* 也等于角 *DFE*，

显然，余下的角 *BAC* 也等于余下的角 *EDF*。 [Ⅰ.32]

所以，在所给定的圆内作出了与已知三角形等角的内接三角形。

证完

因为圆上的任一点可以作为这个三角形的角点，所以有无穷多个解，即使一个特定点选作一个角点，要求的三角形也可以有六种做法。因为三个角的任一点可以放在这一点，并且另两个角点相对位置可以交换。在所有不同的解答中，这些三角形的边分别有相同的长度，只是它们的相对位置不同。

这个问题当然可以归结到Ⅲ.34，即在一个给定的圆中截出一个包含一个等于给定角的弓形。它也可以用另一个方法应用Ⅲ.34，作三个圆心角分别等于给定三角形的三个角的二倍；并且用这个方法可以容易地解答这个问题再加一个条件，要求的三角形的一边或者要求的弓形的底平行于给定的直线。

作为一种特殊情形，使用这个命题我们可以在任一个圆内作一个等边三角形。这个出现在Ⅳ.16 的假定中。当然这个等价于分圆周为三等分。正如德·摩根所说，分一个圆为一些相等部分在卷Ⅳ.中占有重要地位；并且正多边形的作图就已足够，又为什么分圆为三等分没有被欧几里得给出，其原因是它与分圆为三个部分与一个三角形的三个角成比例同样容易。

命题3

作一个给定的圆的与已知三角形等角的外切三角形。

设 *ABC* 是所给定的圆，*DEF* 是已知三角形，要求作圆 *ABC* 的一个与三角形 *DEF* 等角的外切三角形。

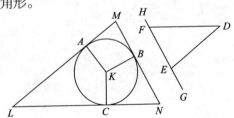

将 *EF* 向两端延长至 *G*,*H*。

设圆 *ABC* 的圆心为 *K*,   [Ⅲ.1]

任意作直线 *KB*,在直线 *KB* 上的点 *K* 作角 *BKA* 等于角 *DEG*,角 *BKC* 等于角 *DFH*;   [Ⅰ.23]

又过点 *A*,*B*,*C* 作直线 *LAM*,*MBN*,*NCL* 切于圆 *ABC*。   [Ⅲ.16,推论]

现在,因为 *LM*,*MN*,*NL* 切圆 *ABC* 于点 *A*,*B*,*C*,连接 *KA*,*KB*,*KC*,

所以在点 *A*,*B*,*C* 处的角等于直角。   [Ⅲ.18]

因为四边形 *AMBK* 可以分为两个三角形,所以 *AMBK* 的四个角的和等于四直角。

又,角 *KAM*,*KBM* 是直角,

故,余下的角 *AKB*,*AMB* 的和等于两直角。

但是,角 *DEG*,*DEF* 的和也等于两直角。   [Ⅰ.13]

故,*AKB*,*AMB* 的和等于角 *DEG*,*DEF* 的和,其中角 *AKB* 等于角 *DEG*。

故,余下的角 *AMB* 等于余下的角 *DEF*。

类似地,可以证明角 *LNB* 也等于角 *DFE*。

故,余下的角 *MLN* 等于角 *EDF*。   [Ⅰ.32]

所以,三角形 *LMN* 与三角形 *DEF* 等角,且它外切于圆 *ABC*。

因此,对给定的圆作出了与已知三角形等角的外切三角形。

证完

对命题 2 的注释也适用于此。

欧几里得留给我们考虑三条切线会相交并且形成一个三角形。这个可以从下述事实推出,角 *AKB*,*BKC*,*CKA* 的每一个都小于二直角。前两个是由于作图,它们分别是给定三角形的两个角的补角,又因为围绕 *K* 的全部三个角合起来等于四直角,由此推出第三个角 *AKC* 等于这个三角形的两个角 *E*,*F* 的和,即等于角 *D* 的补角,因而小于二直角。

佩里塔里奥斯和博雷里给出了另一个解答,首先用Ⅳ.2 作一个等角于给定三角形的内接三角形,而后作分别平行于内接三角形的边的圆的切线。这个方法当然给出两个解,因为平行于内接三角形的每一条边有两条切线。

若作三对平行切线并且延长它们,就会形成八个三角形,其中两个是所要求的三角形。其他六个三角形,每一个有两条边的延长线与圆相切,即这个圆是旁切圆。

命题 4

求作给定的三角形的内切圆。

设 ABC 是给定的三角形,求作三角形 ABC 的内切圆。

令角 ABC,ACB 各有二等分线 BD,CD。

[Ⅰ.9]

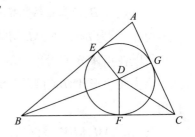

并且 BD,CD 相交于一点 D,由点 D 作 DE,DF,DG 分别垂直于直线 AB,BC,CA。

现在,因为角 ABD 等于角 CBD,并且直角 BED 等于直角 BFD;EBD,FBD 是两个三角形,有两双角相等,又有一条边等于一条边,即对着相等角的一边,它就是两个三角形的公共边 BD;

所以其余的边也等于其余的边; [Ⅰ.26]

从而,DE 等于 DF。

同理,DG 也等于 DF。

于是三条线段 DE,DF,DG 彼此相等。

这样,以 D 为心,且以 DE,DF,DG 之一为距离画圆经过其余的点,并且相切于直线 AB,BC,AC。这是因为在点 E,F,G 处的角是直角。

事实上,如果圆不切于这些直线,而与它们相截,那么,过圆的直径的端点和直径成直角的直线就有一部分落在圆内。已经证明了这是不合理的。 [Ⅲ.16]

故以 D 为心,以线段 DE,DF,DG 之一为距离所作的圆不能与直线 AB,BC,CA 相截。

从而,圆 FGE 切于它们,即内切于三角形 ABC。 [Ⅵ.定义 5]

证完

欧几里得认为不必证明 BD,CD 相交;这是显然的,因为角 DBC,DCB 的和是角 ABC,ACB 的和的一半,而后两个角的和小于二直角,因而由公设 5,角 B,C 的平分线必然相交。

从这个命题可以推出,若三角形的两个角 B,C 的平分线交于 D,则 D 到 A 的连线也平分第三个角 A,或者说三角形的三个角的平分线交于一点。

注意,欧几里得在证明圆切于三角形的三条边时使用了间接的形式。西姆森直接证明它,并且指出欧几里得在Ⅲ.17,33和37中使用了直接证明,而在Ⅳ.8,13以及此处使用了间接形式,其差别不是重要的;间接证明可以追溯到Ⅲ.16,而直接证明追溯到这个命题的推论。

我们可以用更一般的形式叙述这个问题:**作切于三条直线的圆,这三条直线不交于一点并且平行线不多于两条。**

情形(1),两条直线平行,第三条直线与它们相截,形成两对内角,每一对在第三条直线的一侧。若平分一侧的每个内角,则平分线交于一点,并且这一点就是切于三条直线的圆的圆心,它的半径是从这个点到这三条直线中任一条的垂线。因为错角是相等的,所以两个相等圆满足给定的条件。

情形(2),三条直线形成一个三角形,假定每一条直线无限延长。此时每一条直线与其他两条直线形成两对内角,一对形成三角形的两个角,而另一对是它们的补角。用平分每对的每一个角我们得到两个满足条件的圆,其中一个内切于这个三角形,另一个是它的旁切圆,即与一条边和两条边的延长线相切。其次,取等二条边形成的两对内角,我们得到满足条件的两个圆,其中一个是前述的内切圆,另一个是旁切圆。类似地对第三条边。因此我们有内切圆和三个旁切圆,即四个满足条件的圆。

此处我们给出海伦的关于用边表示的三角形面积公式的证明,这个公式通常写成:

$$\Delta = \sqrt{s(s-a)(s-b)(s-c)}$$

尽管它要求比例理论并且使用某些非几何的表达式,例如,两个面积的乘积和这样一个乘积的"边"(side),当然,其面积是多少正方形单位。这个证明在 *Metrica*,Ⅰ.8 和 *Dioptra*,30 中给出(Heron,Vol. Ⅲ.,Teubner,1903,pp. 20—24 和 pp. 280—4,或 Heron,ed. Hultsch,pp. 235—7)。

假设三角形 *ABC* 的边用长度给出。

内切圆 *DEF*,*G* 是圆心。

连接 *AG*,*BG*,*CG*,*DG*,*EG*,*FG*。

则 $BC \cdot EG = 2\Delta BGC$,

 $CA \cdot FG = 2\Delta ACG$,

 $AB \cdot DG = 2\Delta ABG$。

由加法,

$P \cdot EG = 2\Delta ABG$,

其中 *P* 是周长。

延长 *CB* 到 *H*,使得 *BH* = *AD*

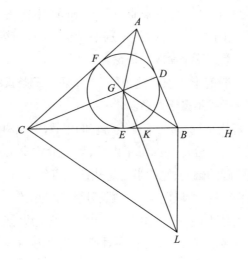

因为 $AD = AF, DB = BE, FC = CE$，所以

$$CH = \frac{1}{2}P。$$

因此 $CH \cdot EG = \Delta ABC$。

但是 $CH \cdot EG$ 是乘积 $CH^2 \cdot EG^2$ 的"边"，即

$$\sqrt{CH^2 \cdot FG^2}；$$

所以 $(\Delta ABC)^2 = CH^2 \cdot EG^2$。

作 GL 垂直 CG，BL 垂直 CB，交于 L，连接 CL。

因为角 CGL，CBL 都是直角，所以 $CGBL$ 是一个圆内的四边形。

因而角 CGB，CLB 之和等于二直角。

角 CGB，AGD 之和等于二直角，因为 AG，BG，CG 平分在 G 的三个角，并且角 CGB，AGD 等于角 AGC，DGB，而所有四个角的和等于四直角。

所以角 AGD，CLB 相等。

直角 ADG，CBL 相等。

因而三角形 AGD，CLB 相似。

故 $BC : BL = AD : DG$

$$= BH : EG，$$

或者 $CB : BH = BL : EG$

$$= BK : KE，$$

由合比，$CH : HB = BE : EK$。

由此推出 $CH^2 : CH \cdot HB = BE \cdot EC : CE \cdot EK$

$$= BE \cdot EC : EG^2。$$

所以 $(\Delta ABC)^2 = CH^2 \cdot EG^2 = CH \cdot HB \cdot CE \cdot EB$

$$= \frac{1}{2}P\left(\frac{1}{2}P - BC\right)\left(\frac{1}{2}P - AB\right)\left(\frac{1}{2}P - AC\right)。$$

命题 5

求作给定的三角形的外接圆。

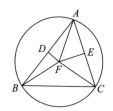 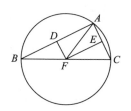 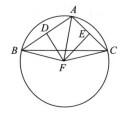

设 ABC 是所给定的三角形。求作三角形 ABC 的外接圆。

设二等分线段 AB,AC 于点 D,E。 　　　　　　　　　　　　　　　[Ⅰ.10]

在点 D,E 作 DF,EF 分别与 AB,AC 成直角,它们相交在三角形 ABC 内,或者在直线 BC 上,或者在 BC 之外。

首先,设它们交在三角形内的点 F,连接 FB,FC,FA。

那么,因 AD 等于 DB, DF 是公共的,又成直角,故底 AF 等于底 FB。

　　　　　　　　　　　　　　　　　　　　　　　　　　　　　　[Ⅰ.4]

类似地,我们能证明 CF 也等于 AF;这样 FB 也等于 FC。

所以,三线段 FA,FB,FC 彼此相等。

从而,以 F 为心,以线段 FA,FB,FC 之一为距离作圆也经过其余的点,而且该圆外接于三角形 ABC。

于是作出了外接圆 ABC。

其次,设 DF,EF 相交在直线 BC 上的点 F,连接 AF。

那么,类似地,我们可以证明点 F 是三角形 ABC 的外接圆的圆心。

最后,设 DF,EF 相交在三角形外部的 F,连接 AF,BF,CF

那么,因为 AD 等于 DB,且 DF 是公共的,又成直角;

所以,底 AF 等于底 BF。 　　　　　　　　　　　　　　　　[Ⅰ.4]

类似地,我们能证明 CF 也等于 AF;这样,BE 也等于 FC。

所以,以 F 为心,以线段 FA,FB,FC 之一为距离画圆经过其他的点。因而这圆将外接于三角形 ABC。

因此,我们作出了所给定的三角形的外接圆。

证完

明显地,当圆心落在三角形内时,角 BAC 在大于半圆的弓形内,它小于一直角;当圆心落在弦 BC 上时,角 BAC 在半圆上,是一直角;最后,当圆心落在三角形之外时,角 BAC 在小于半圆的弓形内,它大于一直角。　　　　　　　[Ⅲ.31]

西姆森指出,欧几里得没有证明 DF,EF 相交,他插入下述推理来补充这个省略。

"DF,EF 延长后彼此相交。因为若它们不相交,则它们平行,因而垂直它们的直线 AB,AC 平行,这是荒谬的。"

当然这个假定了垂直于两条平行线的两条直线平行;这个显然可从 I.28 推出。

关于假设 DF,EF 相交,托德亨特有下述注释:"连接 DE,则角 EDF 与 DEF 之和小于角 ADF 与 AEF 之和,即它们的和小于二直角;因而由公设 5,DF,EF 相交。这个假定了 ADE 与 AED 是锐角;然而,容易说明 DE 平行于 BC,故三角形 ADE 等角于三角形 ABC;因而,我们必须选择两条边 AB,AC,使得 ABC,ACB 是锐角。"

然而,这不能令人满意。欧几里得在 Ⅲ.9 和 Ⅲ.10 中没有这样的选择,只是隐含地假定了这个;并且它是不必要的,由于容易证明直线 DF,EF 在所有情形下相交,只要考虑不同的可能性并且对每一种情形分别作图。

西姆森认为欧几里得的证明被某些人损坏,由于略去了证明两条垂直平分线相交,以及"无理由地分这个命题为三种情形,而同样的作图和证明适用于所有情形,正如坎帕努斯注意到的"。海伯格提示,欧几里得分别给出了 F 落在 BC 上的情形,由于此时只要作 AF,而不必作 BF,CF。

希腊正文有附加,海伯格拒绝了这个。因为它不是真实的,"当给定的角恰巧小于直角时,DF,EF 落在三角形内;当它是直角时,在 BC 上;并且当它大于直角时,在 BC 的外面。"西姆森注意到此处的正文有缺失,"此处提及的给定角不是也不可能是与命题有关的东西。"

命题 6

求作所给定的圆的内接正方形。

设 ABCD 是给定的圆。要求作圆 ABCD 的内接正方形。

作圆 ABCD 的两条互成直角的直径 AC, BD。连接
AB, BC, CD, DA,

那么，因为 E 是圆心，故 BE 等于 BD，EA 是公共的
且与它们成直角，故底 AB 等于底 AD。　　　　　[I.4]

同理，线段 BC, CD 的每一条等于线段 AB, AD 的每
一条。

故，四边形 ABCD 是等边的。

其次，又可证它是直角的。

因为线段 BD 是圆 ABCD 的直径，所以 BAD 是半圆，
从而角 BAD 是直角。　　　　　　　　　　　　[III.31]

同理，角 ABC, BCD, CDA 的每一个也是直角。

从而，四边形 ABCD 是直角的。

但是，也已证明了它是等边的，

所以，它是一个正方形，　　　　　　　　　　[I.定义 22]

并且内接于圆 ABCD。

因此，我们在所给定的圆内作出了内接正方形 ABCD。

证完

在此，欧几里得进一步考虑对应于命题 2—5 的问题，涉及四条或更多的
边，但是不同的是前面是任意的三角形，而后面是正多边形。容易把一个圆分
为三部分，其比等于一个三角形的三个角的比。但是，当要求在圆中内接一个
等角于给定四边形的图形时，这只能在满足每一对对角
等于二直角时才能完成。此时这个问题可以用 IV.2 中
的方法，即只要把这个四边形用任一条对角线分为三角
形，作一个内接三角形等角于上述一个三角形，而后在对
应对角线的另一侧作另一个包含在四边形中的三角形。
但是，这不是仅有的解答；有无穷多个其他的解答，内接
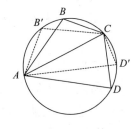
的四边形与给定的四边形不是同样的形状。事实上，假定 ABCD 是用 IV.2 的方
法作的内接于圆的四边形。在弧 AB 上任取一点 B'，连接 AB'，而后作角 DAD'
（朝向 AC）等于角 BAB'。连接 B'C, CD'。则 AB'CD' 也等角于给定四边形，但是
有不同的形状。因此，一般这个问题是非决定性的。若给定四边形是矩形，是
同样的；仅当给定四边形是正方形时，是决定性的。

命题 7

求作给定的圆的外切正方形。

设 *ABCD* 是给定的圆。求作圆 *ABCD* 的外切正方形。

画圆 *ABCD* 互成直角的两条直径 *AC*,*BD*;而且过点 *A*,*B*,*C*,*D* 作 *FG*,*GH*, *HK*,*KF* 切于圆 *ABCD*。 　　　　　　　　　　　　　　　　　　　　　　　[Ⅲ.16,推论]

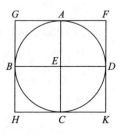

则,*FG* 切于圆 *ABCD*,且由圆心 *E* 到切点 *A* 连接 *EA*, 故在点 *A* 的角是直角。　　　　　　　　　　　[Ⅲ.18]

同理,在点 *B*,*C*,*D* 的角也是直角。

现在,因为角 *AEB* 是直角,角 *EBG* 也是直角,故 *GH* 平行于 *AC*。

同理,*AC* 也平行于 *FK*,　　　　　　　　　　[Ⅰ.28]

于是 *GH* 也平行于 *FK*。　　　　　　　　　　　　　　　　　　[Ⅰ.30]

类似地,我们可以证明直线 *GF*,*HK* 的每一条都平行于 *BED*。

所以,*GK*,*GC*,*AK*,*FB*,*BK* 是平行四边形,从而,*GF* 等于 *HK*,*GH* 等于 *FK*。
　　　　　　　　　　　　　　　　　　　　　　　　　　　　[1.34]

又,因为 *AC* 等于 *BD*,*AC* 也等于线段 *GH*,*FK* 的每一条,这时 *BD* 也等于线段 *GF*,*HK* 的每一条,　　　　　　　　　　　　　　　　　　[Ⅰ.34]

从而,四边形 *FGHK* 是等边的。

其次,可证它也是直角的。

事实上,因为 *GBEA* 是平行四边形,且角 *AEB* 是直角,故角 *AGB* 也是直角。
　　　　　　　　　　　　　　　　　　　　　　　　　　　　[Ⅰ.34]

类似地,我们能证明在 *H*,*K*,*F* 处也是直角。

所以,*FGHK* 是直角的。

但是,它已被证明是等边的,故它是一个正方形,且外切于圆 *ABCD*。

从而,对所给定的圆作出了外切正方形。

　　　　　　　　　　　　　　　　　　　　　　　　　　　　　证完

绕一个给定圆作一个正方形是容易的,同样地,绕一个给定圆作一个等角于给定多边形也是容易的,我们只要使用Ⅳ.3 的方法,即取这个圆的任一半径,绕中心在同一个方向上逐次量取角等于给定多边形的逐次角的补角,最后在这些半径的端点作这个圆的切线;但是这个多边形一般与给定多边形的形状不同。只有当给定多边形有内切圆时才会有相同形状。以四边形为例,容易证明若一个四边形外切一个圆,则一对对边的和必然等于另一对对边的和。反过来,可以证明若一个四边形的两对对边的和相等,则它有一个内切圆。若一个给定的四边形的两对对边的和相等,则一个四边形可以外切于任一给定圆,不只与它等角,而且有相同的形状,用卷Ⅵ.的话说,相似于它。

命题 8

求作给定的正方形的内切圆。

设 *ABCD* 是给定的正方形。求作此正方形 *ABCD* 的内切圆。

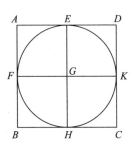

设线段 *AD*,*AB* 分别被二等分于 *E*,*F*。　　　［Ⅰ.10］

过 *E* 作 *EH* 平行于 *AB* 或者 *CD*,且过 *F* 作 *FK* 平行于 *AD* 或者 *BC*。　　　　　　　　　　　［Ⅰ.31］

所以,图形 *AK*,*KB*,*AH*, *HD*,*AG*,*GC*,*BG*,*GD* 的每一个都是平行四边形,显然它们的对边相等。

　　　　　　　　　　　　　　　　　　　　　　　［Ⅰ.34］

现在,因为 *AD* 等于 *AB*,且 *AE* 是 *AD* 的一半,*AF* 是 *AB* 的一半,故 *AE* 等于 *AF*,因为对边也相等;所以 *FG* 等于 *GE*。

类似地,我们能证明线段 *GH*,*GK* 的每一个等于线段 *FG*,*GE* 的每一个。

所以,四条线段 *GE*,*GF*,*GH*,*GK* 是彼此相等的。

因此,以 *G* 为心且以线段 *GE*,*GF*,*GH*,*GK* 之一为距离画圆必经过其余各点。

而且,它切于直线 *AB*,*BC*,*CD*,*DA*,这是因为在点 *E*,*F*,*H*,*K* 的角是直角。

因为,如果圆截 *AB*,*BC*,*CD*,*DA*,则由圆的直径的端点作与直径成直角的这条线落在圆内:这是不合理的。　　　　　　　　　　　　［Ⅲ.16］

从而,以 *G* 为心,且以线段 *GE*,*GF*,*GH*,*GK* 之一为距离,所画的圆不与直线 *AB*,*BC*,*CD*,*DA* 相截。

所以,这个圆将切于它们,即内切于正方形 *ABCD*。

因此,在所给定的正方形内作出了它的内切圆。

证完

正如上述注释中所说,一个圆可以内切于任一个这样的四边形,一对对边的和等于另一对对边的和。特别地,可以推出一个圆可以内切于一个正方形或菱形,但不能切于一个矩形或斜长方形。

命题 9

求作给定的正方形的外接圆。

设 $ABCD$ 是给定的正方形。求作此正方形 $ABCD$ 的外接圆。

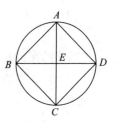

连接 AC,BD,设它们交于 E。因为 DA 等于 AB,AC 是公共的,所以两边 DA,AC 等于两边 BA,AC,且底 DC 等于底 BC。

所以角 DAC 等于角 BAC。　　　　　　　　　　[I.8]

从而,AC 二等分角 DAB。

类似地,我们可以证明角 ABC,BCD,CDA 的每一个被直线 AC,DB 二等分。

现在,因为角 DAB 等于角 ABC,并且角 EAB 是角 DAB 的一半,又角 EBA 是角 ABC 的一半,故角 EAB 也等于角 EBA;这样一来,边 EA 也等于边 EB。

　　　　　　　　　　　　　　　　　　　　　　　　[I.6]

类似地,我们能证明线段 EA,EB 的每一个等于线段 EC,ED 的每一个。

所以四条线段 EA,EB,EC,ED 彼此相等。

以 E 为心,且以线段 EA,EB,EC,ED 之一为距离画圆必经过其他各点;因而它外接于正方形 $ABCD$。

所以,对所给定的正方形作出了它的外接圆。

　　　　　　　　　　　　　　　　　　　　　　　　证完

命题 10

求作一个等腰三角形,使它的每一个底角都是顶角的二倍。

任意取定一条线段 AB,用点 C 分 AB,使 AB,BC 所夹的矩形等于 CA 上的正方形;　　　　　　　　　　　　　　　　　　　[II.11]

以 A 为心并以距离 AB 作圆 BDE,在圆 BDE 中作恰合线 BD 等于线段 AC,使它不大于圆 BDE 的直径。　　　　　　　　　　　　　　　[IV.1]

连接 AD,DC,作圆 ACD 外接于三角形 ACD。　　　　　　　[IV.5]

由于矩形 AB,BC 等于 AC 上的正方形,并且 AC 等于 BD,故矩形 AB,BC 等

于 BD 上的正方形。

又,因为点 B 是在圆 ACD 的外面取的,过 B 作两条线段 BA,BD 与圆 ACD 相遇,且它们中的一条与圆相交,这时另一条落在圆上,由于矩形 AB,BC 等于 BD 上的正方形,

故 BD 切于圆 ACD。 [Ⅲ.37]

由于 BD 与它相切,

DC 又是由切点 D 作的圆的恰合线,

故角 BDC 等于相对弓形上的角 DAC。 [Ⅲ.32]

因为角 BDC 等于角 DAC,将角 CDA 加在它们各边,故整体角 BDA 等于两角 CDA,DAC 的和。

但是,外角 BCD 等于角 CDA,DAC 的和, [Ⅰ.32]

所以角 BDA 也等于角 BCD。

但是,角 BDA 等于角 CBD,因为边 AD 也等于 AB。 [Ⅰ.5]

这样一来,角 DBA 也等于角 BCD。

故三个角 BDA,DBA,BCD 彼此相等。

又,因为角 DBC 等于角 BCD,

所以边 BD 也等于边 DC。 [Ⅰ.6]

但是,已知 BD 等于 CA,故 CA 也等于 CD,

这样一来,角 CDA 也等于角 DAC。 [Ⅰ.5]

所以,角 CDA,DAC 的和是角 DAC 的二倍。

但是,角 BCD 等于角 CDA,DAC 的和,故角 BCD 也是角 CAD 的二倍。

但是,角 BCD 等于角 BDA,DBA 的每一个,

故角 BDA,DBA 的每一个也是角 DAB 的二倍。

因此,我们作出了等腰三角形 ABD,它的底 DB 上的每个角都等于顶角的二倍。

证完

有各种理由断言,这个命题中的三角形的作图与正多边形的关系以及三角形本身的作图是毕达哥拉斯(Pythagoras)的发现。首先,附注Ⅳ.No.2(Heiberg, Vol. Ⅴ. p.373)说:"这一卷是毕达哥拉斯的发现。"其次,在普罗克洛斯的概论中说,毕达哥拉斯发现"宇宙图形的作图",由此能理解五个正多面体。再次,雅姆利克斯(Iamblichus, *Vit. Pyth.* c.18,s.88)引用了关于希帕索斯(Hippasus)的

故事,"他是毕达哥拉斯学派的一个成员,但是由于他是第一个公布并且写下围绕十二个五边形的球的作图,由于他的行为被淹死在海里,而所有这些归功于毕达哥拉斯。"康托(I_3 , pp. 176 sqq.)搜集了一些注释,帮助我们说明欧几里得关于正五边形的作图可能来自毕达哥拉斯。

柏拉图(Plato)描述了从直角三角形形成前四个正多面体的表面。立方体的面是正方形,它由四个等边直角三角形形成。然而等边三角形是正四面体、正八面体和正二十面体的面,它不是由等腰直角三角形形成的,而是由特殊的不等边直角三角形形成的,《蒂迈欧篇》认为这是不等边直角三角形中最漂亮的,即一条直角边上的正方形是另一条边上的正方形的三倍。当然,这个是等边三角形的一半。柏拉图的《蒂迈欧篇》没有这样构成三角形,而是如图六个直角三角形构成的。而普罗克洛斯把这个归功于毕达哥拉斯的定理,六个等边三角形,或三个六边形,或四个正方形绕一点放置会填满四个直角,而其他正多边形没有这个性质。

如何把正十二面体的面分成三角形? 容易看出五边形不能分成两个直角三角形。但是能把五边形分成基本三角形。普鲁塔克(Plutarch)有两段话分十二面体的面为三角形(*Ouaest. Platon.* Ⅴ.1),每一个面由 30 个基本的不等边直角三角形构成,故总共有 360 个这样的三角形,而另一个(*De defectu oraculorum* , c. 33)是把正十二面体的面分为不同于正四面体、正八面体和正二十面体的面

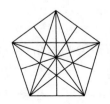

的不同的基本三角形。另一个作者阿尔辛诺奥斯(Alcinous)介绍了柏拉图的研究(*De doctrina Platonis* , c. 11),并且说类似的 360 个基本三角形,每一个五边形分为 5 个等腰三角形,每个等腰三角形又分为 6 个不等边的直角三角形。若我们如图分五边形为 30 个小三角形,这个图形中最显著的是"五角星",在旁边画出,它提供了画出这些三角形的线索。无疑地,用每一个底角等于二倍顶角的等腰三角形作五边形归功于毕达哥拉斯。

这个三角形的作图依赖于Ⅱ.11,或者分一条直线为两段,使得整条直线与一部分构成的矩形等于另一部分上的正方形。这个问题又出现在欧几里得的Ⅵ.30 中,即分直线为中外比,亦即黄金分割。

Ⅳ.10 的作图可由下述分析得出(Todhunter's Euclid,p. 325)。

设这个问题已解决,即 *ABD* 是等腰三角形,它的每个底角等于二倍的顶角。

用直线 *DC* 平分角 *ADB*,交 *AB* 于 *C*。   [Ⅰ.9]

因而角 *BDC* 等于角 *BAD*;并且角 *CDA* 也等于角 *BAD*,

故 *DC* 等于 *CA*。

又因为在三角形 *BCD*,*BDA* 中,

角 *BDC* 等于角 *BAD*,

并且角 *B* 公用,所以

第三个角 *BCD* 等于第三个角 *BDA*,因而等于角 *DBC*。

所以 *DC* 等于 *DB*。

若一个圆外接于三角形 *ACD*[Ⅳ.5],因为角 *BDC* 等于这个弓形 *CAD* 内的角,所以

BD 必然切于这个圆[用反证法由Ⅲ.32 的逆容易证明]。

因此[Ⅲ.36]*BD* 上的正方形等于 *CD* 或 *AC* 上的正方形,或者等于矩形 *AB*,*BC*。

于是这个问题归结为截 *AB* 于 *C*,使得矩形 *AB*,*BC* 等于 *AC* 上的正方形。

[Ⅱ.11]

当这个完成之后,我们只需作一个以 *A* 为圆心,以 *AB* 为半径的圆,并且在它内放一条弦 *BD* 等于 *AC*。   [Ⅳ.1]

因为角 *ABD*,*ADB* 的每一个等于角 *BAD* 的二倍,所以后者等于所有三个角的五分之一,即二直角的五分之一,或者一个直角的五分之二,并且每一个底角等于一个直角的五分之四。

若我们平分角 *BAD*,则我们得到一个角,等于一个直角的五分之一,故这个命题使得我们能把一个直角分为五个等角。

注意,*BD* 是内接于大圆的正十边形的一边。

普罗克洛斯在卷Ⅰ. p. 130 的注释中,把Ⅳ.10 作为这样一个例子,一个命题的六个形式部分省略了两个,即省略了**假设**(setting out)和"**定义**"(definition),并且解释它们是不必要的,由于在阐述中没有数据(datum)。然而,这个不是真的,由于欧几里得开始他的命题从**假设**"任一条直线 *AB*",并且把以 *AB* 为腰作一个等腰三角形,即实际上在阐述中隐含一个数据,并且一个相应的**假设**和"**定义**"在这个命题本身中。

命题 11

求作给定的圆的内接等边且等角的五边形。

设 $ABCDE$ 是所给定的圆。要求在圆 $ABCDE$ 内作一个等边且等角的五边形。

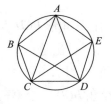

设等腰三角形 FGH 在 G,H 处的角的每一个都是 F 处角的二倍。　　　　　　 [Ⅳ.10]

先在圆 $ABCDE$ 内作一个和三角形 FGH 等角的三角形 ACD。

这样,角 CAD 等于在 F 的角,并且在 G,H 的角分别等于角 ACD,CDA,

[Ⅳ.2]

故角 ACD,CDA 的每一个也是角 CAD 的二倍。

现在,设角 ACD,CDA 分别被直线 CE,DB 二等分。　　　　 [Ⅰ.9]

又连接 AB,BC,DE,EA。

那么,因为角 ACD,CDA 是角 CAD 的二倍,且它们被直线 CE,DB 二等分,故五个角 DAC,ACE,ECD,CDB,BDA 彼此相等。

但是,等角所对的弧也相等,　　　　　　 [Ⅲ.26]

故五段弧 AB,BC,CD,DE,EA 彼此相等。

但是,等弧所对的弦也相等,　　　　　　 [Ⅲ.29]

所以,五条弦 AB,BC,CD,DE,EA 彼此相等。

故五边形 $ABCDE$ 是等边的。

其次,可证它也是等角的。

因为,弧 AB 等于弧 DE,给它们各边加上 BCD,则整体弧 $ABCD$ 等于整体弧 $EDCB$。

又,角 AED 在弧 $ABCD$ 上,并且角 BAE 在弧 $EDCB$ 上,故角 BAE 也等于角 AED。　　　　　　 [Ⅲ.27]

同理,角 ABC,BCD,CDE 的每一个也等于角 BAE,AED 的每一个。

故五边形 $ABCDE$ 是等角的。

但是,已经证明了它是等边的,

因此,在所给定的圆内作出了一个内接等边且等角的五边形。

证完

78

德·摩根注释道:"Ⅳ.11 的方法不是直接使用在上一个命题中得到的角。"另一方面,若我们看一下这个图形,并且注意缺少一条线(即 B 和 E 的连线)的**五角星**,则我认为这个方法接近毕达哥拉斯的方法,因而具有一定的历史意义。

另一个方法是使用Ⅳ.10 来内接一个正十边形于这个圆,而后隔一个点连接顶点,等等。

H. M. 泰勒给出了"内接一个正十边形或正五边形于一个圆内的完整的几何作图"如下。

"找出圆心 O。

作两个相互垂直的直径 AOC,BOD。

平分 OD 于 E。

连接 AE,并且截 EF 等于 OE。

绕圆作等于 AF 的十个弦。

这些弦就是正十边形的边。作相隔的五个顶点的弦,它们是正五边形的边。"

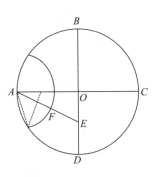

这个作图只是Ⅱ.11 和Ⅳ.1 的作图的联合,其证明可以遵循Ⅳ.10。

命题 12

求作给定的圆的外切等边且等角的五边形。

设 ABCDE 是所给定的圆。求作圆 ABCDE 的外切等边且等角的五边形。

设 A,B,C,D,E 是内接五边形的顶点。这样,弧 AB,BC,CD,DE,EA 相等。
　　　　　　　　　　　　　　　　　　　　　　　　　　　　　　[Ⅳ.11]

经过点 A,B,C,D,E 作圆的切线 GH,HK,KL,LM,MG。　　　[Ⅲ.16,推论]

设圆 ABCDE 的圆心 F 已取定,　　　　　　　　　　　　　　　[Ⅲ.1]

又连接 FB,FK,FC,FL,FD。

那么,因为直线 KL 切圆 ABCDE 于 C;又,由圆心 F 到切点 C 的连线为 FC,则 FC 垂直于 KL。　　　　　　　　　　　　　　　　　　　　[Ⅲ.18]

故在点 C 的每个角都是直角。

同理,在点 B,D 的角也是直角。

又,因为角 FCK 是直角,

从而,在 FK 上的正方形等于 FC,CK 上的正方形的和。　　　[Ⅰ.47]

79

同理,*FK* 上的正方形也等于 *FB*,*BK* 上的正方形
的和;

由此,*FC*,*CK* 上的正方形的和等于 *FB*,*BK* 上的正
方形的和。

其中在 *FC* 上的正方形等于 *FB* 上的正方形,故其
余的 *CK* 上的正方形等于 *BK* 上的正方形。

所以 *BK* 等于 *CK*。

又,因为 *FB* 等于 *FC*,并且 *FK* 是公共的,两边 *BF*,*FK* 等于两边 *CF*,*FK*,并
且底 *BK* 等于底 *CK*。

所以角 *BFK* 等于角 *KFC*。   [I.8]

并且,角 *BKF* 等于角 *FKC*。

从而,角 *BFC* 是角 *KFC* 的二倍,角 *BKC* 是角 *FKC* 的二倍。

同理,角 *CFD* 也是角 *CFL* 的二倍,并且角 *DLC* 也是角 *FLC* 的二倍。

现在,因为弧 *BC* 等于弧 *CD*,角 *BFC* 也等于角 *CFD*。   [III.27]

又,角 *BFC* 是角 *KFC* 的二倍,并且角 *DFC* 是角 *LFC* 的二倍。

于是角 *KFC* 也等于角 *LFC*。

但是,角 *FCK* 也等于角 *FCL*,

从而,在 *FKC*,*FLC* 两个三角形中,它们有两个角等于两个角,又有一边等
于一边,即它们的公共边 *FC*;

故它们其余的边等于其余的边,其余的角等于其余的角。   [I.26]

所以,线段 *KC* 等于线段 *CL*,并且角 *FKC* 等于角 *FLC*。

又,因为 *KC* 等于 *CL*,

从而,*KL* 是 *KC* 的二倍。

同理,可证 *HK* 也等于 *BK* 的二倍。

又,*BK* 等于 *KC*,于是 *HK* 也等于 *KL*。

类似地,线段 *HG*,*GM*,*ML* 的每一条也可以被证明等于线段 *HK*,*KL* 的每
一条。

故,五边形 *GHKLM* 是等边的。

其次,也可证得它是等角的。

因为,角 *FKC* 等于角 *FLC*,并且已证明了角 *HKL* 是角 *FKC* 的二倍。

又,角 *KLM* 是 *FLC* 的二倍,故角 *HKL* 也等于角 *KLM*。

类似地,也可证得角 *KHG*,*HGM*,*GML* 的每一个也等于角 *HKL*,*KLM* 的每
一个;从而五个角 *GHK*,*HKL*,*KLM*,*LMG*,*MGH* 彼此相等。

于是五边形 GHKLM 是等角的。

前面已经证明了它是等边的,并且又外切于圆 ABCDE。

证完

德·摩根说,Ⅳ.12,13,14 提供了下述的特例:**给定任意边数的正多边形,内切一个圆,外接一个圆;并且在一个圆内内接和外切一个任意边数的正多边形**。欧几里得在Ⅳ.15 的推论中所说的关于正六边形以及对Ⅳ.16 关于正十五边形的附言所说的方法可以一般地使用。

这个命题的结论,"所以已作了给定圆的正五边形"在手稿中被略去了。

命题 13

给定一个边相等且角相等的五边形,求作它的内切圆。

设 ABCDE 是所给定的等边且等角的五边形。求作五边形 ABCDE 的内切圆。

将角 BCD,CDE 分别用直线 CF,DF 二等分,且直线 CF,DF 相交于点 F。

连接线段 FB,FA,FE。

于是 BC 等于 CD,且 CF 是公共的,两边 BC,CF 等于两边 DC,CF,并且角 BCF 等于角 DCF。

故,底 BF 等于底 DF,三角形 BCF 全等于三角形 DCF,且其余的角等于其余的角,即等边所对的角。

[Ⅰ.4]

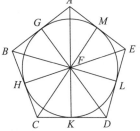

故,角 CBF 等于角 CDF。

又,因为角 CDE 是角 CDF 的二倍,且角 CDE 等于角 ABC。然而,角 CDF 等于角 CBF,从而角 CBA 也是角 CBF 的二倍。

故,角 ABF 等于角 FBC。

所以,角 ABC 被直线 BF 二等分。

类似地,可以证明角 BAE,AED 分别被直线 FA,FE 二等分。

现在,由点 F 作 FG,FH,FK,FL,FM 垂直于直线 AB,BC,CD,DE,EA。则角 HCF 等于角 KCF,并且直角 FHC 也等于角 FKC。于是 FHC,FKC 是有两个角等于两个角且一条边等于一条边的两个三角形,即 FC 是它们的公共边,并且是等角所对的边。

故,它们的其余边也等于其余的边。

[Ⅰ.26]

从而,垂线 FH 等于垂线 FK。

类似地,可以证明线段 FL,FM,FG 的每一条等于线段 FH,FK 的每一条,故五条线段 FG,FH,FK,FL,FM 彼此相等。

从而,以 F 为心,以线段 FG,FH,FK,FL,FM 之一为距离作圆,也经过其他各点,并且必定切于直线 AB,BC,CD,DE,EA。这是因为在点 G,H,K,L,M 处的角是直角。

事实上,如果它不切于它们,而与它们相截,那么,过圆的直径的端点和直径成直角的直线就落在圆内:这是不合理的。 [Ⅲ.16]

从而,以 F 为心且以线段 FG,FH,FK,FL,FM 之一为距离所作的圆与直线 AB,BC,CD,DE,EA 不相截,因而就相切。

设画出的内切圆是 GHKLM。

因此,在所给定的等边且等角的五边形内作出了内切圆。

证完

命题 14

给定一个等边且等角的五边形,求作它的外接圆。

设 ABCDE 是给定的等边且等角的五边形。

求作五边形 ABCDE 的外接圆。

设角 BCD,CDE 分别被直线 CF,DF 二等分,由二直线的交点 F 到点 B,A,E 连线段 FB,FA,FE。

则依照前面的方式,类似地可以证明角 CBA,BAE,AED 分别被直线 FB,FA,FE 二等分。

现在,因为角 BCD 等于角 CDE,并且角 FCD 是角 BCD 的一半,又角 CDF 是角 CDE 的一半。

故,角 FCD 也等于角 CDF。这样一来,边 FC 也等于边 FD。

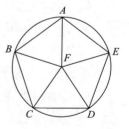

类似地,可以证明线段 FB,FA,FE 的每一条也等于线段 FC,FD 的每一条。

故五条线段 FA,FB,FC,FD,FE 彼此相等。

从而,以 F 为心且以 FA,FB,FC,FD,FE 之一为距离作圆也经过其余的点,而且是外接的。

设这个外接圆是 ABCDE。

因此,对所给定的等边且等角的五边形,已作出了它的外接圆。

证完

命题 15

在给定的圆内求作一个等边且等角的内接六边形。

设 *ABCDEF* 是给定的圆。在圆 *ABCDEF* 内求作一个等边且等角的内接六边形。

作圆 *ABCDEF* 的直径 *AD*;

设圆心为 *G*,又以 *D* 为心,且以 *DG* 为距离作圆 *EGCH*。

连接 *EG*,*CG*,延长经过点 *B*,*F*,又连接 *AB*,*BC*,*CD*,*DE*,*EF*,*FA*。

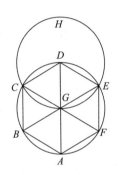

则可证六边形 *ABCDEF* 是等边且等角的。

因为点 *G* 是圆 *ABCDEF* 的圆心,*GE* 等于 *GD*。

又,因为点 *D* 是圆 *GCH* 的圆心,*DE* 等于 *DG*。

但是,已经证明了 *GE* 等于 *GD*,故 *GE* 也等于 *ED*。

所以三角形 *EGD* 是等边的,且它的三个角 *EGD*,*GDE*,*DEG* 是彼此相等的。

这是因为在等腰三角形中,底上的两个角是彼此相等的。   [Ⅰ.5]

又由于三角形的三个角的和等于两直角。   [Ⅰ.32]

故,角 *EGD* 是两直角的三分之一。

类似地,也可以证明角 *DGC* 是两直角的三分之一。

又,因为直线 *CG* 与 *EB* 所成的邻角 *EGC*,*CGB* 的和等于两直角,所以,其余的角 *CGB* 也等于两直角的三分之一。

故,角 *EGD*,*DGC*,*CGB* 彼此相等,由此,它们的顶角 *BGA*,*AGF*,*FGE* 相等。

[Ⅰ.15]

故,六个角 *EGD*,*DGC*,*CGB*,*BGA*,*AGF*,*FGE* 彼此相等。

但是,等角所对的弧相等。   [Ⅲ.26]

故六段弧 *AB*,*BC*,*CD*,*DE*,*EF*,*FA* 彼此相等。

又,等弧所对的弦相等。   [Ⅲ.29]

故,六条弦彼此相等。

从而,六边形 *ABCDEF* 是等边的。

其次,可证它也是等角的。

事实上,弧 *FA* 等于弧 *ED*,将弧 *ABCD* 加在它们各边,
则整体 *FABCD* 等于整体 *EDCBA*。

又,角 *FED* 对着弧 *FABCD*,且角 *AFE* 对着弧 *EDCBA*。

故这个角 *AFE* 等于角 *DEF*。　　　　　　　　　　　　　　[Ⅲ.27]

类似地,可以证明六边形 *ABCDEF* 的其余的角也等于角 *AFE*,*FED* 的每一个。

故,六边形 *ABCDEF* 是等角的。

但是,已经证明了它是等边的,且它也内接于圆 *ABCDEF*。

从而,在所给定的圆内作出了等边且等角的内接六边形。

证完

推论　明显地,由此可得,此六边形的边等于圆的半径。

并且同样像五边形的情况,如果经过圆上分点作圆的切线,就得到圆的一个等边且等角的外切六边形。这和五边形情况的解释是一样的。

而且,根据类似五边形的情况,我们可以作出所给定的六边形的内切圆和外接圆。

我认为海伯格是把这个命题的推论看作普罗克洛斯所说的一个**问题**的推论。普罗克洛斯说,"在第二卷中出现的推论是一个问题的推论";但是,在第二卷中出现的推论,即Ⅱ.4 的推论不是仅有的推论。因此,海伯格认为应当是在第四卷。并且普罗克洛斯说在这一卷中只有一个推论,因而他把Ⅳ.5 的附言没有看作推论。参考关于那个命题的注。

命题 16

在给定的圆内作一个等边且等角的内接十五角形。

设 *ABCD* 是给定的圆。

在圆 *ABCD* 内求作一个等边且等角的内接十五角形。

设 *AC* 为圆 *ABCD* 内接等边三角形的一边,*AB* 为等边五边形的一边。则在圆 *ABCD* 内就有相等的线段十五条;在弧 *ABC* 上有五条,而此弧是圆的三分之一,并且在弧 *AB*

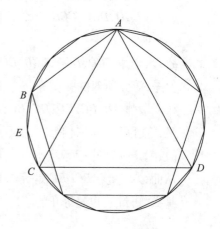

上有三条,而此弧是圆的五分之一。

那么,余下的 BC 上有两条相等的弧。　　　　　　　　　　　　[Ⅲ.30]

令 E 二等分弧 BC,则弧 BE,EC 的每一条是圆 ABCD 的十五分之一。

如果连接 BE,EC,而且在圆 ABCD 内适当地截出等于它们的线段,就可作出内接于它的边相等且角相等的十五角形。

证完

又,和五边形的情况相同,如果过圆上的分点作圆的切线,就可以作出圆的一个等边且等角的外切十五边形。

进一步,类似于五边形的情况,我们可以同时作出给定的一个(等边且等角的)十五角形的内切圆与外切圆。

此处,像在Ⅲ.10 中,欧几里得使用术语"圆"在圆周的意义上,代替 I.15 中所说的"一条线包围的**平面图形**"。

普罗克洛斯认为这个命题展示了欧几里得一些命题着眼于对天文学的应用。"关于第四卷中的最后一个命题,他在一个圆中内接了一个正十五边形,除了应用于天文学之外,他提出这个命题的目的是什么?事实上,当我们内接一个正十五边形在圆内,并且通过极点时,我们有从极点到赤道和黄道带的距离,由于它们是这个正十五边形边之间的距离。"这个符合于我们从其他方面知道的,即一直到埃拉托色尼(Eratosthenes,约前 284—前 204)时代,我们一般地接受把这个作为黄赤交角的度量。这个度量以及正十五边形的作图可能属于毕达哥拉斯,从士麦那(今伊兹密尔)的塞翁知道,希俄斯的伊诺皮迪斯(Oenopides)(约 460 年在世)发现了一些东西,增加了"恒星和行星的轴分别是正十五边形的边之间的距离"。埃拉托色尼估计了这个角是 $180°$ 的 $\frac{11}{83}$,即大约 $23°51'20''$,这个度量在古代一直没有改进(参考 Ptolemy,*Syntaxis*,ed. Heiberg,p.68)。

欧几里得已经说明了如何作边为 3,4,5,6,15 的正多边形。现在,当给定任意一个正多边形,我们可以作一个二倍边数的正多边形,首先作给定正多边形的外接圆,而后平分这些边对的弧。使用这个程序,使用欧几里得的方法,我们可以作边数为 $3 \cdot 2^n, 4 \cdot 2^n, 5 \cdot 2^n, 15 \cdot 2^n$ 的正多边形,其中 n 是零或正整数。

卷 V

注释引论

卷 V. 附注的一个无名作者（Euclid, ed. Heiberg, Vol. V. p. 280），可能是普罗克洛斯，告诉我们这一卷包含的应用于几何、算术、音乐及所有数学科学的一般的比例理论是由柏拉图的老师欧多克索斯（Eudoxus）发现的。在他的时代之前并不是没有比例理论；相反地，可以确信毕达哥拉斯学派（Pythagoreans）已经给出了关于数的比例理论，这里所说的数是正整数（正如在欧几里得 Ⅶ. 中定义的，即单位的倍数构成的数）。毕达哥拉斯学派区分了三种均值：算术均值、几何均值和调和均值。几何均值就是比例均值；雅姆利克斯说，"最完美的比例是下述由四个项构成的比例"，并称它为调和比例。即比例

$$a : \frac{a+b}{2} = \frac{2ab}{a+b} : b,$$

据说这是巴伯伦尼安斯（Babylonians）发现的，而由毕达哥拉斯引进希腊（Iamblichus, *Comm. on Nicomachus*, p. 118）。比例起源于埃及人，并且毕达哥拉斯和他的学派熟悉比例。无疑地，毕达哥拉斯学派在几何中使用的比例只适用于可公度的量。但是毕达哥拉斯学派也发现了不可公度的量。他们也看到对它们使用这种比例理论是不合适的；正如唐内里（Tannery）所说（*La Géométrie grecgue*, p. 98）。"不可公度性的发现在几何中引起极大的震惊，为了避免它，人们不得不尽量少地应用相似原理，并且等待不依赖于可公度性的比例理论的建立。"后者的荣誉属于欧多克索斯，后面将看到亚里士多德熟悉这个理论。

正如唐内里指出（*loc. cit.*），比例理论和相似原理早于欧几里得出现在早期的希腊几何中，但是，由于不可公度的发现，这个主题的论述在毕达哥拉斯与欧多克索斯期间得到重建。欧几里得 Ⅰ. 44 要求在一个给定直线上贴一个平行四边形，使得这个平行四边形等于给定的三角形；其中使用的平行四边形的两个补形的相等实际上就是求对三个给定线段的第四个比例项。欧几里得在卷 Ⅰ.—Ⅳ. 中遵循传统的方法，而把比例及相似形推后到卷 Ⅴ. 和卷 Ⅵ.

值得注意的是比例理论在欧几里得中曾两次论述，在卷 Ⅴ. 中是关于一般

的量,在卷Ⅶ.中是关于数的特殊情形。后者的阐述只是关于可公度量的,是关于比例理论的重大扩张以前的理论的更清楚的阐述。卷Ⅴ.与卷Ⅶ.中的定义等等的差别,自然会出现这样的问题。为什么欧几里得没有省略如此多的重复,没有把数看成量的特殊情形? 可能他没有把数列入量的范围。亚里士多德已经明白地指出量可以是数,他也注意到(*Anal. post.* Ⅰ.7,75 b 4)不能把证明的算术方法用到不是数的量。亚里士多德进一步说(*Anal. post.* Ⅰ.5,74 a 17),一个命题可以分别对数、线、立体与时间证明,尽管可以用一个证明对所有情形证明;但是,由于对它们没有一个共同的名字,它们应当分别进行。然而,他又说比例是一般地证明的。而欧几里得没有说两个比例理论的联系,即使在 Ⅹ.5 中,一个比例的两个项是量,另两个量是数("两个可公度量之间的比具有一个数对一个数的比")。这个现象的解释可能是欧几里得遵训传统,并且给出了两个理论,这就与帕普斯的注释一致,欧几里得的清楚和流畅的论述使得他的工作更可信。

定义

1. 当一个较小的量能量尽一个较大的量时,我们把较小量叫作较大量的**一部分**。

2. 当一个较大的量能被较小的量量尽时,我们把较大的量叫作较小的量的**倍量**。

3. **比是**两个同类量彼此之间的一种大小关系。

4. 把二量中任一个量几倍以后能大于另外一个量时,则说这两个量彼此之间**有一个比**。

5. 有四个量,第一量比第二量与第三量比第四量叫作有**相同比**,如果对第一与第三个量取任意同倍数,又对第二与第四个量取任意同倍数,当第一与第二倍量之间有大于、等于或小于的关系时,第三与第四倍量之间也有相应的关系。

6. 有相同比的四个量叫作**成比例**的量。

7. 在四个量之间,第一、三两个量取相同的倍数,又第二、四两个量取另一相同的倍数,若第一个的倍量大于第二个的倍量,但是第三个的倍量不大于第四个的倍量时,则称第一量与第二量的**比大于**第三量与第四量的比。

8. 一个比例至少要有三项。

9. 当三个量成比例时,则称第一量与第三量的比是第一量与第二量的**二次比**。

10. 当四个量成连比例时,则称第一量与第四量的比为第一量与第二量的**三次比**。不论有几个量成连比例都依此类推。

11. 在比例中,将前项与前项以及后项与后项叫作**对应量**。

12. **更比**是前项比前项且后项比后项。

13. **反比**是后项作前项,前项作后项。

14. **合比**是前项与后项的和比后项。

15. **分比**是前项与后项的差比后项。

16. **换比**是前项比前项与后项的差。

17. **首末比**指的是,有一些量又有一些与它们个数相等的量,若在各组中每取相邻二量作成相同的比例,则第一组量中首量比末量如同第二组中首量比末量。

或者,换言之,这意思是取掉中间项,保留两头的项。

18. **波动比例**是这样的,有三个量,又有另外与它们个数相等的三个量,在第一组量里前项比中项如同第二组量里前项比中项,同时,第一组量里的中项比后项如同第二组量里后项比前项。

定义 1

A magnitude is *a part* of a magnitude, the less of the greater, when it measures the greater.

词**部分**(Part)在此使用于因子(Submultiple)或可除尽它的部分(aliquot port)的局限的意义上,不同于在公用概念 5 中的更广泛的意义,"整体大于部分"。在卷Ⅶ.定义 3 中也使用相同的局限意义,用"数"代替了"量"。在Ⅶ.定义 4 中也保持同样的局限性,当一个数不能度量另一个数,它是**部分**(parts,复数),而不是它的**一部分**(a part)。例如,1、2 或 3 是 6 的**一部分**,而 4 不是 6 的**一部分**,而是**部分**。词部分的局限意义与更一般的意义的区别也出现在亚里士多德的著作中,*Metaph.* 1023 b 12:"在一种意义上,部分是在一个量之中可以分出来的量;从量中取出的量称为它的部分,例如,2 是 3 的部分。但是,在另一个意义上,'部分'只是能度量(measure)这个量的量。于是在一种意义上 2 是 3 的部分,在另一种意义上不是它的一部分。"

定义 2

The greater is a *multiple* of the less when it is measured by the less.

定义 3

A *ratio* is a sort of relation in respect of size between two magnitudes of the same kind.

我看到的关于**比**和**比例**定义的最好解释是德·摩根的解释,它以这两个为题出现在 *Penny Cyclopaedia*, Vol. XIX. (1841) 之中;下述注释大都来自这两篇文章。汉克尔(Hankel)关于卷 V. 的定义的注释也很有价值(fragment on Euclid published as an appendix to his work *Zur Geschichte der Mathematik in Alterthum und Mittelalter*, 1874)。

关于这个定义,西姆森和汉克尔认为它是插入的。汉克尔指出,它是不必要的并且如此含糊,没有实际的应用。但是比的定义出现在所有的手稿中,仅有的不同是某些增加了词"彼此(to one another)",海伯格认为这不是塞翁插入的。巴罗(*Lectiones Cantabrig.*, London, 1684, Lect. III. of 1666)说,欧几里得插入它是为了完整起见,更多的是为了表面而不是为了应用,试图给读者一个比例的一般定义,而不是给一个数学定义;因为没有任何东西依赖于它,或者从它导出什么。这个可由下述事实进一步证实,在卷 VII. 中没有比的定义,并且在此也可以省略。类似地,德·摩根注意到欧几里得从来没有试图给出这种类型的含糊定义,除非使用一个众所周知的日常生活术语,他在几何中引进它只是为了帮助理解这个东西的概念。我们可以比较这个定义与直线的定义,在那里欧几里得只是使用常用的术语**平放着**,并且相信这个术语对公理(或公设)的正确的使用。

现在我们来追踪**比**或相对大小(relative magnitude)概念的发展过程。比原来的意义只是用在可公度量上,即比可以被表示,其方式正如欧几里得 X.5 中指出的,**两个可公度量的比具有一个数对一个数的比**。比的原来的意义逐渐被用在不可公度的情形。

欧几里得本人说明了如何求两个可公度量的比或相对大小,在 X.3 中,他给出了求最大公度的方法。若 A, B 是两个量，B 较小，我们从 A 中截出等于 B 的部分，从剩余部分再截出等于 B 的部分，等等，一直到剩余部分 R_1 小于 B。我们从 B 中以同样方式量取 R_1，直到剩余部分 R_2 小于 R_1。我们对 R_1, R_2 重复这个过程，等等，直到我们找到一个剩余，它正好以一个倍数包含在前一个剩余中。我们可以计算出多少倍的最后剩余包含在 A 中，以及多少倍的最后剩余包含在 B 中；于是我们可以表示 A 比 B 作为一个数对另一个数的比。

但是可能发生两个量没有最大公度，即不可公度，此时这个过程没有终止，表示办法失效；这两个量就没有原来意义上的比。但是，在欧几里得卷 V.中词**比**有较广泛的意义，包含不可公度量及可公度量的相对大小；正如欧几里得的第 4 个定义所说，"把两个量倍数以后能互相超过时，则说这两个量彼此之间有一个比"，并且有限的不可公度量具有的性质与可公度量相同。德·摩根如下解释比的较狭窄的含义到较广泛的含义的过渡，"因为在可能时两个量的相对大小总是用份额形式表示的，并且因为比例量（具有相同相对大小的两对量）是两对具有相同表示形式的量；在所有这些情形下相同的相对大小导致相同的表示形式；或者说比例是相同的比（在原来意义上）。但是相同的相对大小可以存在于份额表示不可能的情形；例如一个较大的正方形的对角线与它们边的比与一个较小的正方形的对角线与它的边的比是相同的；这是比相同的自然过渡；即使用术语比于相对大小的意义，此时它允许一个特殊的表示形式。词**无理的**没有任何改变，但是继续具有它的原来含义，即不能用份额来表示。"

仍然需要考虑如何描述两个同类不可公度量的**相对大小**。它们具有确定的关系是肯定的。为了精确起见，假定 S 是一个正方形的边，D 是对角线；若 S 给定，则 D 的任何改变或任意差错就会使这个图形不是正方形。一个人可能说，画两条长度为 S 的形成直角的直线，用直线连接其端点，其长度就是 D，这不能帮助他认识相对大小，但是他好像知道多少对角线构成多少边数。我们必然注意没有对角线个数正好构成边的个数；但是也可以提出任意分数的边，百分之一，千分之一，或者百万分之一，而后我们可以表示对角线的误差不大于那个分数。我们告诉他，1,000,000 个对角线超过 1,414,213 个边。但是不是 1,414,214 个边；相应地，对角线在 1.414213 与 1.414214 倍的边之间，这些相差只有百万分之一个边，而且其对角线的误差可以更小。为了使他能进一步继续这个过程，我们说明如何通过 $\sqrt{2}$ 的算术运算。这个可以给出所希望的精确度。这种进行逼近的能力也说明了表示这个比的能力。

欧几里得以及他之前的一些人当然也注意到这个，尽管实际逼近不可公度量的比的计算在伟大的希腊几何也是很少的。这些逼近的历史可以追溯到阿基米德(Archimedes), *The works of Archimedes*(pp. LXXⅦ及其后);并且应当注意下述事实,(1)柏拉图及毕达哥拉斯学派熟悉 $\frac{7}{5}$ 是 $\sqrt{2}$ 的近似,(2)士麦那的塞翁描述的用边数和对角线数系统来逼近 $\sqrt{2}$ 的方法(参考关于欧几里得Ⅱ.9,10的注),(3)阿基米德给出了

$$\frac{1351}{780} > \sqrt{3} > \frac{265}{153},$$

以及一些大数的平方根的近似值,并且证明了圆周与它的半径的比小于 $3\frac{1}{7}$,而大于 $3\frac{10}{71}$,(4)托勒密(Ptolemy)首先使用六十进位的小数来逼近不尽根。亚历山大的塞翁说明如何在这个系统中开 4500 的平方根,并且提及托勒密给出 $\sqrt{3}$ 的近似值 $\frac{103}{60} + \frac{55}{60^2} + \frac{23}{60^3}$,这等价于近似值 1.7320509,因而精确到 6 位。

有两个手稿及坎帕努斯在定义 3 与定义 4 之间插入"比例是比的相等"。它不在地方,因为定义 5 才解释什么是比的相等。这些插入晚于塞翁(Heiberg, Vol. Ⅴ. pp. XXXV, LXXXIX),并且无疑是取自算术(参考 Nicomachus and Theon of Smyrna)。其实亚里士多德类似地说,"比例是比的相等"(*Eth. Nic.* Ⅴ.6, 1131 a 31),并且引自毕达哥拉斯学派,而且是参考了**数**。

类似地,有两个手稿在定义 7 之后插入"比例是比的相等"。

定义 4

Magnitudes are said to *have a ratio* to one another which are capable, when multiplied, of exceeding one another.

这个定义是上一个定义的补充。德·摩根说,它等于说这两个量属于同一类型,但这不是全部;这个定义一方面排除了有限量对无限大量及无限小量的关系,另一方面强调术语**比**包括同类的两个不可公度量及两个可公度的有限量之间的关系。因此,德·摩根认为比的定义的扩展包括不可公度量的相对大小,定义 4 是要说明比的扩展定义也在定义 3 中。

定义 5

Magnitudes are said to be in *the same ratio*, the first to the sec-

ond and the third to the fourth, when, if any equimultiples whatever be taken of the first and third, and any equimultiples whatever of the second and fourth, the former equimultiples alike exceed, are alike equal to, or alike fall short of, the latter equimultiples respectively taken in corresponding order.

在我翻译这个定义时,我采用了一个逐字翻译的版本与西姆森的一个较扩展的版本的折中方案。

亚里士多德在 *Topics* Ⅷ.3,158 b 29 中提到"相同比"的定义:"在数学中,某些东西也需要定义,例如,截平行四边形的平行于一边的直线相似地分另一边与其面积。当表明了其定义,所说的性质就立即明白了;因为面积和直线有相同的比,并且这就是'相同比'的定义。"亚历山大(Alexander)类似地说,"这就是古代人使用的比例的定义:两个量彼此成比例,就是它们有相同的比。"海伯格认为(*Mathematisches zu Aristoteles*, p. 22)亚里士多德的定义是引用了欧多克索斯的完全理论;而欧几里得的定义是欧几里得自己的。我不同意这个观点,对我来说这有很大的困难。欧几里得的定义出现在卷Ⅴ.中,作为成比例量的准则,并且它是新的比例的一般理论的本质,若这个理论属于欧多克索斯,就难以相信这个定义不属于他。当然亚里士多德给出的定义不能代替它。一种可能是尽管欧多克索斯已经形成了新的定义,但旧的定义仍然在亚里士多德时代的教科书中流行。这就是他在 *Topics* 中表明的观点。

在欧洲关于欧几里得的比例定义遭到许多批评。坎帕努斯不能理解它并且做了错误的理解。而巴罗指出了这些批评的不合理性。他说(*Lect. Cantabr.* Ⅶ. of 1666),某些反对者是由于对定义性质的误解。这些反对者要求欧几里得做不可能的事情。有些人说,由Ⅶ.定义 20 的另一个定义的出现,说明欧几里得不满意现在这个定义。巴罗指出,相反地,Ⅶ.定义 20 不能包含现在定义中的不可公度的情形。最后,他反对关于Ⅴ.定义 5 的"含糊性"的评论,所说的含糊性是由于理解不可公度量的困难,也是由于错误的翻译,大多数是由于不能彻底掌握这些词的意义。

现在说一下这个定义的优点。我看到的关于这个定义的最好的解释是由德·摩根给出的,他首先注意到它应用于可以度量及不可公度量,没有试图使用一个量的可除尽它的部分来度量另一个量,而后如下进行。

"有两个问题在接受定义之前必须回答:

1.这些冗长的叙述在多大程度上能被初学者接受?

2.若上述问题能明确地回答,那么如何应用比例的这个定义;或者如何比较 A 的无限倍数与 B 的任一倍数?

对于第一个问题我们可以这样回答:"当你详细地检查这个定义时,它不只是相当简单的,而且是很自然的,但你可能第一次看到时感到难以接受。"

为了说明这个,德·摩根给出下述例子。

假定有一个直线柱廊,由等距离的列构成(这些竖直线形成列的轴),第一个列到界墙的距离等于相邻列之间的距离。在这个柱廊的前面有一直行等距离的栏杆(作为它的轴),第一个栏杆到界墙的距离等于相邻栏杆之间的距离。假设从墙开始对列与栏杆编号。我们假定列的距离为 C,而栏杆的距离为 R,C 与 R 不同,它们的比可以是可公度或不可公度的,即不必是某个数的栏杆正好等于列的某个倍数。

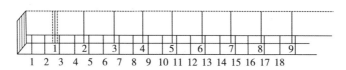

假定这个作图可以进行到任何程度,观察者可以只用观察,而不用度量就可比较 C 与 R 到任何精确程度。例如,因为第10个栏杆落在第4个与第5个列之间,所以 $10R$ 大于 $4C$,而小于 $5C$,因而 R 在 $\frac{4}{10}C$ 与 $\frac{5}{10}C$ 之间。为了更精确起见,可以取第一万个栏杆;假定它落在第 4674 与 4675 个列之间。因而 $10{,}000R$ 在 $4674C$ 与 $4675C$ 之间,或者 R 在 $\frac{4674}{10000}C$ 与 $\frac{4675}{10000}C$ 之间。这样得到的精确度没有限制;并且当这些栏杆在这些列之中的分配顺序延长到无限时,R 与 C 的比就确定了;换句话说,任一给定的栏杆的位置可以在两个列数之间找到。然而,第一个栏杆的位置的任何微小改变最终必然影响分配的顺序。例如,假定第一个栏杆从墙移动两个列之间距离的千分之一,则第二个栏杆向前推进 $\frac{2}{1000}C$,第三个栏杆推进 $\frac{3}{1000}C$,等等,因而,第一千个之后的栏杆推进比 C 更大的距离;即关于列的顺序被改变。

现在让我们做上述作图的一个模型,其中 c 是列距离,r 是栏杆距离。若这个模型真正形成,则不需要比例的定义,也不需要这个概念之前的任何东西,要保证 C 比 R 必然是 c 比 r。也不必画太多的,就能断言在这个模型中栏杆在列之中的分配都与原来相同;于是依赖于公用概念的欧几里得定义就解决了。显然这个作图与它的模型之间的关系构成了比例。根据欧几里得。每当 mC 超过、等于或不足 nR，则 mc 必然超过、等于或不足 nr；并且由作图的性质，当第 m 个列后于、对着或前于原来的第 n 个栏杆时，则在相应的模型内，第 m 个列必然后于、对着或前于第 n 个栏杆。

于是欧几里得提出的判别法是必要的，也是充分的。在承认了这个后，对模型内给定的列距离，就有一个正确的模型的栏杆距离，我们已经看到了，任何微小的栏杆距离的变化，最终会给出不同的分配；即正确的距离，并且只有正确的距离才能满足欧几里得定义所需求的所有条件。

德·摩根说，词**分配**（distribution）早已使用，下述叙述定义的方法早于欧几里得，"有四个量，A 与 B 是同一类，C 与 D 是另一类，它们成比例，当 A 的所有倍数分配到 B 的倍数之中时，相应的 C 的倍数分配到 D 的倍数之中。"或者，对任意的数 m, n，若 mA 在 nB 与 $(n+1)B$ 之间，则 mC 在 nD 与 $(n+1)D$ 之间。

值得注意是，若这个判别法在 A 与 C 的任一给定的倍数之后总是满足的，则它必然在这些倍数之前就满足。例如，设这个判别法在 $100A$ 与 $100C$ 之后总是满足；并设 $5A$ 与 $5C$ 作为检测的例子。取 5 的任一个超过 100 的倍数，譬如说 50 倍；设 $250A$ 在 $678B$ 与 $679B$ 之间；则 $250C$ 在 $678D$ 与 $679D$ 之间。除以 $50, 5A$ 在 $13\frac{38}{50}B$ 与 $13\frac{29}{50}B$ 之间，当然在 $13B$ 与 $14B$ 之间。类似地，$5C$ 在 $13\frac{28}{50}D$ 与 $13\frac{29}{50}D$ 之间，因而在 $13D$ 与 $14D$ 之间。或者 $5A$ 在 B 的倍数区间与 $5C$ 在 D 的倍数区间相同。并且 A, C 的小于 $100A, 100C$ 的任一倍数是同样的。

剩余的问题是第二个问题的无穷的特征；四个量 A, B, C, D，直到证明 A 的任意倍数在 B 的倍数的区间与 C 的同样倍数在 D 的倍数的区间相同就不能说 A, B, C, D 成比例。假定栏杆在列中的分配远到第一百万个栏杆与模型中的一致。这个证明了模型的栏杆距离的误差不超过对应列距离的百万分之一。于是我们可以固定不成比例的界限。并且可以使这个界限尽量小。但是我们不能观察一个无限数，并且不能断言比例。然而，数学方法可以帮助我们克服这个困难。德·摩根给出了一个例子来说明这个比例的定义可以应用于它的无限特征，下述命题的证明与欧几里得Ⅵ.2 有相同效果。

"设 OAB 是一个三角形，ab 平行于它的一边 AB，在 OA 的延长线上取 AA_2，A_2A_3 等等等于 OA，并且取 aa_2, a_2a_3 等等等于 Oa。

过上述得到的点作 AB 的平行线，交 OB 的延长线于 b_2, B_2，等等。

容易证明 bb_2, b_2b_3 等等都等于 Ob，而 BB_2, B_2B_3 等等都等于 OB。

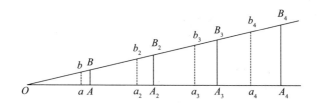

因此,OA 的倍数在 Oa 的倍数中的分配在一条线上,而 OB 的倍数在 Ob 的倍数中的分配在另一条线上。

这个分配在所有程度上的检查不必使用平行线的已知性质。因为 A_3 在 a_3 与 a_4 之间,所以 B_3 在 b_3 与 b_4 之间;因为若不是这样,线 A_3B_3 就会截 a_3b_3 或 a_4b_4。因此,不必问 A_m 落在何处,我们知道,若它落在 a_n 和 a_{n+1} 之间,则 B_m 必然落在 b_n 与 b_{n+1} 之间;或者说,若 $m \cdot OA$ 落在 $n \cdot Oa$ 与 $(n+1)Oa$ 之间,则 $m \cdot OB$ 必然落在 $n \cdot Ob$ 与 $(n+1)Ob$ 之间。"

M. 西蒙(Max Simon)说(*Euclid und die sechs planimetrischen Bücher*,p. 110),欧几里得的相等比的定义逐字逐句地与外尔斯特拉斯(Weierstrass)的相等数的定义相同。按通常的观点,此时希腊人没有无理数概念,西蒙认为欧几里得 V. 的定义在各方面都有数的概念,而且几乎与外尔斯特拉斯关于数的概念相同。

欧几里得的相等比例的定义与戴德金(Dedekind)关于无理数的理论是完全对应的,自然数的顺序是上升的顺序,而后扩大数的范围,包括(1)负数及正数,(2)分数,如 $\frac{a}{b}$,其中 a,b 是任意自然数,b 不是零,并且分数在其他数之中的顺序定义如下:

$$\frac{a}{b} < = > \frac{c}{d} \text{ 依据 } ad < = > bc。$$

戴德金如下定义无理数。

一个无理数 $\alpha,\beta,\gamma,\cdots\cdots$ 定义如下,先把有理数分为两类 A 与 B,使得(1)A 中的每个数在 B 中的每个数之前,(2)在 A 中没有最后的数,在 B 中没有最前的数;定义 $\alpha,\beta,\gamma,\cdots\cdots$ 作为放在所有 A 中的数与所有 B 中的数之间的一个数。

现在设 $\frac{x}{y}$ 与 $\frac{x'}{y'}$ 是欧几里得意义上的相同比。

则 $\frac{x}{y}$ 就把所有有理数分为两组 A 与 B;

$\frac{x'}{y'}$ 就把所有有理数分为两组 A' 与 B'。

设 $\dfrac{a}{b}$ 是 A 中的任一有理数,因此

$$\frac{a}{b} < \frac{x}{y}。$$

这就意味着 $ay < bx$。

而欧几里得的定义断言,此时 $ay' < bx'$。

因此也有

$$\frac{a}{b} < \frac{x'}{y'},$$

所以组 A 中的任一数也是组 A' 的一个数。

类似地,组 B 中的任一数也是组 B' 中的一个数。

事实上,若 $\dfrac{a}{b}$ 属于 B,则

$$\frac{a}{b} > \frac{x}{y},$$

这意味着 $ay > bx$。

此时,由欧几里得的定义,$ay' > bx'$;

因而 $\dfrac{a}{b} > \dfrac{x'}{y'}$。

换句话说,A 与 B 分别与 A' 与 B' 是同范围的;

所以根据戴德金以及根据欧几里得,有 $\dfrac{x}{y} = \dfrac{x'}{y'}$。

若 $\dfrac{x}{y}$,$\dfrac{x'}{y'}$ 碰巧是有理数,则

一个组,譬如说 A 包含 $\dfrac{x}{y}$,

一个组,譬如说 A' 包含 $\dfrac{x'}{y'}$。

此时 $\dfrac{a}{b}$ 可能与 $\dfrac{x}{y}$ 重合;

这意义着 $ay = bx$。

因而,由欧几里得的定义,$ay' = bx'$,

因此 $\dfrac{a}{b} = \dfrac{x'}{y'}$。

于是这些组仍然是同范围的。

换句话说,欧几里得的定义把所有有理数分为两个同范围的类,因而,相等

比的定义完全对应于戴德金的理论。

欧几里得 V. 定义 5 的另外形式。

萨凯里(Saccheri)在他的 *Euclides ob omni naevo vindicatus* 中记录了他熟悉的一个几何学家提出的下列代替欧几里得的定义：

"第一个量比第二个量等于第三个量比第四个量,当第一个量包含第二个量的可除尽部分的任意倍数时,第三个量也包含第四个量的同样可除尽部分的同样倍数。"关于这个萨凯里说,这个定义没有优点,它预先假设了除法(division)概念,而欧几里得只使用了乘法,大于等于和小于。

关于这个定义,费福弗(Faifofer)采用了下述形式(*Elementi di geometria*, 3*ed.*, 1882)：

"四个量形成比例,当第一个和第三个量分别被第二个和第四个量的任一等因子度量时,得到的商相等。"

英格拉米(*Elementi di geometria*, 1904)用第一个量和第三个量的倍数代替了第二个量和第四个量的因子。

"给定四个量,前两个属于同一类,后两个也属于同一类,这些量称为形成一个比例,当第一个量的任一倍数包含第二个量的倍数与第三个量的等倍数包含第四个量的等倍数。"

维朗尼斯的定义(*Elementi di geometria*, pt. Ⅱ., 1905)类似于费福弗的定义;恩里奎斯和阿马尔迪(*Elementi di geometria*, 1905)坚持了欧几里得的定义。

比例的一个特殊情形,Ⅶ. 定义 20。

我们已经注意到欧几里得没有证明数的比例作为一个特殊情形包括在量的比例内。这个由西姆森证明,它是卷 X. 的第 5 与第 6 命题需要的。西姆森的证明包含在他的命题 C 和 D 中,插入在卷 V. 的正文及其注释中。命题 C 及其注证明了,**若四个量依据Ⅶ. 定义 20 成比例,则依据 V. 定义 5 它们也成比例。** 命题 D 及其注证明了其部分逆,即若四个量依据卷 V. 定义 5 成比例,并且若第一个量是第二个量的任一倍数,或任一部分,或部分,则第三个量是第四个量的相同倍数,一部分或部分。其证明当然使用卷 V. 的结果。

命题 C 的证明如下：

若第一个量是第二个量的倍数,或部分与第三个量是第四个量的倍数,或部分相同,则第一个量比第二个量等于第三个量比第四个量。

设第一个量 A 是第二个量 B 的倍数与第三个量 C 是第四个量 D 的倍数相同;则

A 比 B 等于 C 比 D。

A ———————————————— E ————————————————————

B —————— G ————————————

C —————————— F ————————————————————

D ———— H ——————————

取 A,C 的任意等倍数 E,F;B,D 的任意等倍数 G,H。

因为 A 是 B 的倍数与 C 是 D 的倍数相同,并且 E 是 A 的倍数与 F 是 C 的倍数相同,所以

E 是 B 的倍数与 F 是 D 的倍数相同。 [V.3]

因而 E,F 是 B,D 的同倍数。

但是 G,H 是 B,D 的等倍数;

因而,若 B 的倍数 E 大于 G,则 D 的倍数 F 大于 H;

即若 E 大于 G,则 F 大于 H,

类似地,

若 E 等于 G,或小于,则 F 等于 H,或小于它。

但是,E,F 是 A,C 的等倍数;并且 G,H 是 B,D 的等倍数。

因而,A 比 B 等于 C 比 D。 [V.定义 5]

其次,令第一个量 A 是第二个量 B 的部分与第三个量 C 是第四个量 D 的部分相同;则

A 比 B 等于 C 比 D。

事实上,B 是 A 的倍数与 D 是 C 的倍数相同;因此,由上述情形,

A ——————

B ——————————

C ————

D ——————

B 比 A 等于 D 比 C;

因而,A 比 B 等于 C 比 D。

(最后这个推理,西姆森引用了他的命题 B。这个命题的证明,取 B,D 的等倍数 E,F,以及 A,C 的等倍数 G,H,而后如下推理:

因为 A 比 B 等于 C 比 D,所以

G,H 同时分别大于,等于或小于 E,F;因而 E,F 同时分别小于,等于或大于 G,H。

因而 [定义 5]

B 比 A 等于 D 比 C。)

现在我们只要对命题 C 增加情形,AB 包含 CD 的倍数与 EF 包含 GH 的倍数相同;

此时类似地,AB 比 CD 等于 EF 比 GH。

设 CK 是 CD 的一部分,而 GL 是 GH 的相同部分;设 AB 是 CK 的倍数与 EF 是 GL 的倍数相同。

因此,由命题 C,

AB 比 CK 等于 EF 比 GL。

并且 CD,GH 是 CK,GL 的等倍数。

所以 AB 比 CD 等于 EF 比 GH(西姆森 $V.4$ 的推论,它是 $V.4$ 的特殊情形,其中一对的"等倍数"是这一对本身,即这一对乘以单位)。

为了证明部分逆,我们从命题 D 开始。

若第一个量比第二个量等于第三个量比第四个量,并且若第一个量是第二个量的倍数或一部分,则第三个量是第四个量的相同倍数或相同部分。

设 A 比 B 等于 C 比 D;

并且首先设 A 是 B 的一个倍数;则

$\qquad\qquad C$ 是 D 的相同倍数。

取 E 等于 A,B 的倍数是 A 或 E,令 F 是 D 的相同倍数。

由于 A 比 B 等于 C 比 D,并且 B 与 D 的等倍数是 E 与 F,所以

A 比 E 等于 C 比 F。 $\hfill$ [$V.4$,推论]

但是 A 等于 E,所以

C 等于 F。

[为了支持这个推理,西姆森引用了他的命题 A,然而,我们可以直接从 $V.$ 定义 5 推出它,取所有四个量的任意并且相同的等倍数。]

现在 F 是 D 的倍数与 A 是 B 的倍数相同;

因此 C 是 D 的倍数与 A 是 B 的倍数相同。

其次,设第一个量 A 是第二个量 B 的一部分;则

$\qquad\qquad C$ 是 D 的相同部分。

因为 A 比 B 等于 C 比 D,

相反地,B 比 A 等于 D 比 C。 $\hfill$ [命题 B]

但是 A 是 B 的一部分;所以 B 是 A 的一个倍数;

并且,由上述情形,D 是 C 的相同倍数,即

C 是 D 的部分与 A 是 B 的部分相同。

我们只要对命题 D 增加 AB 包含 CD 的任意部分,并且 AB 比 CD 等于 EF 比 GH;

则 EF 包含 GH 的部分与 AB 包含 CD 的部分相同。

事实上,设 CK 是 CD 的一部分,而 GL 是 GH 的相同部分;并设 AB 是 CK 的一个倍数. 则

$$EF \text{ 是 } GL \text{ 的相同倍数}。$$

取 M 作为 GL 的倍数与 AB 作为 CK 的倍数相同;因而

AB 比 CK 等于 M 比 GL。   [命题 C]

A ———— B E ———————— F
C —·— D G ———·———— H M ————————
　　K　　　　　　　　　L

并且 CD,GH 是 CK,GL 的等倍数;所以

AB 比 CD 等于 M 的 GH。

但是,由题设,AB 比 CD 等于 EF 比 GH;

所以 M 等于 EF,   [V.9]

因而 EF 是 GL 的倍数与 AB 是 CK 的倍数相同。

定义 6,7

Let magnitudes which have the same ratio be called *proportional*.

When, of the equimultiples, the multiple of the first magnitude exceeds the multiple of the second, but the multiple of the third does not exceed the multiple of the fourth, then the first is said to *have a greater ratio* to the second than the third has to the fourth.

德·摩根说,实际检验不成比例比检验成比例更简单。事实上,没有个别的情形的检验能使观察者断言成比例否定不成比例,并且我们能做的所有事情是固定不成比例的界限(尽量的小),一个单独的例子可以使我们能否定成比例或者断言不成比例。设原来的第 19 个栏杆落在第 11 个列之外,而模型中的第 19 个栏杆不能达到第 11 个列。由这一个例子可以推出,模型的栏杆距离相对于列距离太小,或者列距离相对于栏杆距离太大。即 r 比 c 小于 R 比 C,或者 c

比 r 大于 C 比 R。

萨凯里($op. cit$)说,第一个量比第二个量也会大于第三个量比第四个量,若第一个量的倍数等于第二个量的倍数,第三个量的倍数小于第四个量的倍数;这是欧几里得的定义未提及的情形。萨凯里说,这个情形包括在克拉维乌斯关于这个定义的解释中。然而我没有在克拉维乌斯的解释中发现这个情形,尽管他在他的关于这个定义的注释中给出了一类推论,若第一个量的倍数小于第二个量的倍数,而第三个量不小于第四个量的倍数,则第一个量比第二个量小于第三个量比第四个量。

欧几里得可能略去了较大比的第二个可能的判别法以及较小比的定义,因为他希望把定义减少到他需要的最低程度,并且留下其余的作为卷 V. 中命题的发展,并且不会遇到困难。

萨凯里试图把较大比的第二个可能的判别法归结到欧几里得的定义,但是,为了做到这个,他必须把"倍数"延伸到倍数不只是整数,而且是整数加上真分数,因此,欧几里得的定义 7 变成不适用的。

德·摩根注释道:"同一对量不可能提供给两个判别法(即较大比定义的判别法以及较小比的相应的判别法);即较大比的判别法来自一组倍数,而较小比的判别法来自另一组倍数。"换句话说,若 m, n, p, q 是整数,A, B, C, D 是四个量,下述一对方程

(1)$mA > nB, mC = $ 或 $< nD$,

(2)$mA = nB, mC < nD$,

与下述另一对方程

(3)$pA = qB, pC > qD$,

(4)$pA < qB, pC > $ 或 $= qD$,

不可能同时满足。

利用两个简单的假设不难证明这个。

我们只需要取一个数值情形作为例子。假定下述一对方程同时成立:

(1)$mA = nB, mC > nD$,

(2)$pA < qB, pC > qD$。

给(1)乘以 q,给(2)乘以 n。

(我们在此假定,rX, rY 是任一对量 X, Y 的任一等倍数,

若 $X > = <Y$,则 $rX > = <rY$。

这个包含在西姆森的公用概念 1 和 3 中。)

我们就有

$$mqA > nqB, mqC < nqD,$$
$$npA < nqB, npC > nqD。$$

由此可以推出

$$mqC < npC。$$

（我们需要假定，若 rX, sX 是 X 的任意两个倍数，并且 rY, sY 是 Y 的同样倍数，

若 $rX > = < sX$，则 $rY > = < sY$。

西姆森在他的 V.18 的证明中使用了这同一个假设。）

因此 $mqA < npA。$

但是由每一对的第一个方程可以推出

$$mqA > npA：$$

这是不可能的。

欧几里得关于大于比的判别法也不能与相等比的判别法同时存在。

定义 8

A proportion in three terms is the least possible.

这个翻译来自海伯格与卡梅尔。汉克尔认为这个定义是后来插入的,由于它是多余的,并且由于欧几里得在其他地方未使用过比例中的项(term),尽管在后来的作者中是常用的。然而,这个定义的真实性被亚里士多德支持,但是他说,"一个比例至少有四项。"这与欧几里得的差别只是形式上的;亚里士多德进一步说:"离散比例显然是四项,连比也是同样的。因为它使用一个作为两个,并且两次提及它,例如,α 比 β 等于 β 比 γ;β 被提及两次,β 放置了两次,比例是四项。"毕达哥拉斯学派已经区别了离散比与连比(参考 Nicomachus, II. 21,5;23,2,3).

下一个定义(9)的开始说,"当三个量成比例时",显然引用了定义 8,这也支持了这个定义的真实性。

定义 9,10

When three magnitudes are proportional, the first is said to have to the third the *duplicate ratio* of that which it has to the sec-

ond.

When four magnitudes are <continuously> proportional, the first is said to have to the fourth the *triplicate ratio* of that which it has to the second, and so on continually, whatever be the proportion.

与二次比、三次比等的定义相联系,此处应当有"复合比"(compoud ratio)的定义。然而,前面没有这个定义,并且我们发现它的"定义"只在 Ⅵ. 定义 5 中,而它是在塞翁时代之前插入的。根据这个插入的定义,"一个比称为两个比的复合,当这两个比的大小(sizes)相乘为某个比。"但是不可公度的量,甚至可公度量的两个比的大小(或者量)的相乘是经典希腊几何学家不知道的运算。欧托基奥斯(Eutocius)(Archimedes, ed. Heiberg, Ⅲ. p. 120)用给定的比作的均值(mean)解释这个定义。换句话说,这个数乘以比的后项给出前项。但是这个只对数之间或可公度量之间的比有意义;并且实际上这个定义在欧几里得的比例理论之外。

在欧几里得的正文中,只有一句话指出复合比的含义,这就是 Ⅵ. 23,在此突然说,"但是比 K 比 M 是 K 比 L 与 L 比 M 的复合比。"西姆森直接用上述引用的 Ⅵ. 23 的话给出了复合比的定义(卷 Ⅴ. 的 A)。

"当有任意个数的同类量,第一个比最后一个称为第一个比第二个,第二个比第三个,第三个比第四个,直到最后一个量的复合比。

例如,若 A, B, C, D 是四个同类量,第一个 A 比最后一个 D 称为 A 比 B, B 比 C, C 比 D 的复合比。

并且若 A 比 B 等于 E 比 F, B 比 C 等于 G 比 H, C 比 D 等于 K 比 L;则由定义,A 比 D 称为 E 比 F, G 比 H, K 比 L 的复合比。

类似地,若 M 比 N 等于 A 比 D,则 M 比 N 称为 E 比 F, G 比 H, K 比 L 的复合比。"

德·摩根关于复合比的注释,不只给出清楚的观点,而且给出了这个术语的根源。德·摩根说:"比如同一个运算方法。A 比 B 提示改变这个比中的量。"(事实上,还没有证明,若 B 是任一个量,P 与 Q 是同类的两个量,则存在一个量 A,使得 A 比 B 等于 P 比 Q。直到 Ⅵ. 12 才用作图证明了对三个量是直线的特殊情形。在 Ⅴ. 18 的希腊正文中的证明假定了更一般的命题的真实性,并且遭到异议;见关于这个命题的注释。)现在"第一个量比最后一个量称为复合比,正如 13 是 8 加 5 的复合,28 是 7 乘 4 的复合。此处使用的复合是用一个改变实现两个或更多个改变的联合效果。P 比 R, R 比 S, T 比 U 的复合如下进行,

假定 A 在第一个比中改变为 B，B 在第二个比中改变为 C，C 在第三个比中改变为 D。联合效果把 A 转变为 D，并且 A 比 D 是其复合比。"

词复合比也出现在阿基米德和后来的作者的作品中。

在 V.定义 9 和 10 中的二次比，三次比等等显然是复合比的特殊情形，是两个，三个等等的相等比的复合。希腊几何学家提出的复合比，二次比，三次比等等被希波克拉底(Hippocrates)用在倍立方(或更一般地，作一个立方体，使它与一给定立方体成任一给定比)问题中，这个问题归结为求"连比例的两个比例均值"。这等于说，若 x,y 是任意两条线 a,b 之间的连比的两个比例均值。换句话说，若 a 比 x 等于 x 比 y，x 比 y 等于 y 比 b，则以 a 为棱的立方体比以 x 为棱的立方体等于 a 比 b；这等价于说，a 比 b 是 a 比 x 的三次比。

欧几里得仔细地使用二次比，三次比等等；然而，希腊数学家通常使用"二倍比"(double ratio)，"三倍比"(triple ratio)等等于 2 比 1，3 比 1，等等。

在定义中 10 中的四个量必须是**连比例**，而希腊正文并没有明确这一点。

定义 11

The term *corresponding magnitudes is* used of antecedents in relation to antecedents, and of consequents in relation to consequents.

我不同意西蒙把"对应的"(corresponding)翻译为"同类的"(homologous)。

定义 12

***Alternate ration* means taking the antecedent in relation to the antecedent and the consequent in relation to the consequent.**

现在我们开始一组比或者比例的转变。第一个是"更换"(alternately)，它更好地描述了比例，而不是比。但是，欧几里得在定义 12—16 中使用了比，由于比例就应当给以证明(参考 V.16,7 推论,18,17,19 推论)。但是，亚里士多德已经把它使用于比例。

定义 13

***Inverse ratio* means taking the consequent as antecedent in rela-**

tion to the antecedent as consequent.

"相反地"(inversely)是数学中一个常用语,用法可参考亚里士多德。

定义 14

Composition of a ratio **means taking the antecedent together with the consequent as one in relation to the consequent by itself.**

合比(composition of a ratio)与定义 9,10 的注释中的复合比(compounded ratio 或 compounding of ratios)是不同的。为了区别起见,我总是用词 componendo 于这个定义。

定义 15

Separation of a ratio **means taking the excess by which the antecedent exceeds the consequent in relation to the consequent by itself.**

合比意味着 A 比 B 转变为 $A+B$ 比 B,分比(separation of a ratio)意味着 A 比 B 转变为 $A-B$ 比 B(假定 A 大于 B)。也用词 separando 作为分比。

定义 16

Conversion of a ratio **means taking the antecedent in relation to the excess by which the antececent exceeds the consequent.**

换比(conversion of a ratio)意味着 A 比 B 较变为 A 比 $A-B$(假定 A 大于 B)。也用 convertendo 作为换比。

定义 17

A ratio *ex aequali* arises when, there being several magnitudes and another set equal to them in multitude which taken two and two are in the same proportion, as the first is to the last among the first magnitudes, so is the first to the last among the second magnitudes;

Or, in other words, it means taking the extreme terms by virtue

of the removal of the intermediate terms.

首末(ex aequali)意味着等距离或等区间,即等个数的中间项之后。这个定义更揭示首末比例。其含义是明显的,若 $a,b,c,d\cdots$ 是一组量,$A,B,C,D\cdots$ 是另一组量,有

a 比 b 等于 A 比 B,

b 比 c 等于 B 比 C,

……

k 比 l 等于 K 比 L,

则可推出

a 比 l 等于 A 比 L。

这个事实,或者推理的真实性直到 V.22 才证明。因此,这个定义只是字面上的,它给出了一个方便的名字。

定义 18

A perturbed proportion **arises when, there being three magnitudes and another set equal to them in multitude, as antecedent is to consequent among the first magnitudes, so is antecedent to consequent among the second magnitudes, while, as the consequent is to a third among the first magnitudes, so is a third to the antecedent among the second magnitudes.**

尽管词**首末**未出现在这个定义中,但是正如在 V.23 中证明的,它给出了首末比。**波动比例**(a perturbed proportion)表示如下情形,三个量 a,b,c,以及另外三个量 A,B,C,(应当写成 B,C,A——中译者注)有

a 比 b 等于 B 比 C,

b 比 c 等于 A 比 B。

这个情形的另一个描述出现在阿基米德的著作中,作为"有相异顺序的比"。完整的描述出现在 V.23 中,即

a 比 c 等于 A 比 C,

这正是波动比例中的首末比。阿基米德有时候省略了 a 比 c 等于 A 比 C。

在卷 V. 的定义后面,西姆森补充了下述公理。

1. 等量的等倍数相等。

2. 其等倍数相等的量相等。

3. 较大量的倍数大于较小量的同倍数。

4. 若一个量的倍数大于另一个量的同倍数,则这个量大于另一个量。

命题

命题 1

如果有任意多个量,分别是同样多个量的同倍量,则无论这个倍数是多少,前者的和也是后者的和的同倍量。

设量 AB, CD 分别是个数与它们相等的量 E, F 的同倍量。

我断言无论 AB 是 E 的多少倍,则 AB, CD 的和也是 E, F 的和的同样的多少倍。

因为, AB 是 E 的倍量, CD 是 F 的倍量,其倍数相等,则在 AB 中有多少个等于 E 的量,也在 CD 中有同样多个等于 F 的量。

设 AB 被分成等于 E 的量 AG, GB,并且 CD 被分成等于 F 的量 CH, HD。那么,量 AG, GB 的个数等于量 CH, HD 的个数。

现在,因为 AG 等于 E, CH 等于 F,故 AG 等于 E 并且 AG, CH 的和等于 E, F 的和。

同理, GB 等于 E,且 GB, HD 的和等于 E, F 的和。故在 AB 中有多少个等于 E 的量,于是在 AB, CD 的和中也有同样多个量等于 E, F 的和。

所以,不论 AB 是 E 的多少倍, AB、CD 的和也是 E, F 的和的同样多倍。

证完

德·摩根关于卷 V.1—6 评论道,它们是"一些简单具体的算术命题,但由于使用语言陈述,使现代人不易理解"。正如这样的语句,十英亩与十路德等于一英亩与一路德的十倍。因此,关于这些命题以及卷 V 中其他命题的注记的目的之一就是使用简短和熟悉的现代(代数)符号来表达相同的事实,以便读者理解。为此,我们将用字母表中前面的字母 a, b, c 等表示量,使用小写字母而不用大写字母是为避免与欧几里得的字母系统混淆,我们将使用小写字母 m, n, p 等来表示整数,于是, ma 总意味着 m 乘以 a 或者 a 的 m 倍(1a 是 a 的 1 倍,2a 是 a 的 2 倍,等等)。

因而,命题 1 断言,如果 ma, mb, mc 等是 a, b, c 等的同倍数,则

$$ma + mb + mc + \cdots = m(a + b + c + \cdots)。$$

命题 2

如果第一量是第二量的倍量,第三量是第四量的倍量,其倍数相等;又第五量是第二量的倍量,第六量是第四量的倍量,其倍数相等。则第一量与第五量的和是第二量的倍量,第三量与第六量的和是第四量的倍量,其倍数相等。

设第一量 AB 是第二量 C 的倍量,第三量 DE 是第四量 F 的倍量,其倍数相等;又第五量 BG 是第二量 C 的倍量,第六量 EH 是第四量 F 的倍量,其倍数相等。

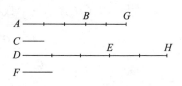

我断言第一量与第五量的和 AG 是第二量 C 的倍量,第三量与第六量的和 DH 是第四量 F 的倍量,其倍数相等。

事实上,因为 AB 是 C 的倍量,DE 是 F 的倍量,其倍数相等,故在 AB 中存在多少个等于 C 的量,则在 DE 中也存在同样多个等于 F 的量。

同理,在 BG 中存在多少个等于 C 的量,则在 EH 中也存在同样多个等于 F 的量,因此,在整体 AG 中存在多少个等于 C 的量,在整体 DH 中也存在同样多个等于 F 的量。

故无论 AG 是 C 的几倍,DH 也是 F 的几倍。

所以,第一与第五量的和 AG 是第二量 C 的倍量,第三量与第六量的和 DH 是第四量 F 的倍量,其倍数相等。

证完

为了找到与该命题的结论所对应的公式,设第一个量为 ma,第二个量为 a,第三个量为 mb,第四个量为 b,第五个量为 na,第六个量为 nb,则该命题断言,

$$ma + na = (m+n)a, \text{ 并且 } mb + nb = (m+n)b。$$

更一般地,如果 $pa, qa \cdots$ 以及 $pb, qb \cdots$ 也是 a, b 的倍数,则

$$ma + na + pa + qa + \cdots = (m+n+p+q+\cdots)a,$$

$$mb + nb + pb + qb + \cdots = (m + n + p + q + \cdots)b,$$

这个推广叙述在 V.2 的西姆森的推论中:

"由此显然可知,如果任意一个量 AB, BG, GH 是另一个量 C 的倍数,并且同个数的量 DE, EK, KL 分别是 F 的相同倍数,则前面量的总和 AH 关于 C 的倍数与后面量的总和 DL 关于 F 的倍数相同。"

在证明时,把 m 和 n 分拆为单位,证明过程告诉我们,a 的倍数是 $m + n$,即两个倍数的和,可表示为

$$ma + na = (m + n)a,$$

更一般地

$$ma + na + pa + \cdots = (m + n + p + \cdots)a。$$

命题 3

如果第一量是第二量的倍量,第三量是第四量的倍量,其倍数相等;如果再有同倍数的第一量及第三量,则同倍后的这两个量分别是第二量及第四量的倍量,并且这两个倍数是相等的。

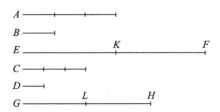

设第一量 A 是第二量 B 的倍量,第三量 C 是第四量 D 的倍量,其倍数相等。又取定 A, C 的等倍量 EF, GH。

我断言可证 EF 是 B 的倍量,GH 是 D 的倍量,其倍数相等。

事实上,因为 EF 是 A 的倍量,GH 是 C 的倍量,其倍数相等,故在 EF 中存在多少个等于 A 的量,也在 GH 中存在同样多少个等于 C 的量。

设 EF 被分成等于 A 的量 EK, KF;又 GH 被分成等于 C 的量 GL, LH。那么,量 EK, KF 的个数等于量 GL, LH 的个数。

又因为 A 是 B 的倍量,C 是 D 的倍量,其倍数相等;这时 EK 等于 A,且 GL 等于 C,故 EK 是 B 的倍量,GL 是 D 的倍量,其倍数相等。

同理,KF 是 B 的倍量,LH 是 D 的倍量,其倍数相等。

那么,第一量 EK 是第二量 B 的倍量,第三量 GL 是第四量 D 的倍量,其倍数相等。

又第五量 KF 是第二量 B 的倍量,第六量 LH 是第四量 D 的倍量,其倍数也相等,故第一量与第五量的和 EF 是第二量 B 的倍量,第三量与第六量的和 GH 是第四量 D 的倍量,其倍数相等。 [V.2]

证完

在公布这个命题时,海伯格曾用到"首末"二字,实际上,它与首末比的定义(17)没有关系。但是,从下述可以看出,此处使用的表达方式与首末比定义中的表达方式是很类似的。这个命题断言,如果 na,nb 是 a,b 的同倍数,并且如果 $m \cdot na$,$m \cdot nb$ 是 na,nb 的同倍数,

则 $m \cdot na$ 关于 a 的倍数与 $m \cdot nb$ 关于 b 的倍数相同,显然,这个命题可以推广;我们可以证明

$p \cdot q \cdots m \cdot na$ 关于 a 的倍数

与 $p \cdot q \cdots m \cdot nb$ 关于 b 的倍数相同,

其中两个表示式中的数列 $p \cdot q \cdots m \cdot n$ 是完全相同的;而"首末"二字表示这样的事实:在两个序列 na,$m \cdot na \cdots$ 和 nb,$m \cdot nb \cdots$ 中,分别到 a,b 有相同距离的项有同倍数。

此处的证明再次把 m,n 分拆为单位,并且说明 a 的倍数 $m \cdot na$ 是数 m,n 的乘积,即 (mn) 倍,即

$$m \cdot na = mn \cdot a。$$

命题 4

如果第一量比第二量与第三量比第四量有相同的比,取第一量与第三量的任意同倍量,又取第二量与第四量的任意同倍量,则按顺序它们仍有相同的比。

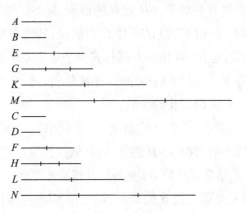

110

设第一量 A 比第二量 B 与第三量 C 比第四量 D 有相同的比。

取 A,C 的等倍量为 E,F；又取 B,D 的等倍量为 G,H。

我断言 E 比 G 如同 F 比 H。

事实上，令 E,F 的同倍量为 K,L；另外，G,H 的同倍量为 M,N。

因为，E 是 A 的倍量，F 是 C 的倍量，其倍数相同。又取定 E,F 的同倍量 K,L。

故 K 是 A 的倍量，L 是 C 的倍量，其倍数相同。 ［Ⅴ.3］

同理，M 是 B 的倍量，N 是 D 的倍量，其倍数相同。

又因为 A 比 B 如同 C 比 D，且 K,L 是 A,C 的同倍量；

另外，M,N 是 B,D 的同倍量，

因而，如果 M 大于 K，N 也大于 L；

如果 M 等于 K，N 也等于 L；

如果 M 小于 K，N 也小于 L。 ［Ⅴ.定义 5］

又，K,L 是 E,F 的同倍量，

另外，M,N 是 G,H 的同倍量，

故 E 比 G 如同 F 比 H。 ［Ⅴ.定义 5］

证完

这个命题证明了，如果 a,b,c,d 成比例，则
$$ma : nb = mc : nd。$$

证明如下：

取 ma,mc 的任意倍数 pma,pmc，并且取 nb,nd 的任意倍数 qnb,qnd。

因为 $a : b = c : d$，由［Ⅴ.定义 5］可推出

若 $pma > = < qnb$，则相应有 $pmc > = < qnd$。

但是，p 和 q 是任意的，由［Ⅴ.定义 5］因而
$$ma : nb = mc : nd。$$

注意，欧几里得关于取 A,C 的任意同倍数以及 B,D 的任意同倍数的短语的原话是"取 A,C 的同倍数 E,F 以及 B,D 的同倍数 G,H"，并且类似地，取 E,F 的任意同倍数 (K,L)，以及 G,H 的任意同倍数 (M,N)。但是，后来欧几里得使用了同样的短语于原来量的新的同倍数，譬如说"取 A,C 的同倍数 K,L 以及取 B,D 的同倍数 M,N"；而 M,N 不是 B,D 的同倍数，它是 G,H 的同倍数，并且 G,H 是 B,D 的同倍数，尽管这些是随便取的。西姆森在第一个地方，在短语 A,C 的同倍数 E,F 以及 E,F 的同倍数 K,L 那里加上了，由于这个词是"完全必要的

（wholly necessary）"，并且，在第二个地方又去掉了它们，并且把 M, N 称为 B, D 的，由于取 B, D 的同倍数 M, N 不是真的。西姆森又说："奇怪的是布里格斯（Briggs）及格雷戈里（Gregory）都没有在命题 4 的第一个地方以及本卷命题 17 的第二个地方把它们去掉，布里格斯在本卷的命题 13 的一个地方去掉了这些词，格雷戈里在命题 13 的三个地方把它们变为词某个（some），而在第四个地方去掉了它们。在希腊文本（Greek text）中没有一个地方去掉词，他们这样做是对的。同一个词出现在本卷命题 11 的四个地方，在第一个和最后一个地方它们是必要的，而在第二个和第三个地方它们是多余的，尽管它们是真的；类似地，在本卷命题 12,22,23 的第二个地方它们是多余的；但是在卷 XI. 的命题 23,25 的最后一个地方是必要的。"

塞翁关于这个命题说道："因为已经证明了若 K 超过 M，则 L 也超过 N；若 K 等于 M，则 L 也等于 N，若 K 小于 M，则 L 小于 N。所以，显然，若 M 超过 K，则 N 也超过 L；若 M 等于 K，则 N 也等于 L；若 M 小于 K，则 N 也小于 L，因而

$$G : E = H : F.$$

推论 明显地，若四个量成比例，则其反比也成比例。"

西姆森正确地指出，塞翁想要证明若 E, G, F, H 成比例，则其反比也成比例，即 G 比 E 等于 H 比 F，其证明并不依赖于命题 4 及它的证明；因为，当说到"若 K 超过 M 时，则 L 也超过 N 等等"时，它不是由 E, G, F, H 成比例的事实来证明的（它是命题 4 的结论），而是从 A, B, C, D 成比例的事实证明的。

若 A, B, C, D 成比例，则其反比也成比例这个命题不是由欧几里得给出的，西姆森在他的命题 B 中给出了证明。实际上，从卷 V. 的第 5 个定义来看这是显然的，可能欧几里得认为它是不必要的，因而省略了它。

在塞翁的推论处，西姆森说："类似地，如果第一个与第二个的比等于第三个与第四个的比，则第一个和第三个的任意同倍数对第二个和第四个的比相同；并且第一个和第三个对第二个和第四个的任意同倍数有相同的比。"

其证明当然可以从欧几里得的命题的方法推出，只有一点差别：代替两对同倍数，可以取这些量的本身。换句话说，结论

$$ma : nb = mc : nd$$

当 m 或 n 等于单位时也是真的。

正如德·摩根所说，西姆森的推论只对那些不承认 M 序列 $M, 2M, 3M$ 等等中的人是必要的；例外只是语法的而不是别的。同样的话对西姆森的命题 A 也是有效的，"如果四个量的第一个比第二个等于第三个比第四个，那么若第一个大于第二个，则第三个大于第四个；若第一、第二相等，则第三、第四相等；若第

一小于第二,则第三小于第四。"这个对那些相信一个 A 也在倍数之列的人来说是不必要的,尽管倍数(multus)意味着多个(many)。

命题 5

如果一个量是另一个量的倍量,而且第一个量减去的部分是第二个量减去的部分的倍量,其倍数相等,则剩余部分是剩余部分的倍量,其倍数与整体之间的倍数相等。

设 AB 是量 CD 的倍量,部分 AE 是部分 CF 的倍量,其倍数相等。

我断言剩余量 EB 是剩余量 FD 的倍量,其倍数与整体 AB 与整体 CD 的倍数相等。

无论 AE 是 CF 的多少倍,可设 EB 也是 CG 的同样倍数。

因为 AE 是 CF 的倍量,EB 是 GC 的倍量,其倍数相等,故 AE 是 CF 的倍量,AB 是 GF 的倍量,其倍数相等。   [V.1]

但是,由假设,AE 是 CF 的倍量,AB 是 CD 的倍量,其倍数相等。

所以,AB 是量 GF,CD 的每一个的倍量,其倍数相等。

从而,GF 等于 CD。

设由以上每个减去 CF,故余量 GC 等于余量 FD。

又因为 AE 是 CF 的倍量,EB 是 GC 的倍量,其倍数相等,且 GC 等于 DF,故 AE 是 CF 的倍量,EB 是 FD 的倍量,其倍数相等。

但是,由假设,AE 是 CF 的倍量,AB 是 CD 的倍量,其倍数相等。

即余量 EB 是余量 FD 的倍量,其倍数与整体 AB 对整体 CD 的倍数相等。

证完

这个命题对应于命题 V.1,只是把加号换成了减号,该命题证明了公式

$$ma - mb = m(a - b)。$$

欧几里得的作图假定了若 AE 是 CF 的任意倍数,并且 EB 是任意另一个量,则可找到第四个线段,使得 EB 是它的倍数,其倍数是 AE 关于 CF 的倍数。换句话说,任给一个量,我们可以把它分为任意个相等部分。然而,在此并未证明。直到在命题Ⅵ.9 中,佩里塔里奥斯看出了其作图的这个缺点。把它看成一

个假设的作图,并未克服其困难,作为假设的作图也不是欧几里得的风格。在佩里塔里乌斯及坎帕努斯的阿拉伯文翻译之后,由西姆森给出了另外一个作图加以纠正,只需要把一个量加到它本身若干次,其证明严格遵循欧几里得的风格。

"取 FD 的倍数 AG,其倍数是 AE 关于 CF 的倍数;因而,AE 关于 CF 与 EG 关于 CD 的倍数相同。但是,由假设 AE 关于 CF 的倍数与 AB 关于 CD 的倍数相同;因而,EG 关于 CD 的倍数与 AB 关于 CD 的倍数相同;因此

$$EG = AB。$$

去掉它们的公共部分 AE,则剩余部分 AG 等于剩余部分 EB。

因为 AE 关于 CF 的倍数等于 AG 关于 FD 的倍数,又因为 AG 等于 EB,所以 AE 关于 CF 的倍数等于 EB 关于 FD 的倍数。

但是,AE 关于 CF 的倍数等于 AB 关于 CD 的倍数,因而,EB 关于 FD 的倍数等于 AB 关于 CD 的倍数。"

证完

欧几里得的证明等于下述证明。

假设取一个量 x,使得

$$ma - mb = mx。$$

两边加上 mb,有(由命题 V.1)

$$ma = m(x + b)$$

因而 $\qquad a = x + b,$ 或 $x = a - b,$

于是 $\qquad ma - mb = m(a - b)。$

西姆森的证明如下:

取 $x = m(a - b)$,它关于 $(a - b)$ 的倍数等于 mb 关于 b 的倍数。而后,给两边加上 mb,有(由命题 V.1)

$$x + bm = ma,$$

或 $\qquad x = ma - mb。$

即 $\qquad ma - mb = m(a - b)。$

命题 6

如果两个量是另外两个量的同倍量,而且由前两个量中减去后两个量的任何同倍量,则剩余的两个量或者与后两个量相等,或者是它们的同倍量。

114

设两个量 AB, CD 是两个量 E, F 的同倍量，由前两个量减去 E, F 的同倍量 AG, CH；

我断言余量 GB, HD 或者等于 E, F，或者是它们的同倍量。

为此，首先可设 GB 等于 E，则可证 HD 也等于 F。

因为可作 CK 等于 F。

因为 AG 是 E 的倍量，而 CH 是 F 的倍量，其倍数相等。这时，GB 等于 E 且 KC 等于 F，故 AB 是 E 的倍量，而 KH 是 F 的倍量，其倍数相等。 [V.2]

但是，由假设，AB 是 E 的倍量，而 CD 是 F 的倍量，其倍数相等，

所以，KH 是 F 的倍量，而 CD 是 F 的倍量，其倍数相等。

则量 KH、CD 的每一个都是 F 的同倍量，

故 KH 等于 CD。

由上面每个量减去 CH，

则余量 KC 等于余量 HD。

但是，F 等于 KC，

故 HD 也等于 F。

因此，如果 GB 等于 E，HD 也等于 F。

类似地，我们可以证明，如果 GB 是 E 的倍量，则 HD 也是 F 的同倍量。

证完

这个命题对应于命题 V.2，只是把加号换成了减号。该命题断言，若 n 小于 m，则 $ma - na$ 关于 a 的倍数等于 $mb - nb$ 关于 b 的倍数，证明分为 $m - n$ 等于 1 和大于 1 两种情形。

西姆森注意到，只有第一种情形（较简单的情形）早在古希腊已被证明，两种情形的证明叙述在从阿拉伯文翻译的拉丁文本中；西姆森提供了第二种情形的证明，而第二种情形的证明是欧几里得留给读者的。事实上，第二种情形的证明与第一种情形的证明完全一样，除了在作图中令 CK 关于 F 的倍数与 GB 关于 E 的倍数相同，并且在末了，当证明了 KC 等于 HD 之后，代替结论 HD 等于 F，我们应当说：“因为 GB 关于 E 的倍数与 KC 关于 F 的倍数相同，并且 $KC = HD$，所以 HD 关于 F 的倍数与 GB 关于 E 的倍数相同。”

命题 7

相等的量比同一个量,其比相同;同一个量比相等的量,其比相同。

设 A,B 是相等的量,且设 C 是另外的任意量。

我断言量 A,B 的每一个与量 C 相比,其比相同;且量 C 比量 A,B 的每一个,其比相同。

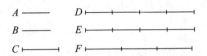

设取定 A,B 的等倍量 D,E,且另外一个量 C 的倍量为 F,

则,因为 D 是 A 的倍量,E 是 B 的倍量,其倍数相等;这时,A 等于 B,故 D 等于 E。

但是,F 是另外的任意量。

如果,D 大于 F,E 也大于 F;如果前二者相等,后二者也相等;如果 D 小于 F,E 也小于 F。

又由于,D,E 是 A,B 的同倍量,这时,F 是量 C 的任意倍量,故 A 比 C 如同 B 比 C。   [V.定义 5]

其次,可证量 C 比量 A,B,其比相同。

因为,可用同样的作图,类似地,我们可以证明 D 等于 E;又 F 是某个另外的量。

如果,F 大于 D,F 也就大于 E;如果 F 等于 D,则 F 也等于 E;如果 F 小于 D,则 F 也小于 E。

又,F 是 C 的倍量,这时 D,E 是 A,B 另外的倍量;

故,C 比 A 如同 C 比 B。   [V.定义 5]

推论 由此容易得出,如果任意的量成比例,则其反比也成比例。

证完

在这个命题中类似地使用了在命题 4 下面讨论过的词。取 C 的任意倍数 F,现在有了四条线,"F 是另一个量"。当然,它不是随便的任意量,而西姆森去掉了这个句子,但是这一次没有提及注意它。

关于这个命题的推论,海伯格说该推论放在此处在原稿中是最好的地方;正如奥古斯特注意到的,如果塞翁把这个命题放置的地方(在 V.4 的末尾)是正确的地方,那么,这个命题的第二部分的证明就是不必要的。但是,其真实情况是推论不在此处。这个命题所证的结果是:若 A,B 相等,并且 C 是任意另一个量,则同时有两个结论:(1) A 比 C 等于 B 比 C。(2) C 比 A 等于 C 比 B。其第二个结论不是由第一个结论建立的(因为它应当证明推出推论是合理的),而是由第一个结论所依赖的假设推出的;并且这不是四个量之间的一个一般形式的比例,而只是结果相等的特殊情形。

亚里士多德在《天象论》(*Meteorologico*) Ⅲ.5,376 a 14—16 中默认其逆是成立的(结合欧几里得的命题Ⅵ.11 的解)。

命题 8

有不相等的二量与同一量相比,较大的量比这个量大于较小的量比这个量;反之,这个量比较小的量大于这个量比较大的量。

设 AB,C 是不相等的量,且 AB 是较大者,而 D 是另外任意给定的量。

我断言 AB 与 D 的比大于 C 与 D 的比;且 D 与 C 的比大于 D 与 AB 的比。

因为,AB 大于 C,取 BE 等于 C。

那么,如果对量 AE,EB 中较小的一个量,加倍至一定次数时它就大于 D。

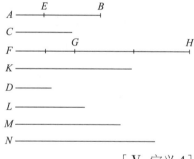

[Ⅴ.定义 4]

[情况 1]

首先设,AE 小于 EB,加倍 AE,并令 FG 是 AE 的倍量,它大于 D。

则无论 FG 是 AE 的几倍,就取 GH 为 EB 同样的倍数,且取 K 为 C 同样的倍数;

又令 L 是 D 的二倍,M 是它的三倍,而且一个接一个逐倍增加,直到 D 递加到首次大于 K 为止,设它已被取定,而且是 N,它是 D 的四倍。这是首次大于 K 的倍量。

故 K 是首次小于 N 的量,所以,K 不小于 M。

又因为 FG 是 AE 的倍量,GH 是 EB 的倍量,其倍数相等。故 FG 是 AE 的倍量,FH 是 AB 的倍量,其倍数相等。　　　　　　　　　　　[Ⅴ.1]

但是,FG 是 AE 的倍量,K 是 C 的倍量,其倍数相等,故 FH 是 AB 的倍量,K 是 C 的倍量,其倍数相等;从而,FH,K 是 AB,C 的同倍量。

又因为 GH 是 EB 的倍量，K 是 C 的倍量，其倍数相等，且 EB 等于 C。

于是 GH 等 K。

但是，K 不小于 M；故 GH 也不小于 M。

又 FG 大于 D，于是整体 FH 大于 D 与 M 的和。

但是 D 与 M 的和等于 N，因此 M 是 D 的三倍，且 M,D 的和是 D 的四倍，这时，N 也是 D 的四倍；因而得到 M,D 的和等于 N。

但是 FH 大于 M 与 D 的和，故 FH 大于 N，这时 K 不大于 N。

又 FH,K 是 AB,C 的同倍量，这时 N 是另外任意取定的 D 的倍量，故 AB 比 D 大于 C 比 D。　　　　　　　　　　　　　　　　　　[V.定义7]

其次，可证 D 比 C 也大于 D 比 AB。

因为，用相同的作图，我们可以类似地证明 N 大于 K，这时 N 不大于 FH。

又，N 是 D 的倍量，这时 FH,K 是 AB,C 的另外任意取定的同倍量，故 D 比 C 大于 D 比 AB。　　　　　　　　　　　　　　　　　　[V.定义7]

[情况2]

又，设 AE 大于 EB。

则加倍较小的量 EB 到一定倍数，必定大于 D。　　　　　　　　[V.定义4]

设加倍后的 GH 是 EB 的倍量且大于 D；

又无论 GH 是 EB 的多少倍，也取 FG 是 AE 的同样多少倍，K 是 C 的同样多少倍。

我们可以证明。FH，K 是 AB，C 的同倍量；

且类似地，设取定 D 的第一次大于 FG 的倍量 N，这样 FG 不再小于 M。

但是，GH 大于 D，所以，整体 FH 大于 D,M 的和，即大于 N。

现在，K 不大于 N，因此 FG 也大于 GH，即大于 K，而不大于 N。

用相同的方法，我们可以把以后的论证补充出来。

证完

在希腊文本中的证明的两种情形实际上可以压缩成一种，并且这两种的陈述者过多地强调了它们的不同。在每一种情形，选择了两个线段 AE,EB 中较小者并使得它的倍数大于 D 是必要的；在第一种情形选取的是 AE，在第二种情形选取的是 EB。但是，在第一种情形，逐次加倍 D，为了找到第一个大于 GH（或者 K）的倍数；在第二种情形，取的是第一个大于 FG 的倍数。这个区别是不必要的;D 的第一个大于 GH 的倍数同样可以用在第二种情形。最后,使用量 K 在两种情形都是不必要的;它没有实质上的用处,而只会加长其证明。由于这些原因,西姆森认为塞翁以及另外某些编辑使得这个命题有了缺陷。然而,这似乎是一个靠不住的假设;因为它不是伟大的希腊几何学家分别讨论几种不同情形的习惯(例如,在 I.7 及 I.35 欧几里得证明了一种情形,而把其余的情形留给了读者)。也存在许多例外。例如,欧几里得的 III.25 和 33;并且我们知道许多基本命题是首先讨论其特殊情形,而后把它推广到一般情形。表述一个较新理论的卷 V.可能企望展现比前几卷更多的不必细分的例子。使用 K 也不伤其证明的纯洁性。

然而,西姆森的证明当然有特色,并且包括了 AE 等于 EB 的情形以及 AE,EB 都大于 D 的情形(尽管这些情形几乎不值得分开讨论)。

"(1)如果 AE,EB 中非较大者不小于 D,则取 FG,GH 分别为 AE,EB 的两倍。

(2)如果 AE,EB 中非较大者小于 D,则可以加倍这个量,使其大于 D,不管它是否是 AE 或 EB。

设它加倍到大于 D,并且设另一个照样加倍;设 FG 是 AE 的这样的倍数,GH 是 EB 的这样的倍数。

因而,FG 和 GH 都大于 D。

又,在每种情形下,取 L 为 D 的二倍,取 M 为 D 的三倍,等等,直到 D 的这个倍数第一次大于 GH。

设 N 是 D 的那个倍数,它第一次大于 GH,设 M 是 D 的倍数,它相邻 N 且小于 N。

那么,因为 N 是 D 的第一个大于 GH 的倍数,所以相邻的前面的倍数都不大于 GH,即 GH 不小于 M。

又因为 FG 关于 AE 的倍数与 GH 关于 EB 的倍数相同,所以 GH 关于 EB 的倍数与 FH 关于 AB 的倍数相同;　　　　　　　　　　　　　　　　　　　　　[V.1]

因而,FH,GH 是 AB,EB 的同倍数。

已证 GH 不小于 M,并且由作图,FG 大于 D,因而,整体 FH 大于 M,D 之和。

但是 M,D 合在一起等于 N,因而,FH 大于 N。

而 GH 不大于 N,并且 FH,GH 是 AB,BE 的同倍数,N 是 D 的一个倍数,因而,AB 比 D 大于 BE(或者 C)比 D。　　　　　　　　　　[V.定义 7]

同样地,D 比 BE 大于 D 比 AB。

由同样的作图,用同样的方式,可证 N 大于 GH,但不大于 FH;并且 N 是 D

的一个倍数，GH,FH 是 EB,AB 的同倍数，因而，D 比 EB 大于 D 比 AB。"

[V. 定义 7]

用更符号化的形式，可能更容易掌握上述证明。

取 C 的 M 倍，并且取 AB 的超过 C 的部分（即 AE）的同倍数，使得每一个都大于 D，并且设 pD 是第一大于 mC 的 D 的倍数，nD 是相邻的较小的 D 的倍数。

因为 mC 不小于 nD，并且由作图 $m(AE)$ 大于 D，所以 mC 与 $m(AE)$ 的和大于 nD 与 D 的和，即 $m(AB)$ 大于 pD。

又由作图，mC 小于 pD，由[V. 定义 7]，AB 比 D 大于 C 比 D。

又因为 pD 小于 $m(AB)$，并且 pD 大于 mC，所以 D 比 C 大于 D 比 AB。

命题 9

几个量与同一个量的比相同，则这些量彼比相等；且同一量与几个量的比相同，则这些量相等。

设量 A,B 各与 C 成相同的比。

我断言 A 等于 B。

因为，如果不是这样，那么，量 A,B 与 C 的比
各不相同； [V. 8]

但已知它们有相同的比，故 A 等于 B。

又若 C 与量 A,B 的每一个成相同的比。则可证 A 等于 B。

因为，如果不是这样，即 C 与量 A,B 的每一个成不相同的比； [V. 8]
但是，已知它们成相同的比，于是 A 等于 B。

证完

若 A 比 C 等于 B 比 C，或者，若 C 比 A 等于 C 比 B，则 A 等于 B。

西姆森给这个命题一个更清楚的证明，它的优点是只涉及基本的第 5 和第 7 定义，而不涉及前述命题的结论，正如在下一个注解里看到的，它可能造成循环论证，因而是不可靠的。

"设 A,B 中的每一个对 C 的比相同，则 A 等于 B。

因为若它们不相等，则它们中的一个大于另一个，设 A 是较大者。

在前一个命题中已证明，有 A 和 B 的某个同倍数，以及 C 的某个倍数，使得 A 的倍数大于 C 的倍数，而 B 的倍数不大于 C 的倍数。

设这样的倍数已经取定，并设 D,E 就是 A,B 的同倍数，并且 F 是 C 的倍

数,于是,D 大于 F,而 E 不大于 F。

但是,因为 A 比 C 等于 B 比 C,并且 D,E 是 A,B 的同倍数,F 是 C 的倍数,D 大于 F,所以,E 必然大于 F。　　　　　　　　　　　［Ⅴ.定义5］

而 E 不大于 F,因而,A 大于 B 是不可能的。

其次,设 C 对 A,B 中的每一个的比相同,则 A 等于 B。

因为如果不是这样,它们中的一个大于另一个,设 A 是较大者。

因而,正如命题 8 中所证明的,有 C 的倍数 F,以及 B 和 A 的某个同倍数 E 和 D,使得 F 大于 E,而不大于 D。

但是,因为 C 比 B 等于 C 比 A,并且 C 的倍数 F 大于 B 的倍数 E,所以,C 的倍数 F 大于 A 的倍数 D。　　　　　　　　　　　　　　［Ⅴ.定义5］

但是,F 不大于 D,因而 A 大于 B 不可能,故 A 等于 B。"

命题 10

一些量比同一量,比大者,该量也大;且同一量比一些量,比大者,该量较小。

设 A 比 C 大于 B 比 C。

我断言 A 大于 B。

因为,如果不是这样,则或者 A 等于 B 或者 A 小于 B。

现在,设 A 不等于 B,因为,在这种情况下,已知量 A,B 的每一个比 C 有相同的比。　　　　　　　　　　　　　　　　　　　　　　　　　　　［Ⅴ.7］

但是,它们的比不相同;

所以,A 不等于 B。

又,A 也不小于 B。

因为,在这种情况下,A 比 C 小于 B 比 C　　　　　　　　　　　　［Ⅴ.8］

但是,已知不是这样,

所以,A 不小于 B。

但是,已经证明了又不相等。

所以 A 大于 B。

再设,C 比 B 大于 C 比 A,则可证 B 小于 A。

因为,如果不是这样,则或者相等,或者大于。

现在,设 B 不等于 A;

因为,在这种情况下,C 比量 A,B 的每一个有相同的比,   [V.7]

但是,已知不是这样;

所以,A 不等于 B。

也不是 B 大于 A;

因为,这种情况下,C 比 B 小于 C 比 A。   [V.8]

但是,已知不是这样;

所以,B 不大于 A。

但是,已经证明了一个并不等于另一个,

所以,B 小于 A。

证完

    我认为在西姆森对《原理》评论性研究的深刻性方面以及在他的研究欧几里得的巨大的服务性工作中,找不到更好的例子与关于这个命题的令人钦佩的注释相比较,在这个注释中,他指出了该文本的证明的一个严重缺陷。

    因为这是欧几里得第一次讨论比的大小,通过检查这个证明的步骤,就会发现他对这个术语附加了比它的名称更多的含义,又由于关于比的大小的全部内容只有比大于的定义(定义7),所以他必须断续向前。现在,我们在讨论比的大小时,不能像对量一样使用同一术语,事实上,欧几里得用事实已经明确地指出了这一点。在卷 I. 中有一个公理,即等于同一个量的量彼此相等;相反地,在命题 11 中,他证明了与同一个比相同的比也彼此相同。

    现在让我们检查一下该文本中的证明的步骤。首先,该文本中说:

"A 大于 B,因为若不然,则 A 等于 B 或者 A 小于 B。

现在,A 不等于 B;否则,A,B 对 C 有相同的比,   [V.7]

但它们不相等,所以,A 不等于 B。"

正如西姆森的评注,这个推理的要点如下:

若 A 比 C 与 B 比 C 相同,然后——假设取 A,B 的任意同倍数,以及 C 的任意倍数——由定义5,若 A 的倍数大于 C 的倍数,则 B 的倍数也大于 C 的倍数。

但是,依据定义7,由假设(A 比 C 大于 B 比 C)推出,必然有 A,B 的某个同倍数以及 C 的某个倍数,使得 A 的倍数大于 C 的倍数,而 B 的倍数不大于 C 的同倍数。

而这个与前述假定 A 比 C 与 B 比 C 相同的推论相矛盾。

因而这个假定是不可能的。

这个证明继续如下：

"也不是 A 小于 B。因为若 A 小于 B，则 A 比 C 小于 B 比 C；　　　[V.8] 但是，这不成立，因而 A 不小于 B。"

此时，困难出现了。如前所述，我们必须使用定义 7。"A 比 C 小于 B 比 C" 或者其等价命题 B 比 C 大于 A 比 C，这意味着存在 B，A 的同倍数以及 C 的某个倍数，使得

(1) B 的倍数大于 C 的倍数，而

(2) A 的倍数不大于 C 的倍数，

并且应当证明，如果这个命题的假设是真的，则 A 比 C 大于 B 比 C 绝不会发生。即应当证明，在后一种情形，当 B 的倍数大于 C 的倍数时，A 的倍数总是大于 C 的倍数（因为当证明了这个，显然有 B 比 C 不大于 A 比 C）。但是，这个却未证明（参考德·摩根关于 V. 定义 7 的注释，P.130）。因而，没有证明上述从假定 A 小于 B 得出的推论与上述假设矛盾。

故证明失败了。

西姆森认为这个证明不是欧几里得的，而是另一个人的工作，这个人显然 "错误地应用了对量来说是显然的结论于比，即一个量既不能大于也不能小于 另一个量"。

西姆森给出了一个满意而且简单的证明。

"设 A 比 C 大于 B 比 C，则 A 大于 B。

因为 A 比 C 大于 B 比 C，所以存在 A，B 的某个同倍数以及 C 的某个倍数， 使得 A 的倍数大于 C 的倍数，而 B 的倍数不大于 C。　　　[V.定义 7]

设它们已取定，并设 D，E 是 A，B 的同倍数，F 是 C 的倍数，使得 D 大于 F， 而 E 不大于 F。

因而，D 大于 E。

又因为 D 和 E 是 A 和 B 的同倍数，以及 D 大于 E，因而

A 大于 B。　　　　　　　　　　　　　　　　　　　[西姆森的第 4 公理]

其次，设 C 比 B 大于 C 比 A，则 B 小于 A。

因为存在 C 的某个倍数，以及 B 和 A 的某个同倍数 E 和 D，使得 F 大于 E， 而不大于 D。　　　　　　　　　　　　　　　　　　　[V.定义 7]

因而，E 小于 D，并且由于 E 和 D 是 B 和 A 的同倍数，所以 B 小于 A。"

命题 11

凡与同一个比相同的比,它们也彼此相同。

设 A 比 B 如同 C 比 D,又设 C 比 D 如同 E 比 F。

我断言 A 比 B 如同 E 比 F。

```
A ————            C ————            E ————
B ————            D ————            F ————
G —————           H —————           K —————
L ——————          M ——————          N ——————
```

因为,可取 A,C,E 的同倍量为 G,H,K,又任意取定 B,D,F 的同倍量为 L, M,N。

那么,因为 A 比 B 如同 C 比 D;

又因为已经取定了 A,C 的同倍量 G,H;

且另外任意取定了 B,D 的同倍量 L,M。故,如果 G 大于 L,H 也大于 M。

如果前二者相等,则后二者也相等;

如果 G 小于 L,则 H 也小于 M。

又因为,C 比 D 如同 E 比 F,

而且已经取定了 C,E 的同倍量 H,K,

又另外任意取定了 D,F 的同倍量 M,N。

故,如果 H 大于 M,则 K 也大于 N;

如果前二者相等,则后二者也相等;

如果 H 小于 M,则 K 也小于 N。

但是,我们看到,如果 H 大于 M,G 也大于 L;如果前二者相等,则后二者也相等;如果 H 小于 M,则 G 也小于 L。

这样一来,如果 G 大于 L,则 K 也大于 N;如果前二者相等,则后二者也相等;如果 G 小于 L,则 K 也小于 N。

又,G,K 是 A,E 的同倍量,

这时,L,N 是任意给定的 B,F 的同倍量。

所以,A 比 B 如同 E 比 F。

证完

代数地,若

$$a : b = c : d,$$

并且 $$c : d = e : f,$$

则 $$a : b = e : f。$$

应当注意,在习惯上应用未完成体来引用前面得到的结果。代替"But it was proved that, if H is in excess of M, G is also in excess of L"(但是,已证明,若 H 大于 M,则 G 也大于 L),在希腊文本中用"But if H was in excess of M, G was also in excess of L"。(但是,若 H 大于 M,则 G 也大于 L。)

这个命题以及 V.16 和 V.24 默默地使用在亚里士多德的《天象论》的几何部分(*Meteorologica* Ⅲ.5,376 a 22—26)。

命题 12

如果有任意多个量成比例,则其中一个前项比相应的后项如同所有前项的和比所有后项的和。

设任意多个量 A, B, C, D, E, F 成比例,即 A 比 B 如同 C 比 D,又如同 E 比 F。

我断言 A 比 B 如同 A, C, E 的和比 B, D, F 的和。

取 A, C, E 的同倍量 G, H, K

且另外任意取 B, D, F 的同倍量 L, M, N。

因为,A 比 B 如同 C 比 D,也如同 E 比 F。

又,已取定了 A, C, E 的同倍量 G, H, K,

又,取定 B, D, F 的同倍量 L, M, N。

故,如果 G 大于 L,H 也大于 M,K 也大于 N。

如果前二者相等,则后二者也相等;

如果 G 小于 L,则 H 也小于 M,K 也小于 N。

这样一来,进一步可得,

如果 G 大于 L,则 G, H, K 的和大于 L, M, N 的和。

如果前二者相等,则后二者和也相等;

如果 G 小于 L，则 G，H，K 的和小于 L，M，N 的和。

现在，G 与 G，H，K 的和是 A 与 A，C，E 的和的同倍量。因为，如果有任意多个量，分别是同样多个量的同倍量，那么，无论那些个别量的倍数是多少，前者的和也是后者的和的同倍量。　　　　　　　　　　　　　　　　　　　［Ｖ.1］

同理，L 与 L，M，N 的和也是 B 与 B，D，F 的和的同倍量。

所以，A 比 B 如同 A，C，E 的和比 B，D，F 的和。　　　　　［Ｖ.定义 5］

证完

代数地，若 $a : a' = b : b' = c : c'$，等等，则每个比等于比 $(a + b + c + \cdots)$ ：$(a' + b' + c' + \cdots)$。

这个定理被亚里士多德在 *Eth. Nic*，Ｖ.7，1131 b 14 中简短地引述为"整体比整体等于部分比部分"。

命题 13

如果第一量比第二量与第三量比第四量有相同的比，又第三量与第四量的比大于第五量与第六量的比，则第一量与第二量的比也大于第五量与第六量的比。

设第一量 A 比第二量 B 与第三量 C 比第四量 D，有相同的比。

又设，第三量 C 比第四量 D，其比大于第五量 E 与第六量 F 的比。

我断言第一量 A 比第二量 B，其比也大于第五量 E 与第六量 F 的比。

因为，有 C，E 的某个同倍量，且 D，F 有另外任意给定的同倍量，使得 C 的倍量大于 D 的倍量。

这时，E 的倍量不大于 F 的倍量。　　　　　　　　　　　　　［Ｖ.定义 7］

设它们已经被取定，且令 G，H 是 C，E 的同倍量，又 K，L 是另外任意给定的 D，F 的同倍量。

由此，G 大于 K，但是 H 不大于 L。

又，无论 G 是 C 的几倍，设 M 也是 A 的几倍，且，无论 K 是 D 的几倍，设 N

也是 B 的几倍。

现在因为 A 比 B 如同 C 比 D。

又,已经取定 A,C 的同倍量 M,G,且,另外任意给定 B,D 的同倍量 N,K。

故,如果 M 大于 N,G 也大于 K;

如果前二者相等,则后二者也相等;

如果 M 小于 N,则 G 小于 K;   [Ⅵ.定义5]

但是,G 大于 K,于是 M 也大于 N。

但是,H 不大于 L,且,M,H 是 A,E 的同倍量,

又,对 N,L 另外任意取定同倍量 B,F;

所以,A 比 B 大于 E 比 F。   [Ⅴ.定义7]

证完

代数地,若

$$a:b=c:d,$$

并且 $$c:d>e:f,$$

则 $$a:b>e:f。$$

在证明的第一行"因为"的后面,塞翁加上了"C 比 D 大于 E 比 F",因而 "存在某个同倍数"开始了主要的句子。

在希腊文本中,在"且 D,F 有另外任意给定的同倍量"之后,我把"使得" (such that)换成了"并且"(and),便成了"并且 C 的倍数大于 D 的倍数"。

下面展示欧几里得的证明方法。

因为 $$c:d>e:f,$$

所以有 c,e 的某个同倍数 mc,me,以及 d,f 的某个同倍数 nd,nf,使得$mc > nd$,同时 $me \not> nf$。

但是,因为 $$a:b=c:d,$$

所以,相应地有 $ma > = <nb,\quad mc > = <nd。$

并且 $mc > nd$,因而

$ma > nb$,而(由上述)$me \not> nf。$

故 $$a:b>e:f。$$

西姆森增加了下述推论。

"若第一个比第二个大于第三个比第四个,而第三个比第四个等于第五个 比第六个,同样地可以证明第一个比第二个大于第五个比第六个。"

然而,这个不值得另立命题,因为它只是改变了假设中两部分的顺序。

命题 14

如果第一量比第二量与第三量比第四量有相同的比,且第一量大于第三量,则第二量也大于第四量;如果前二量相等,则后二量也相等;如果第一量小于第三量,则第二量也小于第四量。

因为,可令第一量 A 比第二量 B 与第三量 C 比第四量 D 有相同的比,又设 A 大于 C。

则可证 B 也大于 D。

$$A \text{————} \qquad C \text{————}$$
$$B \text{————} \qquad D \text{————}$$

因为,A 大于 C,且 B 是另外任意的量,故,A 比 B 大于 C 比 B。 　　　[Ⅴ.8]

但是,A 比 B 如同 C 比 D,

故,C 比 D 大于 C 比 B, 　　　[Ⅴ.13]

但是,同一量与二量相比,比大者,该量反而小; 　　　[Ⅴ.10]

故,D 小于 B。

由此,B 大于 D。

类似地,我们可以证明,如果 A 等于 C,B 也等于 D;而且如果 A 小于 C,B 也小于 D。

证完

代数地,若

$$a : b = c : d,$$

相应地,若 $a > = < c$,则 $b > = < d$。

西姆森对这个命题的第二、第三部分给出了特别的证明,而欧几里得只说了"同理可证……"。

"第二,如果 A 等于 C,则 B 等于 D;因为 A 比 B 等于 C 比 D,所以,B 等于 D。 　　　[Ⅴ.9]

第三,如果 A 小于 C,则 B 小于 D。

因为 C 大于 A,又因为 C 比 D 等于 A 比 B,所以,由第一种情形,D 大于 B,因而 B 小于 D。"

亚里士多德在《天象论》(Ⅲ.5,376 a 11—14)中引用了其等价命题,若 $a >$

b,则 $c > d$。

命题 15

部分与部分的比按相应的顺序与它们同倍量的比相同。

设 AB 是 C 的倍量，DE 是 F 的倍量，其倍数相同。

我断言 C 比 F 如同 AB 比 DE。

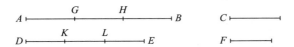

因为，AB 是 C 的倍量，DE 是 F 的倍量，其倍数相同。因此，在 AB 中存在着多少个等于 C 的量，则在 DE 中也存在着同样多个等于 F 的量。

设将 AB 分成等于 C 的量 AG，GH，HB，

且将 DE 分成等于 F 的量 DK，KL，LE。

又，因为量 AG，GH，HB 的个数等于量 DK，KL，LE 的个数。

又因为 AG，GH，HB 彼此相等，且 DK，KL，LE 也彼此相等。

故，AG 比 DK 如同 GH 比 KL，也如同 HB 比 LE。　　　　　　　［Ⅴ. 7］

又，其中一个前项比后项如同所有前项的和比后项的和。　　　　　［Ⅴ. 12］

故，AG 比 DK 如同 AB 比 DE。

但是，AG 等于 C 且 DK 等于 F，

所以，C 比 F 如同 AB 比 DE。

　　　　　　　　　　　　　　　　　　　　　　　　　　　　　　　　　　证完

代数地

$$a : b = ma : mb。$$

命题 16

如果四个量成比例，则它们的更比例也成立。

设 A，B，C，D 是四个成比例的量。由此，A 比 B 如同 C 比 D。

我断言它们的更比也成立。

即，A 比 C 如同 B 比 D。

取定 A，B 的同倍量 E，F，

又，另外任意取定 C,D 的同倍量 G,H。

那么，因为 E 是 A 的倍量，F 是 B 的倍量，其倍数相同。且部分与部分的比与它们同倍量的比相同。 [Ⅴ.15]

故，A 比 B 如同 E 比 F。

但是，A 比 B 如同 C 比 D，

所以也有，C 比 D 如同 E 比 F。 [Ⅴ.11]

又因为 G,H 是 C,D 的同倍量，

故，C 比 D 如同 G 比 H。 [Ⅴ.15]

但是，C 比 D 如同 E 比 F，

所以也有 E 比 F，如同 G 比 H。 [Ⅴ.11]

但是，如果四个量成比例，且第一量大于第三量，

则第二量也大于第四量；

如果前二者相等，则后二者也相等；

如果第一量小于第三量，则第二量也小于第四量。 [Ⅴ.14]

因此，如果 E 大于 G，F 也大于 H；

如果前二者相等，则后二者也相等；

如果 E 小于 G，则 F 也小于 H。

现在，E,F 是 A,B 的同倍量，

且 G,H 是另外任意取的 C,D 的同倍量。

所以，A 比 C 如同 B 比 D。 [Ⅴ.定义5]

证完

代数地，若

$$a : b = c : d,$$

则

$$a : c = b : d,$$

取 a,b 的同倍数 ma,mb，以及 c,d 的同倍数 nc,nd，由 Ⅴ.15，有

$$a : b = ma : mb,$$

$$c : d = nc : nd,$$

又因为

$$a : b = c : d,$$

有[Ⅴ.11] $ma : mb = nc : nd$,

由[Ⅴ.14],相应地,若

$$ma > = < nc, 则 mb > = < nd,$$

因而 $a : c = b : d$。

亚里士多德在《天象论》(Ⅲ.5,376 a 22—24)中默默地使用了这个定理。

这个命题中的四个量必须是同类型的,西姆森的叙述过程中插入了"是同类型的"。

这是在史密斯及布赖恩特的《欧几里得的几何原理,1901》中用Ⅵ.1证明的欧几里得卷 Ⅴ.中的命题的第一个命题,该命题中的几何量只限于线段或直线形的面积;当然,这个证明比欧几里得的证明更容易掌握。其证明如下:

要证明若同类型(线段或者直线形的面积)的四个量成比例,则其更比例也成立。

设 P,Q,R,S 是同类型的四个量,并且

$$P : Q = R : S,$$

要证 $$P : R = Q : S。$$

首先,设所有量是面积。

作一个矩形 $abcd$,其面积为 P,并且在 bc 上作矩形 $bcef$,其面积为 Q。在 ab,bf 上分别作矩形 ag,bk 分别等于 R,S。

那么,因为矩形 ac,be 同高,所以它们的比等于它们的底的比。   [Ⅵ.1]

因而 $P : Q = ab : bf$。

但是 $P : Q = R : S$,

所以 $R : S = ab : bf$,   [Ⅴ.11]

即矩形 ag:矩形 $bk = ab : bf$。

因而(由Ⅵ.1的逆),矩形 ag,bk 同高,于是 k 在直线 hg 上。

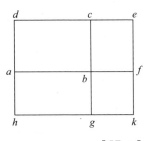

故,矩形 ac,ag 有同高 ab;同样地,矩形 be,bk 有同高 bf。

所以矩形 ac:矩形 $ag = bc : bg$,

并且矩形 be:矩形 $bk = bc : bg$。   [Ⅵ.1]

所以矩形 ac:矩形 ag = 矩形 be:矩形 bk。   [Ⅴ.11]

即 $P : R = Q : S$。

其次,设这些量是线段 AB,BC,CD,DE,

作具有同高的矩形 Ab,Bc,Cd,De。

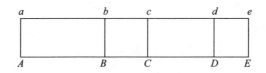

则 $\qquad Ab : Bc = AB : BC,$

并且 $\qquad Cd : De = CD : DE。$ $\qquad$ [Ⅵ.1]

但是 $\qquad AB : BC = CD : DE,$

所以 $\qquad Ab : Bc = Cd : De。$ $\qquad$ [V.11]

因此,由前面的情形,

$$Ab : Cd = Bc : De,$$

又因为这些矩形同高,所以

$$AB : CD = BC : DE。$$

命题 17

如果几个量成合比例,则它们也成分比例。

设 AB, BE, CD, DF 成合比例。

即,AB 比 BE 如同 CD 比 DF。

我断言它们也成分比例,即 AE 比 EB 如同 CF 比 DF。

因为,可设 AE, EB, CF, FD 的同倍量各是 GH, HK, LM, MN,

又,另外任意取定 EB, FD 的同倍量 KO, NP。

那么,因为 GH 是 AE 的倍量,HK 是 EB 的倍量,其倍数相同。

故,GH 是 AE 的倍量,GK 是 AB 的倍量,其倍数相同。 $\qquad$ [V.1]

但是,GH 是 AE 的倍量,LM 是 CF 的倍量,其倍数相同。

故,GK 是 AB 的倍量,LM 是 CF 的倍量,其倍数相同。

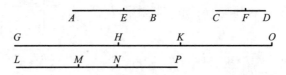

又因为,LM 是 CF 的倍量,MN 是 FD 的倍量,其倍数相同,

故,LM 是 CF 的倍量,LN 是 CD 的倍量,其倍数相同。 $\qquad$ [V.1]

但是,LM 是 CF 的倍量,GK 是 AB 的倍量,其倍数相同;

故,GK 是 AB 的倍量,LN 是 CD 的倍量,其倍数相同。

从而，*GK*，*LN* 是 *AB*，*CD* 的等倍量。

又，因 *HK* 是 *EB* 的倍量，*MN* 是 *FD* 的倍量，其倍数相同，

且 *KO* 也是 *EB* 的倍量，*NP* 是 *FD* 的倍量，其倍数相同。

故，和 *HO* 也是 *EB* 的倍量，*MP* 是 *FD* 的倍量，其倍数相同。　　　　［Ⅴ.2］

又，因为 *AB* 比 *BE* 如同 *CD* 比 *DF*。

且，已取定 *AB*，*CD* 的同倍量 *GK*，*LN*，

且 *EB*，*FD* 的同倍量为 *HO*，*MP*，

故，如果 *GK* 大于 *HO*，则 *LN* 也大于 *MP*。

如果前二者相等，则后二者也相等；

如果 *GK* 小于 *HO*，则 *LN* 也小于 *MP*。

令 *GK* 大于 *HO*，

那么，如果由以上每一个减去 *HK*，则 *GH* 也大于 *KO*。

但是，我们已经看到，如果 *GK* 大于 *HO*，*LN* 也大于 *MP*。

所以，*LN* 也大于 *MP*，

又，如果由它们每一个减去 *MN*，则 *LM* 也大于 *NP*；

由此，如果 *GH* 大于 *KO*，*LM* 也大于 *NP*。

类似地，我们可以证得，

如果 *GH* 等于 *KO*，则 *LM* 也等于 *NP*；

如果 *GH* 小于 *KO*，则 *LM* 也小于 *NP*。

又，*GH*，*LM* 是 *AE*，*CF* 的同倍量。

这时，*KO*，*NP* 是另外任意取的 *EB*，*FD* 的同倍量。

所以，*AE* 比 *EB* 如同 *CF* 比 *FD*。

证完

代数地，若

$$a : b = c : d,$$

则　　　　　　　　$$(a-b) : b = (c-d) : d。$$

我已经注意到某种奇怪的使用分词的专业含义。或者我们说成合比(com-ponendo)与分比(separando)，字面的意思是"若这些量组合起来成比例，则把它们分开也成比例"，其意义是："若一个由两部分组成的量比其中一部分等于另一个由两部分组成的量比其中一部分，则第一个量的剩余部分比前面取的那一部分等于第二个量的剩余部分比前面取的那一部分。"用代数符号，a，c 是整量，b，$a-b$ 及 d，$c-d$ 分别是部分及剩余部分。其公式可以这样叙述：

若 $(a+b):b=(c+d):d,$

则 $a:b=c:d,$

在此 $a+b,c+d$ 是整量，而 a,b 及 c,d 分别是部分及剩余部分。看一看最后这个公式，我们注意到"被分开的"量不是 a,b,c,d，而是组合量 $a+b,b,c+d,d$。

由于这个证明有点长，用更符号化的形式可以压缩其证明。为了避免减号，我们采取下面的假设形式

$$a+b \text{ 比 } b \text{ 等于 } c+d \text{ 比 } d,$$

取四个量 a,b,c,d 的任意同倍数

$$ma,mb,mc,md,$$

以及两个后项的另外的任意同倍数 nb,nd。

那么，由 V.1, $m(a+b),m(c+d)$ 是 $a+b,c+d$ 的同倍数，并且，由 V.2，$(m+n)b,(m+n)d$ 是 b,d 的同倍数。

因而，由定义 5，因为 $(a+b):b$ 等于 $(c+d):d$，相应地，若

$$m(a+b) > = < (m+n)b, \text{则 } m(c+d) > = < (m+n)d。$$

从 $m(a+b),(m+n)b$ 减去公共部分 mb，并且从 $m(c+d),(m+n)d$ 减去公共部分 md，相应地，若

$$ma > = < nb, \text{则 } mc > = < nd。$$

但是 ma,mc 是 a,c 的任意同倍数，并且 nb,nd 是 b,d 的任意同倍数，因而，由定义 5，

$$a:b=c:d。$$

史密斯及布赖恩特对这个证明做了一些修改，接着给出了下一个命题的另一个证明。

命题 18

如果几个量成分比例，则它们也成合比例。

设 AE,EB,CF,FD 是成分比例的量。即，AE 比 EB 如同 CF 比 FD。

我断言它们也成合比例，即 AB 比 BE 如同 CD 比 FD。

因为，如果 CD 比 DF 不相同于 AB 比 BE。那么，AB 比 BE 如同于 CD 比或者小于 DF 的量，或者大于 DF 的量。

首先，设在那个比中的量 DG 小于 DF。

则,因为 *AB* 比 *BE* 如同 *CD* 比 *DG*。

它们是成合比例的量,这样一来,它们也成分比例。 [Ⅴ.17]

故,*AE* 比 *EB* 如同 *CG* 比 *GD*。

但是,由假设也有

$$AE \text{ 比 } EB \text{ 如同 } CF \text{ 比 } FD。$$

故也有,*CG* 比 *CD* 如同 *CF* 比 *FD* [Ⅴ.11]

但是,第一量 *CG* 大于第三量 *CF*,

故,第二量 *GD* 也大于第四量 *FD*。 [Ⅴ.14]

但是,它也小于它:这是不可能的。

故,*AB* 比 *BE* 不相同于 *CD* 比一个较 *FD* 小的量。

类似地,我们也可证明也不是比一个较 *FD* 大的量。

所以,在那个比例中应是 *FD* 自身。

证完

代数地,若

$$a : b = c : d,$$

则 $$(a+b) : b = (c+d) : d。$$

在这个命题的叙述中,同样有特别的使用 $διηρημένα$ 和 $συντεθέντα$ 正像在上面叙述中使用 $συγκείμενα$ 和 $διαιρεθέντα$。实际上,正如代数形式显示的可以略去。

下面是欧几里得使用的证明方法。

已知 $$a : b = c : d,$$

若有可能,假定

$$(a+b) : b = (c+d) : (d \pm x)。$$

因而,其分比 [Ⅴ.17]

$$a : b = (c \mp x) : (d \pm x),$$

由 Ⅴ.11,$(c \mp d) : (d \pm x) = c : d$。

但是 $$(c-x) < c, 而 (d+x) > d,$$

并且 $$(c+x) > c, 而 (d-x) < d。$$

这些关系与 Ⅴ.14 矛盾。

西姆森指出(如萨凯里在他之前所见),欧几里得的证明是不合理的,由于没有证明就"假定了对任意三个量,其中至少有两个量是同类型的,必然存在第四个比例项"。克拉维乌斯及另外一些编辑把这个作为一条公理。但是它远不是公理;一直到 Ⅵ.12,欧几里得用作图证明了三个已知量是线段的特殊情形是真的。

为了去掉这个缺陷,必须(1)预先证明欧几里得如此假定的命题,或(2)证明 V.18 与它无关。

萨凯里建议对于面积和线段,用欧几里得的 V.1,2 和 12 来证明所假定的命题。正如他所说,没有什么可以阻止欧几里得把这些命题插在 V.17 之后,而后用它们证明 V.18。当三个已知量是线段时,用 VI.12 能作出第四个比例项;而 VI.12 只依赖于 VI.1 和 2。萨凯里说,此时,我们一旦发现了作一条线段,使得它是三个已知线段的第四个比例项的方法,我们就有了一般问题的解法,"作一条线段,使其与已知线段的比等于两个多边形(之间)的比。"因为只要变换两个多边形为两个等高的三角形,而后作一条线段,使得它是两个三角形的底以及已知线段的第四个比例项。

我们将会看到,萨凯里的方法类似于史密斯和布赖恩特证明欧几里得的定理 V.16,17,18,22 所采用的方法。直至现在,用 VI.1 解决了线段和直线形面积的情形。

德·摩根给出了所假定命题的一般证明的概要,B 是任一个量,并且 P 和 Q 是同类型的两个量,存在一个量 A,使得 A 比 B 等于 P 比 Q。

"假定有理由在推论中取任意量的任意可除得尽的部分,实际上,用连续二分的办法足以得到可除得尽的部分;前面证明的比的大于和小于的准则都没有用在任意一个比(scale)与另外一个比的比较上。"

"(1)若 M 比 B 大于 P 比 Q,则每个大于 M 的量比 B 也大于 P 比 Q,并且某些小于 M 的量比 B 也大于 P 比 Q;又,若 M 比 B 小于 P 比 Q,则每个小于 M 的量比 B 也小于 P 比 Q,并且某些大于 M 的量比 B 也小于 P 比 Q。例如,设 $15M$ 在 $22B$ 和 $23B$ 之间,而 $15P$ 在 $22Q$ 之前,令 $15M$ 大于 $22B$ 的部分为 Z;那么,若 N 小于 M,小于部分小于 Z 的 15 个部分,则 $15N$ 在 $22B$ 和 $23B$ 之间,或者说,N 小于 M,而 N 比 B 大于 P 比 Q。对于其他情形,情况类似。

(2)当然 M 可以取得如此小,使得 M 比 B 小于 P 比 Q;并且如此大,使得 M 比 B 大于 P 比 Q;并且因为我们绝不能用增大 M 把较大的比过渡到较小的比,由此可以推出,当我们从第一个指定的值过渡到第二个指定的值时,我们就会发现一个中间量 A,使得任一个小于 A 的量比 B 小于 P 比 Q,而任一个大于 A 的量比 B 大于 P 比 Q。现在,A 比 B 不能小于 P 比 Q,因为那就会有某些大于 A 的量比 B 也小于 P 比 Q;A 比 B 也不能大于 P 比 Q,因为那就会有某些小于 A 的量比 B 也大于 P 比 Q;因而,A 比 B 等于 P 比 Q。上面提到的前面已证的命题证明了这三个选项就是仅有的选项。"

V.18 的另一个证明。

西姆森的另一个证明基于 V.5,6。因为命题 18 是命题 17 的逆,并且命题 17 是用 V.1 和 2 的证明的,而 V.5 和 6 是 V.1 和 2 的逆,所以用 V.5 和 6 来证明 V.18 就是很自然的;并且西姆森认为欧几里得必然应用这个方法来证明 V.18,由于"命题 5 和命题 6 没有进入本卷已有的任一命题的证明之中,也没有用在《原理》的任一其他命题中"。并且"命题 5 和命题 6 已经无疑地放在第 5 卷之中,其原因是为了该卷中的某些命题,正如关于同倍数的所有其他命题一样"。

然而,我认为西姆森的证明太长和太难,除非把它变成如下的符号形式。

假定 a 比 b 等于 c 比 d,要证明 $a+b$ 比 b 等于 $c+d$ 比 d。

取后面四个量的任意同倍数,

$$m(a+b), mb, m(c+d), md,$$

并且取 b, d 的任意同倍数 nb, nd。

显然,若 nb 大于 mb,

则 $\qquad\qquad\qquad nd$ 大于 md;

若等于,则等于;若小于,则小于。

Ⅰ.假定 nb 不大于 mb,于是 nd 也不大于 md。

现在 $\qquad\qquad m(a+b)$ 大于 mb;

因而 $\qquad\qquad m(a+b)$ 大于 nd。

类似地 $\qquad\qquad m(c+d)$ 大于 nd。

Ⅱ.假定 nb 大于 mb。

因为 $m(a+b), mb, m(c+d), md$ 是 $(a+b), b, (c+d), d$ 的同倍数,

ma 关于 a 的倍数等于 $m(a+b)$ 关于 $(a+b)$ 的倍数,

并且 mc 关于 c 的倍数等于 $m(c+d)$ 关于 $(c+d)$ 的倍数,

于是 ma, mc 是 a, c 的同倍数, $\qquad\qquad\qquad$ [V.5]

又 nb, nd 是 b, d 的同倍数,并且 mb, md 也是 b, d 的同倍数;因而,$(n-m)b, (n-m)d$ 是 b, d 的同倍数,并且,不论 $n-m$ 等于单位或另一个整数 [V.6],由定义 5 可以推出:

因为 a, b, c, d 成比例,所以

若 $\qquad\qquad\qquad ma$ 大于 $(n-m)b$,

则 $\qquad\qquad\qquad mc$ 大于 $(n-m)d$;

若等于,则等于;若小于,则小于。

(1)若 $m(a+b)$ 大于 nb,从每一个减去 mb,有

137

$$ma \text{ 大于}(n-m)b,$$

因而 $$mc \text{ 大于}(n-m)d,$$

对于每一个加 md，$m(c+d)$ 大于 nd。

（2）类似地，可以证明

若 $$m(a+b) \text{ 等于} nb,$$

则 $$m(c+d) \text{ 等于} nd。$$

（3）类似地，

若 $$m(a+b) \text{ 小于} nb,$$

则 $$m(c+d) \text{ 小于} nd。$$

但是（在上述 I 中），已证明在 nb 不大于 mb 的情形下，

$$m(a+b) \text{ 大于} nb,$$

并且 $$m(c+d) \text{ 大于} nd。$$

因此，不论 m 和 n 的值是什么，$m(c+d)$ 大于、等于或小于 nd，由 $m(a+b)$ 大于、等于或小于 nb 而定。

因而，由定义 5，

$$a+b \text{ 比 } b \text{ 等于 } c+d \text{ 比 } d。$$

托德亨特依据奥斯丁（Austin, *Examination of the first six books of Euclid's Elements*）给出了下述简短证明。

"设 AE 比 EB 等于 CF 比 FD，则 AB 比 BE 等于 CD 比 DF。

因为，既然 AE 比 EB 等于 CF 比 FD，所以，由更比例，

$$AE \text{ 比 } CF \text{ 等于 } EB \text{ 比 } FD。 \qquad [\text{V.16}]$$

并且，因为一个前项比一个后项等于前项的和比后项的和。

$$[\text{V.12}]$$

所以，EB 比 FD 等于 AE，EB 之和比 CF，FD 之和；

即 AB 比 CD 等于 EB 比 FD。

因而，由更比例，

$$AB \text{ 比 } BE \text{ 等于 } CD \text{ 比 } FD。"$$

反对这个证明的意见认为这个证明只是在 V.16 有效时才是有效的，即所有四个量是同类型时才是有效的。

西姆森和布赖恩特的证明适用于所有四个量是线段，或者所有四个量是直线形的面积，或者一个前项及它的后项是线段而另一个前项及它的后项是直线形的面积。

假设 $$A:B=C:D。$$

首先,设所有的量是面积。作一个面积为 A 的矩形 $abcd$,并在 bc 上作一个面积为 B 的矩形 $bcef$。

又在 ab,bf 上作矩形 ag,bk,使其分别等于 C,D。

那么,因为矩形 ac,be 有同高 bc,它们的比等于它们的底的比。　　　[Ⅵ.1]

因此,$ab：bf =$ 矩形 $ac：$ 矩形 be

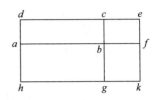

$\qquad = A：B$

$\qquad = C：D$

$\qquad =$ 矩形 $ag：$ 矩形 bk。

因而[Ⅵ.1 的逆]矩形 ag,bk 同高,于是 k 在线段 hg 上。

因此,$(A+B)：B =$ 矩形 $ae：$ 矩形 be

$\qquad = af：bf$

$\qquad =$ 矩形 $ak：$ 矩形 bk

$\qquad = (C+D)：D$。

其次,设量 A,B 是线段,而 C,D 是面积。

设 ab,bf 等于线段 A,B,并且在 ab,bf 上作矩形 ag,bk,使它们分别等于 C,D。

那么,如前,矩形 ag,bk 有同高。

现在,$(A+B)：B = af：bf$

$\qquad =$ 矩形 $ak：$ 矩形 bk

$\qquad = (C+D)：D$。

再次,设所有的量都是线段。

在线段 C,D 上作有同高的矩形 P,Q。

那么 $P：Q = C：D$,　　　　　　　　　　　　　[Ⅵ.1]

因此,由第二种情形,

$$(A+B)：B = (P+Q)：Q,$$

又 $\qquad\qquad (P+Q)：Q = (C+D)：D,$

因而 $\qquad\qquad (A+B)：B + (C+D)：D。$

命题 19

如果整体比整体如同减去的部分比减去的部分,则剩余部分比剩余部分如同整体比整体。

因为,可设整体 AB 比整体 CD 如同减去部分 AE 比减去部分 CF。

我断言剩余的 EB 比剩余的 FD 如同整体 AB 比整体 CD。

因为,AB 比 CD 如同 AE 比 CF,其更比例为,BA 比 AE 如同 DC 比 CF。

[Ⅵ.16]

又因为这些量成合比例,它们也成分比例,   [Ⅵ.17]

即 BE 比 EA 如同 DF 比 CF。

又更比为,

BE 比 DF 如同 EA 比 FC。   [Ⅵ.16]

但是,由假设 AE 比 CF 如同整体 AB 比整体 CD。

故也有,剩余的 EB 比剩余的 FD 如同整体 AB 比整体 CD。   [Ⅴ.11]

[**推论** 由此,明显可得,如果这些量成合比例,则它们也成换比例。]

证完

代数地,若 $a:b=c:d$(其中,$c<a, d<b$),则
$$(a-c):(b-d)=a:b。$$

这个命题的末尾的"推论"是海伯格从用括号括起来的几句话导出的,由于它不是欧几里得解释推论的习惯,并且,事实上,这个推论从其性质上看不需要任何解释,它是一种副产品,无须任何努力或麻烦(普罗克洛斯)。但是,海伯格认为西姆森在寻找"推论的推理过程中的缺陷时犯了错误,并且,它确实包含了反比例的真正的证明,我认为海伯格是明显错了,基于命题19的那个证明与从命题4证明反比例的证明同样正确,其中所述:"并且,因为已经证明了 AB 比 CD 等于 EB 比 FD,

由更比例,AB 比 BE 等于 CD 比 FD;

因而,当这些量组合之后也成比例。

但是,已证明 BA 比 AE 等于 DC 比 CF,这就是换比例。"

可以看出,这就等于从假设 $a:b=c:d$ 来证明下述变换同时成立:
$$a:(a-c)=b:(b-d),$$
与 $$a:c=b:d。$$

若企图证明其逆,前者不能从后者证明。

必然有如下结论:"推论"以及导出它的推理都是添加上的,如海伯格所说,无疑是在塞翁之前添加上的。

反比例完全不依赖于 Ⅴ.19,正如西姆森在他的命题 E(包含由克拉维乌斯

给出的证明)中所说,命题 E 如下:

若四个量成比例,则其换比例也成立,即第一量比第一与第二量的差等于第三量比第三与第四量的差。

设 AB 比 BE 等于 CD 比 DF,则 BA 比 AE 等于 DC 比 CF。

因为 AB 比 BE 等于 CD 比 DF,所以,由分比例

AE 比 EB 等于 CF 比 FD。 [V.17]

又由反比例,

BE 比 EA 等于 DF 比 FC。

[从 V.定义 5 直接得到的西姆森的命题 B]

因而,由合比例

BA 比 AE 等于 DC 比 CF。

命题 20

如果有三个量,又有个数与它们相同的三个量,在各组中每取两个相应的量都有相同的比,如果首末项第一量大于第三量,则第四量也大于第六量;如果前二者相等,则后二者也相等;如果第一量小于第三量,则第四量也小于第六量。

设有三个量 A,B,C,又有另外的量 D,E,F,在各组中每取两个都有相同的比,如 A 比 B 如同 D 比 E,

且 B 比 C 如同 E 比 F;又设,A 大于 C,这是首末两项。

我断言 D 也大于 F;若 A 等于 C,则 D 也等于 F;若 A 小于 C,则 D 也小于 F。

又设,A 大于 C,且 B 是另外的量。

由于较大者与较小者和同一量相比,大者有较大的比。 [V.8]

故,A 比 B 大于 C 比 B。

但是,A 比 B 如同 D 比 E,

且由逆比例,C 比 B 如同 F 比 E。

故也有,D 比 E 大于 F 比 E。 [V.13]

但是,一些量和同量相比,比大,则原来的量大。 [V.10]

故, D 大于 F。

类似地, 我们可以证明, 如果 A 等于 C, 则 D 也等于 F;

如果 A 小于 C, 则 D 也小于 F。

证完

虽然前面已经提及欧几里得没有给出复合比例的定义, 但是命题 20—23 包含了复合比例理论的重要部分内容。术语"复合比例"没有用到, 而这些命题把它们自己与首末比例的两种形式定义联系在一起, 这两种形式是定义 17 的通常形式与定义 18 中所说的波动比例。复合比例处理的是复合起来的接连比例, 其中一个的后项是下一个的前项, 或者其中一个的前项是下一个后项。

命题 22 陈述了关于首末比例通常形式的基本命题,

若 a 比 b 等于 d 比 e,

并且 b 比 c 等于 e 比 f,

则 a 比 c 等于 d 比 f。

并且可以推广到任意个数的这样的比例; 命题 23 给出了对应波动比例情形的相应定理, 即

若 a 比 b 等于 e 比 f,

并且 b 比 c 等于 d 比 e,

则 a 比 c 等于 d 比 f。

这两个命题的每一个依赖于前面一个命题, 命题 22 依赖于命题 20, 命题 23 依赖于命题 21, 用代数符号可使其证明过程更清楚。

命题 20 断言,

若 $a:b=d:e$,

并且 $b:c=e:f$,

相应地, 若 $a > = < c$, 则 $d > = < f$。

因为, 由 a 大于、等于或小于 c, 有 $a:b$ 大于、等于或小于 $c:b$。

[V . 8 或 V . 7]

或者 (因为 $d:e=a:b$,

并且 $c:b=f:e$)

所以, $d:e$ 大于、等于或小于 $f:e$,   [由 V . 13, V . 11]

因而, d 大于、等于或小于 f。   [V . 10 或 V . 9]

其次, 使用 V . 4, 在命题 22 中证明了已知命题可以转换为

$$ma:nb=md:ne,$$

并且 $$nb : pc = ne : pf,$$

因而,由 V.20,同时有

ma 大于、等于或小于 pc,

md 大于、等于或小于 pf,

于是,由定义 5,

$$a : c = d : f.$$

命题 23 依赖于命题 21 的情形与命题 22 依赖于命题 20 的情形相同,而在命题 23 中的比例变形如下:

(1) $ma : mb = ne : nf$,   [由 V.15 和 V.11]

(2) $mb : nc = rod : ne$,   [由 V.4 或其等价步骤]

而后应用命题 21。

西姆森使命题 20 的证明更容易,而与上文中的证明的主要区别是增加了两种另外的情形,这两种情形被欧几里得以"类似可证"放过去。这些情形是:

"第二,设 A 等于 C,则 D 将等于 F。

因为 A 等于 C,所以

A 比 B 等于 C 比 B,   [VI.7]

但是 A 比 B 等于 D 比 E,

并且 C 比 B 等于 F 比 E,

因而 D 比 E 等于 F 比 E;   [V.11]

故 D 等于 F。   [V.9]

其次,设 A 小于 C,则 D 将小于 F。

因为 C 大于 A,并且由已证的第一种情形,

C 比 B 等于 F 比 E,

并且,类似地,

B 比 A 等于 E 比 D;

所以,由第一种情形 F 大于 D,因而 D 小于 F。"

命题 21

如果有三个量,又有个数与它们相同的三个量,在各组中每取两个量都有相同的比,而且它们成波动比例,那么,如果首末项中第一量大于第三量,则第四量大于第六量;如果前二者相等,则后二者也相等;如果第一量小于第三量,则第四量小于第六量。

设有三个量 A,B,C，又有另外三个量 D,E,F，各取两个相应量都有相同的比，且它们成波动比例，即

A 比 B 如同 E 比 F，

又，B 比 C 如同 D 比 E，且设首末两项 A 大于 C。

我断言 D 也大于 F；若 A 等于 C，则 D 等于 F；若 A 小于 C，则 D 也小于 F。

因为，A 大于 C，且 B 是另外的量。

故，A 比 B 大于 C 比 B，   [Ⅴ.8]

但是，A 比 B 如同 E 比 F，

又由逆比例，C 比 B 如同 E 比 D。

故也有，E 比 F 大于 E 比 D。   [Ⅴ.13]

但是同一量与一些量相比，其比较大者，则这个量小，   [Ⅴ.10]

故，F 小于 D，

从而，D 大于 F。

类似地，我们可以证明，

如果 A 等于 C，D 也等于 F；

如果 A 小于 C，D 也小于 F。

证完

代数地，若

$$a:b=e:f,$$

并且 $$b:c=d:e,$$

相应地，若 $$a > = < c, 则 d > = < f。$$

西姆森在命题 20 中给出了对应这个命题的变形，在第一种情形之后，他继续写道：

"第二，设 A 等于 C，则 D 等于 F。

因为 A 和 C 相等，所以

A 比 B 等于 C 比 B。   [Ⅴ.7]

但是 A 比 B 等于 E 比 F，

并且 C 比 B 等于 E 比 D，

因而 E 比 F 等于 E 比 D，   [Ⅴ.11]

故 D 等于 F。 [V.9]

其次,设 A 小于 C,则 D 小于 F。

因为 C 大于 A,并且由已证的第一种情形,

C 比 B 等于 E 比 D,

并且,类似地,

B 比 A 等于 F 比 E,

所以,由第一种情形 F 大于 D,故 D 小于 F。"

这个证明可展示如下。相应地,若

$$a > = < c, \text{则 } a : b > = < c : b。$$

但是 $\qquad\qquad a : b = e : f, \; c : b = e : d,$

相应地,若 $\qquad a > = < c, \text{则 } e : f > = < e : d,$

故 $\qquad\qquad\qquad d > = < f。$

命题 22

如果有任意多个量,又有个数与它们相同的一些量,各组中每取两个相应的量都有相同的比,则它们成首末比例。

设有任意个量 A, B, C,又另外有与它们个数相同的量 D, E, F。各组中每取两个相应的量都有相同的比,使得

A 比 B 如同 D 比 E;

又,B 比 C 如同 E 比 F。

我断言它们也成首末比例。

(即 A 比 C 如同 D 比 F。)

因为,可取定 A, D 的同倍量 G, H。

且另外对 B, E 任意取定它们的同倍量 K, L;

又,对 C, F 任意取定它们的同倍量 M, N。

由于,A 比 B 如同 D 比 E,

又,已经取定了 A, D 的同倍量 G, H,

且,另外任意给出 B, E 的同倍量 K, L,

故，G 比 K 如同 H 比 L。　　　　　　　　　　　　　　　　　[Ⅴ.4]

同理也有，K 比 M 如同 L 比 N，

因为，这时有三个量 G,K,M；且另外有与它们个数相等的量 H,L,N；各组每取两个相应的量都有相同的比。

故取首末比，如果 G 大于 M，H 也大于 N；

如果 G 等于 M，则 H 也等于 N；

如果 G 小于 M，则 H 也小于 N。　　　　　　　　　　　　　　[Ⅴ.20]

又，G,H 是 A,D 的同倍量，

且，另外任意给出 C,F 的同倍量 M,N。

所以，A 比 C 如同 D 比 F。　　　　　　　　　　　　　　[Ⅴ.定义 5]

证完

欧几里得叙述这个命题是针对这两组中任意个数个量以类似方式联系的情形，但是，他的证明局限于每组仅有三个量的情形。然而，从西姆森的下述证明可看出，容易推广到任意个数的量。

"其次，设有四个量 A,B,C,D 及另外四个量 E,F,G,H，两两有相同的比，即若

A 比 B 等于 E 比 F，

并且 B 比 C 等于 F 比 G，

并且 C 比 D 等于 G 比 H，

则 A 比 D 等于 E 比 H。

$$\begin{array}{|cccc|} \hline A & B & C & D \\ E & F & G & H \\ \hline \end{array}$$

因为 A,B,C 是三个量，E,F,G 是另外三个量，并且两两有相同的比，所以，由前述情形，

A 比 C 等于 E 比 G。

但是，C 比 D 等于 G 比 H，因而，再由第一种情形，A 比 D 等于 E 比 H。

等等，不论量的个数是多少。"

命题 23

如果有三个量，又有与它们个数相同的三个量，在各组中每取两个相应的量都有相同的比，它们组成波动比例，则它们也成首末比例。

设有三个量 A,B,C，且另外有与它们个数相同的三个量 D,E,F。从各组中每取两个相应的量都有相同的比，又设它们组成波动比例，即

A 比 B 如同 E 比 F,

且,B 比 C 如同 D 比 E。

我断言 A 比 C 如同 D 比 F。

在其中取定 A,B,D 的同倍量 G,H,K,

且另外任意给出 C,E,F 的同倍量 L,M,N。

那么,因为 G,H 是 A,B 的同倍量,且部分对部分的比如同它们同倍量
的比。   [V.15]

故,A 比 B 如同 G 比 H。

同理也有,E 比 F 如同 M 比 N。

且 A 比 B 如同 E 比 F,故也有,G 比 H 如同 M 比 N。   [V.11]

其次,因为 B 比 C 如同 D 比 E。

则更比例为,B 比 D 如同 C 比 E。   [V.16]

又因为,H,K 是 B,D 的同倍量,

且部分与部分的比如同它们同倍量的比。

故,B 比 D 如同 H 比 K。   [V.15]

但是,B 比 D 如同 C 比 E,

故也有,H 比 K 如同 C 比 E。   [V.11]

又因为,L,M 是 C,E 的同倍量,

故,C 比 E 如同 L 比 M。   [V.15]

但是,C 比 E 如同 H 比 K,

故也有,H 比 K 如同 L 比 M,   [V.11]

且更比例为,H 比 L 如同 K 比 M。   [V.16]

但是,已证明了

G 比 H 如同 M 比 N。

因为,有三个量 G,H,L,且另外有与它们个数相同的量 K,M,N. 各组每取两
个量都有相同的比,

且使它们的这个比例是波动比例。

所以,是首末比,如果 G 大于 L,则 K 大于 N;

如果 G 等于 L,则 K 也等于 N;

如果 G 小于 L,则 K 也小于 N。 ［Ⅴ.21］

又,G,K 是 A,D 的同倍量,

且 L,N 是 C,F 的同倍量。

所以,A 比 C 如同 D 比 F。

证完

西姆森给出的该命题的证明与海伯格在希腊文本中的证明有重要的区别。佩拉尔德(Peyrard)的手稿有海伯格的版本,而西姆森的版本是其他手稿的权威。巴塞尔(Basel)第一版中给出了这两个版本(西姆森的版本是第一个),而后,由Ⅴ.15 和Ⅴ.11 证明了

G 比 H 等于 M 比 N,

或者,用命题 20 注释中的记号,

$$ma : mb = ne : nf,$$

必须进一步证明

H 比 L 等于 K 比 M,

或者 $$mb : nc = md : ne,$$

并且,显然后者可以直接由Ⅴ.4 推出。西姆森的翻译给出了这个推理:

"因为 B 比 C 等于 D 比 E,并且 H,K 是 B,D 的同倍数,并且 L,M 是 C,E 的同倍数,因而

H 比 L 等于 K 比 M。" ［Ⅴ.4］

海伯格版本中的叙述不仅太长(采取了兜圈子的方法,三个命题Ⅴ.11,15,16 均使用了两次以上),而且它面对一个反对意见,它使用了Ⅴ.16,而Ⅴ.16 只适用于四个同类型的量,该命题Ⅴ.23 是不受这个限制的。

西姆森正确地注意到这一点,并指出在证明的最后一步应叙述为:"G,K 是 A,D 的任意同倍数,而 L,N 是 C,F 的任意同倍数。"

他也给出了这个命题对任意个数量的推广,叙述如下:

"若有任意个数的量以及另外同样个数的量,两两交叉地有相同的比,则第一组中第一个量比最后一个量等于另一组中的第一个量比最后一个量。"其证明如下:

"其次,设有四个量 A,B,C,D,以及另外四个量 E,F,G,H,两两交叉地有相同的比,即若

A 比 B 等于 G 比 H,

B 比 C 等于 F 比 G,

并且 C 比 D 等于 E 比 F,

则 A 比 D 等于 E 比 H。

| A | B | C | D |
| E | F | G | H |

因为 A,B,C 为三个量,而 F,G,H 为另外三个量,并且两两交叉地有相同的比,所以,由第一种情形,

A 比 C 等于 F 比 H。

但是 C 比 D 等于 E 比 F,

因而,再由第一种情形,

A 比 D 等于 E 比 H。

等等,不论量的个数是多少。"

命题 24

如果第一量比第二量与第三量比第四量有相同的比,且第五量比第二量与第六量比第四量有相同的比。则第一量与第五量的和比第二量,第三量与第六量的和比第四量有相同的比。

设第一量 AB 比第二量 C 与第三量 DE 比第四量 F 有相同的比;且第五量 BG 比第二量 C 与第六量 EH 比第四量 F 有相同的比。

我断言第一量与第五量的和 AG 比第二量 C,第三量与第六量的和 DH 比第四量 F 有相同的比。

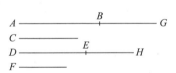

因为,BG 比 C 如同 EH 比 F,其反比例为,C 比 BG 如同 F 比 EH。

因为,AB 比 C 如同 DE 比 F,

又,C 比 BG 如同 F 比 EH。

故,首末比为,AB 比 BG 如同 DE 比 EH。　　　　[V.22]

又因为,这些量成比例,则它们也成合比例。　　　　[V.18]

从而,AG 比 GB 如同 DH 比 HE。

但是也有,BG 比 C 如同 EH 比 F。

故,首末比为,AG 比 C 如同 DH 比 F。　　　　[V.22]

证完

代数地,若

$$a:c = d:f,$$

并且 $b:c=e:f,$

则 $(a+b):c=(d+e):f。$

命题与前面关于复合比例的命题有相同的特点,但是它不能放在更前面,由于它用到了Ⅴ.22。

上述第二个比例的反比例,

$$c:b=f:e,$$

由Ⅴ.22 可推出

$$a:b=d:e,$$

再由Ⅴ.18

$$(a+b):b=(d+e):e,$$

从这个比例以及书籍的两个比例中的第二个,再次应用Ⅴ.22,可得

$$(a+b):c=(d+e):f。$$

上面第一次使用Ⅴ.22 是重要的,因为它证明了复合比例的逆过程,或者所谓的一个比例除以另外一个比例不需要新的命题。

亚里士多德默默地将Ⅴ.24 及Ⅴ.11 和Ⅴ.16 使用在《天象论》(Ⅲ.5,376a 22—26)中。

西姆森增加了两个推论,其中一个(推论2)将其推广到任意个量。

"这个命题对两列任意个数的量成立,第一列中的每一个量比第二个量等于第二列中对应的量比第四个量……"

西姆森的推论1 用分比代替了合比的地位来叙述上述对应的命题,即对应的代数形式

$$(a-b):c=(d-c):f。$$

"推论1.如果假设与这个命题中的假设相同,则第一个和第五个的差比第二个等于第三个和第六个的差比第四个。其证明与这个命题的证明相同,只要用比例的除法,并用分比例代替合比例。"即用Ⅴ.17 代替Ⅴ.18,结论为

$$(a-b):b=(d-e):e。$$

命题 25

如果四个量成比例,则最大量与最小量的和大于其余两个量的和。

设四个量 AB,CD,E,F 成比例,使得 AB 比 CD 如同 E 比 F。且令 AB 是它们中最大的,而 F 是最小的。

我断言 AB 与 F 的和大于 CD 与 E 的和。

因为可取 AG 等于 E，且 CH 等于 F。

因为，AB 比 CD 如同 E 比 F，且 E 等于 AG，F 等于 CH，

故，AB 比 CD 如同 AG 比 CH。

又因为，整体 AB 比整体 CD 如同减去的部分 AG 比减去的部分 CH。

剩余的 GB 比剩余的 HD 如同整体 AB 比整体 CD。　　　　　［V.19］

但是，AB 大于 CD，

故，GB 也大于 HD。

又，因为 AG 等于 E，且 CH 等于 F。

故 AG，F 的和等于 CH，E 的和。

如果 GB，HD 不等，且设 GB 较大；将 AG，F 加在 GB 上，且将 CH，E 加在 HD 上，因此

可以得到 AB 与 F 的和大于 CD 与 E 的和。

　　　　　　　　　　　　　　　　　　　　　　　　　　　　　证完

代数地，若
$$a : b = c : d,$$
并且 a 为四个量中最大者，d 为最小者，则
$$a + d > b + c。$$

西姆森在叙述中正确地插入了一句话："设 AB 是它们中的最大者并且 F 是最小者。"这个可以从定义 5 中的一个特殊情形推出，西姆森把它起名为他的命题 A，这个情形就是把同倍数取为这几个量本身。

证明如下：

因为　　　　　　　　　　$a : b = c : d,$

所以　　　　　　　$(a - c) : (b - d) = a : b。$　　　　　［V.19］

但是 $a > b$，因而，

$$a - c > b - d,$$　　　　　　　［V.16 和 14］

两边同加 $(c + d)$，有

$$a + d > b + c。$$

该命题有一个重要的特殊情形，然而此处并未提及，即 $b = c$ 的情形。此情形的结果显示两个量的算术平均值大于它们的几何平均值。对于线段来说，这个结论的真实性在Ⅵ.27 中被证明，用到了"几何的代数方法"以及二次方程。

西姆森在卷 V. 的末尾增加了四个命题 F，G，H，K，然而没有足够的实际应

用说明应当把这些命题放在这儿。但是,他在本卷的末尾所加的下述注记是值得引用的。

"对于如此修改第五卷,我非常同意博学的巴罗博士的话:'《原理》全书在精巧的发明、严格的结构以及精密的处理方面都不及比例论。'从塞翁时代至今,某些几何学家认为这种说法的理由不充足。"

西姆森的看法将被所有有能力对西姆森的关于卷 V. 所作的评论和解释作出判断的读者所认可。

卷 Ⅵ

注释引论

在卷 Ⅴ. 中已经完满地建立了比例论的一般形式,它能应用到所有类型的量(尽管量是用直线表示的,是以几何面貌出现的);现在要把这个理论应用到几何研究的特殊情形,这个要求证明对任意给定有限量有给定比的量的存在;关于几何对象的这个证明是 Ⅵ.12,证明了如何从给定的三条直线作出第四个比例项。

一些关于使用比例论于几何的注释仍然有效,我们在卷 Ⅰ. 和卷 Ⅱ. 中已经知道的所谓的几何代数的方法,即**面积相贴**的方法,我们已经看到,这个方法把两个量的乘积表示为矩形,这使得我们能解答某些特殊的二次方程,但是这个方法的局限性是明显的。只要一般量用直线表示,并且若我们的几何是平面几何,那么我们就不能处理多于两个量的乘积;并且即使是用三维空间,我们也不能处理多于三个量的乘积,由于这样一个乘积没有几何意义,当我们把任一个量用代数中的字母表示时,这个局限就会消失;由于在卷 Ⅴ. 中建立的比例的一般理论可以是两个不可公度的量以及可公度的量的比,比可以无限次地复合,并且一个比除以另一个比也是容易的,它等于第一个比与第二个的反比的复合,例如,最一般形式的量中的系数(coefficients)可以用两条直线之间的比表示,并且在卷 Ⅰ. 和卷 Ⅱ. 中的具有特定系数的二次方程的解现在可以扩展到任意的具有实根的二次方程。正如上述指出的,我们可以用比的复合来完成对应于代数量相乘的运算,我们可以用复合一个比与表示除数的比的反比来进行量的除法。关于量的加法和减法,只要使用通公分母的几何等价办法,即求第四个比例项。

定义

1. 凡直线形,若它们的角对应相等并且夹等角的边成比例,则称它们是**相似直线形。

2. **互反相关**的图形(见这个定义的注)。

3. 分一线段为二线段,当整体线段比大线段如同大线段比小线段时,则称此线段被分为**中外比**。

4. 在一个图形中,由顶点到底边的垂线叫作**图形的高**。

定义 1

Similar rectilineal figures **are such as have their angles severally equal and the sides about the equal angles proportional.**

这个定义曾被亚里士多德引用(*Anal*, *post*, Ⅱ, 17, 99 a 13),他说图形的相似"包括它们的边成比例并且它们的角相等"。在亚里士多德时代,这个定义在教科书中没有普遍地建立(Heiberg, *Mathematisches Zu Aristoteles*, p. 9)

在范斯文登(Van Swinden)的 *Elements of Geometry*(Jacobi's edition, 1834, pp, 114—5)中指出,欧几里得省略了这个定义的重要部分,即"对应的边必须对着相等的角",这是必要的,使得在两个图形中对应边有相同的顺序。

奥斯丁对这个定义有异议,其理由是性质(1)角分别相等,(2)等角的边成比例在两个图形中同时存在不是明显的,我们感到满意的是在卷Ⅵ中,我们知道如何在任意给定直线上作一个直线形相似于给定的直线形(Ⅵ.18)

定义 2

Reciprocally related figures.

在Ⅵ.14, 15, Ⅺ.34 中,讨论具有所说性质的平行四边形、三角形和平行六面体,它们不称为互反平行四边形等,而是称为边成互反比例的图形,西姆森谴责这个定义;它可能是海伦插入的。

西姆森在他的注释中代之以下述定义:"两个量称为对另外两个量成互反比例,当前者的第一个比后者的第一个等于后者的第二个比前者的第二个。"这个定义要求这些量都属于同一类型。

定义 3

A straight line is said to have been *cut in extreme and mean ratio*

when, as the whole line is to the greater segment, so is the greater to the less.

定义 4

The *height* of any figure is the perpendicular drawn from the vertex to the base.

"高"的定义在坎帕努斯中没有出现,大概是可疑的,由于它没有使用到平行四边形、平行六面体、圆柱和棱柱,尽管它用在《原理》中后面的图形中。亚里士多德也没有在数学意义上使用高。然而,这个术语是容易理解的,并且不需要定义。

［定义 5］

"称一个比是某些比的复合,当这些比的大小乘起来构成某个比或大小。"
(A ratio is said to be compounded of ratios when the sizes of the ratios multiplied together make some ratio, or size.)

正如前面指出的,这个定义是插入的。在最好的手稿(P)中,它只是在边页;而在坎帕努斯的译本中被略去。在第一次提及复合的地方(Ⅵ.23)没有出现这个定义,在欧几里得的其他地方也没有这个定义;也没有被其他伟大的几何学家阿基米德、阿波罗尼奥斯等人注释。它只被提及两次:(1)欧托基奥斯对上述注释的话;(2)塞翁关于托勒密的评论。并且这个定义的内容本身是可疑的,它说"比的大小乘起来"对几何是一个不明白的运算。欧托基奥斯和塞翁也尽他们的努力来解释它,除了这些比用数表示之外,意义不明。事实上,这个定义是非几何的并且是无用的,萨维尔(Savile)的观点是几何中的两个污点之一(另一个是公设5)。

赫尔茨(Hultsch)认为这个定义是真的,他的理由是(1)在手稿 P 中存在(尽管是在边页),(2)应当为Ⅵ.23 作准备,这个定义与Ⅵ.23 的情况不协调。如果这个定义是真的,我倾向认为它是从早期的教科书中幸存下来的,类似于立体角两个定义(Ⅺ.定义 11)中的第一个;这个形式好像适用于旧的比例理论,只应用于可公度量。

命题

命题 1

等高的三角形或平行四边形，它们彼此相比如同它们的底的比。

设 ABC, ACD 是等高的两个三角形，且 EC, CF 是等高的平行四边形。

我断言底 BC 比底 CD 如同三角形 ABC 比三角形 ACD，也如同平行四边形 EC 比平行四边形 CF。

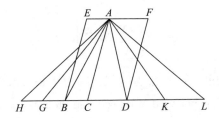

向两个方向延长 BD 至 H, L。并且设[任意条线段]BG, GH 等于底 BC，又有任意条线段 DK, KL 等于底 CD。连接 AG, AH, AK, AL。

因为，CB, BG, GH 彼此相等。

三角形 ABC, AGB, AHG 也彼此相等。   [Ⅰ.38]

从而，不管底 HC 是底 BC 的几倍，三角形 AHC 也是三角形 ABC 的同样几倍。

同理，不管底 LC 是底 CD 的几倍，三角形 ALC 也是三角形 ACD 的同样几倍；且若底 HC 等于底 CL，三角形 AHC 也等于三角形 ACL；   [Ⅰ.38]

如果底 HC 大于底 CL，则三角形 AHC 也大于三角形 ACL；如果底 HC 小于底 CL，则三角形 AHC 也小于三角形 ACL。

由此，有四个量，两个底 BC, CD 和两个三角形 ABC, ACD，已经取定了底 BC 和三角形 ABC 的同倍量，即底 HC 和三角形 AHC。又对底 CD 及三角形 ADC 取定任意的同倍量，即底 LC 和三角形 ALC。

而且已经证明了，如果底 HC 大于底 CL，则三角形 AHC 也大于三角形 ALC；如果底 HC 等于底 CL，则三角形 AHC 也等于三角形 ALC；如果底 HC 小于底 CL，则三角形 AHC 也小于三角形 ALC。

所以,底 BC 比底 CD 如同三角形 ABC 比三角形 ACD。　　　　［Ⅴ.定义5］

其次,因为平行四边形 EC 是三角形 ABC 的二倍。　　　　　　　　［Ⅰ.41］

并且平行四边形形是三角形 ACD 的二倍。

而部分比部分如同它们的同倍量比同倍量。　　　　　　　　　　　　　［Ⅴ.15］

故三角形 ABC 比三角形 ACD 如同平行四边形 EC 比平行四边形 FC。

因为,已经证明了底 BC 比底 CD 如同三角形 ABC 比三角形 ACD。

又,三角形 ABC 比三角形 ACD 如同平行四边形 EC 比平行四边形 FC。

所以,底 BC 比底 CD 也如同平行四边形 EC 比平行四边形 FC。　　　［Ⅴ.11］

证完

这个证明假定了在一对平行线之间的三角形或平行四边形,较大者具有较大的底,而由Ⅰ.38,这是显然的。

当然这两个给定的三角形不必如图有公共的底;关于Ⅰ.38帕普斯注释道,有相同的高与在一对平行线之间是相同的。

两个矩形或两个直角三角形,若有一条直角边有相同长度,则可以这样放置,使得一条直角边重合,另一条直角边在一条直线上。若我们称公共边为底,则由Ⅵ.1,这两个矩形之间的比等于它们的高的比。代替直角三角形或矩形,我们可以取任意其他三角形或平行四边形,具有相等的底并且在同一对平行线之间,于是

两个具有相等底的三角形或平行四边形的比等于它们的高的比。

靳让德以及其他现代教科书的作者把这个命题的证明分为两步,第一步证明当这些量是可公度的,第二步扩张到非公度的情形。

靳让德(*Éléments de Géometrie*,Ⅲ,3)使用了反证法,类似于阿基米德在他的专著 *On the equilibrium of planes* Ⅰ.7 的方法。下面是靳让德证明不可公度的情形。

这个命题已经证明了对于可公度的底,现在设有如图的两个矩形 $ABCD$,$AEFD$,底 AB,AE 不可公度。

要证明矩形 $ABCD$:矩形 $AEFD = AB:AE$。

事实上,若不是这样,设

矩形 $ABCD$:矩形 $AEFD = AB:AO$,……(1)

此处譬如说 AO 大于 AE。

若分 AB 为一些相等的部分,使得每一部分小于

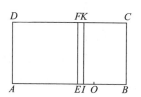

EO,则至少有一个分点在 *E* 与 *O* 之间。

设它是 *I*,并且作 *IK* 平行于 *EF*。

则矩形 *ABCD*,*AIKD* 的比等于底 *AB*,*AI* 的比,由于后者是可公度的,所以

矩形 *AIKD*:矩形 *ABCD* = *AI*:*AB*……(2)

由(1)(2)和首末比,

矩形 *AIKD*:矩形 *AEFD* = *AI*:*AO*。

但是 *AO* > *AI*;因而矩形 *AEFD* > 矩形 *AIKD*。

这是不可能的,因为矩形 *AEFD* < 矩形 *AIKD*。

类似可证 *AO* < *AE* 也是不可能的。

所以,矩形 *ABCD*:矩形 *AEFD* = *AB*:*AE*。

现代某些美国和德国的教科书还用不严格的极限理论。

命题 2

如果一条直线平行于三角形的一边,则它截三角形的两边成比例线段;又,如果三角形的两边被截成比例线段,则截点的连线平行于三角形的另一边。

作 *DE* 平行于三角形 *ABC* 的一边 *BC*。

我断言 *BD* 比 *DA* 如同 *CE* 比 *EA*。

连接 *BE*,*CD*。则三角形 *BDE* 等于三角形 *CDE*;

因为它们有同底 *DE* 并且在平行线 *DE*,*BC* 之间。

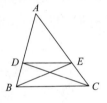

[Ⅰ.38]

又,三角形 *ADE* 是另外一个面片。

但是,相等的量比同一量其比相同。 [Ⅴ.7]

故,三角形 *BDE* 比三角形 *ADE* 如同三角形 *CDE* 比三角形 *ADE*。但是,三角形 *BDE* 比 *ADE* 如同 *BD* 比 *DA*;

因为,有同高,即由 *E* 到 *AB* 的垂线,它们彼此相比如同它们的底的比。 [Ⅵ.1]

同理也有,三角形 *CDE* 比 *ADE* 如同 *CE* 比 *EA*。

故也有,*BD* 比 *DA* 如同 *CE* 比 *EA*。 [Ⅴ.11]

其次,设三角形 *ABC* 的边 *AB*,*AC* 被截成比例线段,使得 *BD* 比 *DA* 如同 *CE* 比 *EA*,又连接 *DE*。

我断言 *DE* 平行于 *BC*。

由于,可用同样的作图,

BD 比 DA 如同 CE 比 EA。

但是，BD 比 DA 如同三角形 BDE 比三角形 ADE。

又，CE 比 EA 如同三角形 CDE 比三角形 ADE。 [Ⅵ.1]

故也有，三角形 BDE 比三角形 ADE 如同三角形 CDE 比三角形 ADE。

[Ⅴ.11]

于是三角形 BDE，CDE 的每一个比 ADE 有相同的比。

所以，三角形 BDE 等于三角形 CDE。 [Ⅴ.9]

并且它们在同底 DE 上。

但是，在同底上相等的三角形，它们也在同平行线之间。

所以，DE 平行于 BC。 [Ⅰ.39]

证完

欧几里得显然认为不值得在阐述中或图中区分其他两种情形：(a)平行于底的直线截两边的延长线；(b)在相反方向的延长线上。西姆森给出了三个图形并且插入了"它截其他两边或其延长线成比例"并且"若两条边或其延长线被成比例"。

托德亨特注意到，阐述的第二部分应当说明这些线段在比例中的对应。例如，若 AD 是二倍的 DB，而 CE 是二倍的 EA，则两边被截成比例，但 DE 不平行于 BC。应当说"并且若三角形的两边被截成比例，**使得邻近第三边的线在比例中是对应项**"。

命题 3

如果二等分三角形的一个角，其分角线也截底成两线段，则这两线段的比如同三角形其他二边之比；又，如果分底成两线段的比如同三角形其他二边的比，则由顶点到分点的连线平分三角形的顶角。

设 ABC 为一个三角形，AD 二等分角 BAC。

我断言 BD 比 CD 如同 BA 比 AC。

经过 C 作 CE 平行于 DA，并且延长 AB 和它交于 E。

那么，因为 AC 和平行线 AD，EC 相交，角 ACE 等于角 CAD。 [Ⅰ.29]

但是，由假设，角 CAD 等于角 BAD；故，角 BAD 也等于角 ACE。

又,因为直线 *BAE* 和平行线 *AD*,*EC* 相交,
外角 *BAD* 等于内角 *AEC*。

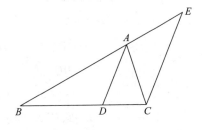

[I .29]

但是,也已经证明了角 *ACE* 等于角 *BAD*。

故,角 *ACE* 也等于角 *AEC*。

由此,边 *AE* 也等于边 *AC*。   [I .6]

又,因为作出了 *AD* 平行于三角形 *BCE* 的一边 *EC*,故有比例,*BD* 比 *DC* 如
同 *BA* 比 *AE*。   [Ⅵ.2]

但是,*AE* 等于 *AC*。

故,*BD* 比 *DC* 如同 *BA* 比 *AC*。

又,设 *BA* 比 *AC* 如同 *BD* 比 *DC*,并且连接 *AD*。

我断言直线 *AD* 二等分角 *BAC*。

用同样的作图,

因为,*BD* 比 *DC* 如同 *BA* 比 *AC*,

又有,*BD* 比 *DC* 如同 *BA* 比 *AE*:这是因为已经作出了 *AD* 平行于三角形
BCE 的一边 *EC*;   [Ⅵ.2]

故也有,*BA* 比 *AC* 如同 *BA* 比 *AE*。   [V.11]

故 *AC* 等于 *AE*。   [V.9]

因此,角 *ABC* 也等于角 *ACE*。   [I .5]

但是,同位角 *AEC* 等于角 *BAD*,   [I .29]

又内错角 *ACE* 等于角 *CAD*。   [I .29]

故角 *BAD* 也等于角 *CAD*。

所以,直线 *AD* 二等分角 *BAC*。

证完

这个证明假定了 *CE* 与 *BA* 的延长线交于某个点 *E*,这个证明与Ⅵ.4 中证
明 *BA*,*ED* 相交相同。在Ⅵ.3 的图中角 *ABD*,*BDA* 的和小于二直角,并且角 *BDA*
等于角 *BCE*,因为 *DA*,*CE* 平行。因而角 *ABC*,*BCE* 的和小于二直角;由公设5,
BA,*CE* 必然相交。

关于平分外角的相应命题也是重要的,西姆森把它作为另一个命题 A,帕
普斯认为这个结果无须证明(Pappus,Ⅶ.p.730,24)

德·摩根说,最好把命题 3 和 A 结合在一起:**若三角形的一个角被一条直
线内平分或外平分,它截对边或其延长线,则截出的两个线段的比等于其他两**

160

个边的比;并且若三角形的一条边内分或外分的比等于这个三角形其他两边的比,则从分点到这一边所对的顶点的连线内分或外分这个角。

设 AC 是两条边 AB, AC 中较小者,故 A 的外角的平分线 AD 交 BC 的延长线于 C。过 C 作 CE 平行于 DA, 交 BA 于 E。

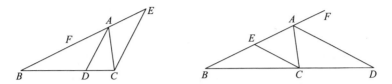

若 FAC 是外角, AD 是其平分线,并且若在 Ⅵ.3 的图形中在 AB 上取点 F, 则 Ⅵ.3 的证明可以几乎逐字逐句地用到另一种情形。我们只要用角 FAC 代替角 BAC, 用角 FAD 代替角 BAD。

若 AD, AE 是三角形角 A 的内平分线与外平分线,边 AB, AC 不相等, AC 较短,并且 AD, AE 分别交 BC 和 BC 的延长线于 D, E, 则 BD 比 DC 以及 BE 比 EC 都等于 BA 比 AC。即 BE 比 EC 等于 BE 与 ED 的差比 ED 与 EC 的差。

因此 BE, ED, EC 是调和数列,或者说 DE 是 BE 与 ED 的调和平均,或者 B, D, C, E 是一个调和列。

因为角 DAC 是角 BAC 的一半,并且角 CAE 是角 CAF 的一半,而角 BAC, CAF 的和等于二直角,所以角 DAE 是直角。

因此以 DE 为直径的圆通过 A。

现在若 BA 比 AC 给定, BC 给定, BC 和 BC 延长线上的点 D, E 给定,则以 DE 为直径的圆给定。因此,一个到两个给定点的距离为给定比的点的轨迹(不是等比)是一个圆。

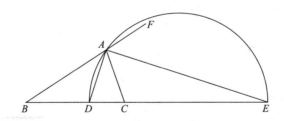

这个轨迹曾被阿波罗尼奥斯在他的 *Plane Loci* 卷 Ⅱ. 中讨论过,我们从帕普斯(Ⅶ. p.666)知道,他说这一卷包括下述定理:若两个点给定,直线以给定比从一点折射到另一点,则折点在一条直线上或一个圆周上,当然是当直线比相等时。另一种情形由欧托基奥斯以如下形式引用(Apollonius, ed. Heiberg, Ⅱ. pp. 180—4)。

若在一个平面上给定两个点和两条不相等直线的比,则可以在这个平面上作一个圆,使得从两个给定点到这个圆周的两条直线有给定比。

阿波罗尼奥斯的作图值得注意,由于他没有使用点 D 和 E,他直接从 BC 和给定比 $h:k$ 找到圆心和半径的长。但是这个作图不是阿波罗尼奥斯发现的;它出现得非常早,完全与亚里士多德的 *Meteorologica* III.5,376 a 3 sqq 的形式相同。导致作图的分析不属于亚里士多德或欧托基奥斯。取三条直线 x,CO,r,使得 $h>k$,

$$k:h=h:k+x, \quad\cdots\cdots\cdots\cdots\cdots\cdots\cdots\cdots (\alpha)$$
$$x:BC=k:CO=h:r_\circ \quad\cdots\cdots\cdots\cdots\cdots\cdots (\beta)$$

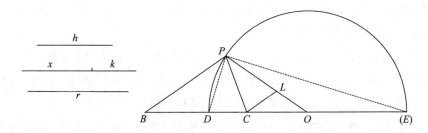

这个决定了圆心 O 的位置和半径 r 的长度,而后作出这个圆。在圆上任取一点 P,并且连接 PB,PC,并且证明了,

$$PB:PC=h:k_\circ$$

我们猜测这个证明的分析如下。

可以看出,B,C 是关于以 DE 为直径的圆的"共轭点"[参考 Apollonius,*Conics*,I.36,证明了对于圆、椭圆和双曲线,若 B 的极(polar)交直径 DE 于 C,则 $EC:CD=EB:BD$]。

若 O 是 DE 的中点,因而是这个圆的中心,则正如在 *Conics*,I.37 中,可以不用 D,E。

因为 $\qquad\qquad EC:CD=EB:BD,$

可以推出 $(EC+CD):(EC-CD)=(EB+BD):(EB-BD),$

或者 $\qquad\qquad 2OD:2OC=2OB:2OD,$

即 $\qquad\qquad BO \cdot OC=OD^2=r^2_\circ$

因而,若 P 是中心为 O 半径为 r 的圆上的任一点,则

$$BO:OP=OP:OC,$$

故 BOP,POC 是相似三角形。

又 $\qquad\qquad h:k=BD:DC=BE:EC$
$$=(BD+BE):DE=BO:r_\circ$$

因此,我们要求:

$$BO : r = r : OC = BP : PC = h : k。 \cdots\cdots\cdots\cdots (\delta)$$

所以 $\qquad\qquad k : CO = h : r,$

这就是上述第二个要求 (β)。

现在假定长度 x,使得后面这个比等于 $x : BC$,正如 (β)。

则 $\qquad\qquad x : BC = k : CO = h : r。$

因而 $\qquad\qquad (x + k) : BO = h : r,$

或者 $\qquad\qquad (x + k) : h = BO : r$

$$= h : k,由上述(\delta);$$

这就是关系 (α)。

阿波罗尼奥斯的作图的证明是由欧托基奥斯给出的,他说,容易看出 r 是 BO 与 OC 的比例中项。

由 (β) 可看出

$$x : BC = k : CO = h : r = (k + x) : BO,$$

因此 $\qquad\qquad BO : r = (k + x) : h$

$$= h : k, \qquad\qquad [由(\alpha)]$$

$$= r : CO, \qquad\qquad [由(\beta)]$$

因而 $\qquad\qquad r^2 = BO \cdot CO。$

但是三角形 BOP, POC 的在 O 的角公用,并且因为 $BO : OP = OP : OC$,所以这两个三角形相似,角 OPC, OBP 相等。

[直到此处,与亚里士多德的证明完全相同;向下稍有分歧。]

现在作 CL 平行于 BP,交 OP 于 L,则角 BPC, LCP 相等。

因而,三角形 BPC, PCL 相似,并且

$$BP : PC = PC : CL,$$

因此 $\qquad\qquad BP^2 : PC^2 = BP : CL$

$$= BO : OC,由平行线,$$

$$= BO^2 : OP^2(由于 BO : OP = OP : OC)。$$

所以 $\qquad\qquad BP : PC = BO : OP$

$$= h : k(由于 OP = r)。$$

[亚里士多德从相似三角形 POB, COP 直接推出这个,因为这两个三角形相似,所以

$$OP : CP = OB : BP,$$

因此 $\qquad\qquad BP : PC = BO : OP$

$$= h : k_\circ]$$

阿波罗尼奥斯用反证法证明了最后的方程对不在圆上的任意点 P 不成立。

命题 4

在两个三角形中,如果各角对应相等,则夹等角的边成比例。其中等角所对的边是对应边。

设 ABC, DCE 是各角对应相等的两个三角形,角 ABC 等于角 DCE,角 BAC 等于角 CDE,并且角 ACB 等于角 CED。

我断言在三角形 ABC, DCE 中夹等角的边成比例。其中等角所对的边是对应边。

设把 BC 和 CE 置于一条直线上。

那么,因为角 ABC, ACB 之和小于两直角,

[Ⅰ.17]

并且角 ACB 等于角 DEC,

故角 ABC, DEC 之和小于两直角。

从而,BA, BD 延长后必相交。　[Ⅰ.公设5]

令 F 为它们的交点。

现在,因角 DCE 等于角 ABC,

故 BF 平行于 CD。

[Ⅰ.28]

又,因为角 ACB 等于角 DEC,

故 AC 平行于 FE。

[Ⅰ.28]

于是 $FACD$ 是一个平行四边形;

所以,FA 等于 DC,且 AC 等于 FD。

[Ⅰ.34]

又因为 AC 平行于三角形 FBE 的边 FE,

故,BA 比 AF 如同 BC 比 CE。

[Ⅵ.2]

但是,AF 等于 CD,故,BA 比 CD 如同 BC 比 CE。

又,由更比例,AB 比 BC 如同 DC 比 CE。

[Ⅴ.16]

又,因 CD 平行于 BF,故,BC 比 CE 如同 FD 比 DE。

[Ⅵ.2]

但是,FD 等于 AC,故,BC 比 CE 如同 AC 比 DE,

又由更比例,BC 比 CA 如同 CE 比 ED。

[Ⅴ.16]

因为,已经证得 AB 比 BC 如同 DC 比 CE,

并且 BC 比 CA 如同 CE 比 ED。

164

所以，由首末比，BA 比 AC 如同 CD 比 DE。 [V.22]

证完

托德亨特注意到："两个三角形放置不是很完美的，它们的底在同一条直线上并且相邻，它们的顶点在底的同侧，并且有公共顶点的两个角的每一个等于另一个三角形的远离的角。"但是欧几里得的描述是充分的，除了没有说 B 和 D 在 BCE 的同侧。

Ⅵ.4 可以直接从Ⅵ.2 推出，只要把一个三角形重叠在另一个上，使得一个角与它相等的角重合，这样作三次，例如，贴角 DEF 到角 ABC，使得 D 在 AB 上，F 在 BC 上，德·摩根喜爱这个方法，他说："这种特殊的作图方法，使一个角与它相等的角重合，并且重合三次，每次对一个角。"

命题 5

如果两个三角形的边成比例，则它们的角是相等的，即对应边所对的角相等。

设 ABC,DEF 是两个三角形，它们的边成比例，即

AB 比 BC 如同 DE 比 EF，

BC 比 CA 如同 EF 比 FD，

并且 BA 比 AC 如同 ED 比 DF；

我断言三角形 ABC 与三角形 DEF 的角是对应相等的。这些角是对应边所对的角，即角 ABC 等于角 DEF，角 BCA 等于角 EFD，并且角 BAC 等于角 EDF。

因为，在线段 EF 上的点 E,F 处作角 FEG 等于角 ABC，角 EFG 等于角 ACB。 [I.23]

故，剩下的在点 A 的角等于剩下的在点 G 的角。 [I.32]

从而，三角形 ABC 和三角形 GEF 是等角的。

故在三角形 ABC,GEF 中，夹等角的边成比例，且那些对着等角的边是对应边。 [Ⅵ.4]

故，AB 比 BC 如同 GE 比 EF。

但是，由假设，AB 比 BC 如同 DE 比 EF，

故，DE 比 EF 如同 GE 比 EF。 [V.11]

从而，线段 DE,GE 的每一条

与 EF 相比有相同的比。

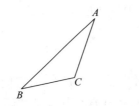

所以 *DE* 等于 *GE*。　　　　　　　　　　　　　　　　　［V.9］

同理，*DF* 也等于 *GF*。

因为，*DE* 等于 *EG*，并且 *EF* 是公共的。

两边 *DE*，*EF* 等于两边 *GE*，*EF*，并且底 *DF* 等于底 *FG*；

故，角 *DEF* 等于角 *GEF*，　　　　　　　　　　　　　　　［I.8］

并且，三角形 *DEF* 全等于三角形 *GEF*。

又，其余的角等于其余的角，即等边所对的角，　　　　　　　　［I.4］

故，角 *DFE* 也等于角 *GFE*，

并且角 *EDF* 等于角 *EGF*。

又因为角 *FED* 等于角 *GEF*，

而角 *GEF* 等于角 *ABC*，故角 *ABC* 也等于角 *DEF*。

同理，角 *ACB* 也等于角 *DFE*。

并且在点 *A* 的角等于在点 *D* 的角。

所以，三角形 *ABC* 与三角形 *DEF* 是等角的。

证完

这个命题是Ⅵ.4 的完全逆，Ⅲ.6 是其部分逆。

托德亨特和沃克(Walker)注意到这个阐述应当说明这两个三角形的边按顺序成比例。可能有两个三角形 *ABC*，*DEF*，使得

$$AB : BC = DE : EF,$$

并且　　　　　　$BC : CA = DF : ED(代替 EF : FD)$

故　　　　　　　$AB : AC = DF : EF(首末比)$

此时这两个三角形的边成比例，但不是相同的顺序，并且这两个三角形不是等角的。例如，一个三角形的边是 3，4，5，而另一个三角形的边是 12，15，20。

存在在Ⅵ.5 中避免间接证明的方法，这个在Ⅰ.48 的注中说明。

命题6

如果两个三角形有一个的一个角等于另一个的一个角，并且夹这两个角的

边成比例,则这两个三角形是等角的,并且这些等角是对应边所对的角。

设在三角形 *ABC*,*DEF* 中,角 *BAC* 等于角 *EDF*,并且夹这两个角的边成比例,即 *BA* 比 *AC* 如同 *ED* 比 *DF*。

我断言三角形 *ABC* 与三角形 *DEF* 的各角是相等的,即角 *ABC* 等于角 *DEF*,角 *ACB* 等于角 *DFE*。

因为,可在直线 *DF* 上的点 *D*,*F* 处作角 *FDG* 等于角 *BAC* 或角 *EDF*,又角 *DFG* 等于角 *ACB*;　　　　　　　　　　　　　　　　　　　　　　[Ⅰ.23]

于是其余在 *B* 处的角等于在点 *G* 处的角。　　　　　　　　　　[Ⅰ.32]

从而,三角形 *ABC* 与三角形 *DGF* 的各角是相等的。

故,*BA* 比 *AC* 如同 *GD* 比 *DF*。　　　　　　　　　　　　　　[Ⅵ.4]

但是,由假设,*BA* 比 *AC* 如同 *ED* 比 *DF*。

从而也有,*ED* 比 *DF* 如同 *GD* 比 *DF*。　　　　　　　　　　[Ⅴ.11]

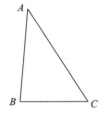

于是 *ED* 等于 *DG*;　　　　　　　　　　　　　　　　　　　　　[Ⅴ.9]

又 *DF* 是公共的;

故,两边 *ED*,*DF* 等于两边 *GD*,*DF*;并且角 *EDF* 等于角 *GDF*。

于是底 *EF* 等于底 *GF*。

又,三角形 *DEF* 全等于三角形 *DGF*,并且其余的角等于其余的角,即它们的等边所对的角。　　　　　　　　　　　　　　　　　　　　　　[Ⅰ.4]

故,角 *DFG* 等于角 *DFE*,并且角 *DGF* 等于角 *DEF*。

但是,角 *DFG* 等于角 *ACB*,故角 *ACB* 等于角 *DFE*。

又由假设,角 *BAC* 也等于角 *EDF*;

从而,其余在 *B* 的角等于在 *E* 的角;　　　　　　　　　　　　[Ⅰ.32]

所以,三角形 *ABC* 与三角形 *DEF* 的各角是相等的。

　　　　　　　　　　　　　　　　　　　　　　　　　　　　　　证完

命题 7

如果在两个三角形中，有一个的一个角等于另一个的一个角，夹另外一对角的边成比例，其余的那一对角都小于或者都不小于直角，则这两个三角形的各角相等，边成比例。

设 *ABC*, *DEF* 是各有一个角相等的两个三角形，角 *BAC* 等于角 *EDF*，夹另外角 *ABC*, *DEF* 的边成比例，即 *AB* 比 *BC* 如同 *DE* 比 *EF*，并且首先假设在 *C*, *F* 处的角都小于一个直角。

我断言三角形 *ABC* 与三角形 *DEF* 的各角相等，角 *ABC* 等于角 *DEF*，并且余下的角也相等，即在 *C* 处的角等于在 *F* 处的角。

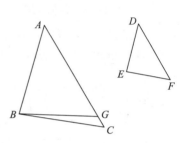

假设，角 *ABC* 不等于角 *DEF*，它们中就有一个较大，设较大者是角 *ABC*；又，在线段 *AB* 上的点 *B* 处作角 *ABG* 等于角 *DEF*。　　　　　　 ［Ⅰ.23］

那么，因为角 *A* 等于角 *D*，又角 *ABG* 等于角 *DEF*，

故余下的角 *AGB* 等于角 *DFE*。　　　　　　　　　　　　　　　 ［Ⅰ.32］

故，三角形 *ABG* 与三角形 *DEF* 的各角是相等的。

从而，*AB* 比 *BG* 如同 *DE* 比 *EF*。　　　　　　　　　　　　　　 ［Ⅵ.4］

但是，由假设 *DE* 比 *EF* 如同 *AB* 比 *BC*，从而，*AB* 比线段 *BC*, *BG* 的每一个有相同的比。　　　　　　　　　　　　　　　　　　　　　　　　　　 ［Ⅴ.11］

故，*BC* 等于 *BG*。　　　　　　　　　　　　　　　　　　　　　　 ［Ⅴ.9］

由此，在 *C* 处的角也等于角 *BGC*。　　　　　　　　　　　　　　 ［Ⅰ.5］

但是，由假设，在 *C* 处的角小于一个直角，

所以，角 *BGC* 也小于一直角。

由此，它的邻角 *AGB* 大于一直角。　　　　　　　　　　　　　　 ［Ⅰ.13］

又，它被证明了等于在 *F* 处的角，故，在 *F* 处的角也大于一个直角。

但是，由假设，它是小于一直角：这是不合理的。

故角 *ABC* 不是不等于角 *DEF*，从而，它等于角 *DEF*。

但是，在 *A* 处的角也等于在 *D* 处的角，

故，其余在 *C* 处的角等于在 *F* 处的角。　　　　　　　　　　　　 ［Ⅰ.32］

从而，三角形 *ABC* 与三角形 *DEF* 的各角相等。

但是，又设在 *C*, *F* 处的角，每一个不小于一直角，我断言在此情况下三角形

ABC 仍然与三角形 *DEF* 的各角相等。

用同样的作图,类似地,我们可以证得 *BC* 等于 *BG*;

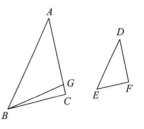

由此,在 *C* 处的角也等于角 *BGC*。　　　[Ⅰ.5]

但是,在 *C* 处的角不小于一直角,

故,角 *BGC* 不小于一直角。

由此,在三角形 *BGC* 中有两个角的和不小于二直角:这是不可能的。

[Ⅰ.17]

所以,角 *ABC* 不是不等于角 *DEF*,故它们相等。

但是,在 *A* 处的角也等于在 *D* 处的角,

故,其余在 *C* 处的角等于在 *F* 处的角。　　　[Ⅰ.32]

所以,三角形 *ABC* 与三角形 *DEF* 的各角是相等的。

　　　　　　　　　　　　　　　　　　　　　　　　　　证完

托德亨特和沃克指出,必须增加某些词使其阐述严格:"若两个三角形中有一个角相等,另一对角的边成比例(使得对等角的边是类似的)……"

这个命题是对相似三角形的含糊情形的推广,这个含糊情形关于相等三角形在Ⅰ.26 的注中已提及。

表述这个命题的另一个方式由托德亨特给出:

若在两个三角形中,一个三角形的两边与另一个三角形的两边成比例,并且一对对应边的对角相等,则另一对对应边所对角或者相等,或者其和为二直角。

事实上,成比例的两边所夹的角必然或相等或不等。

若它们相等,则一个三角形的两个角等于另一个三角形的两个角,这两个三角形是等角的。

因而,我们只需考虑成比例的两边所夹的角是不等的情形。

其证明类似于Ⅵ.7,除了末尾部分。

设三角形 *ABC*,*DEF* 的角 *A* 等于角 *D*;设

$$AB : BC = DE : EF,$$

但是角 *ABC* 不等于角 *DEF*。

则角 *ACB*,*DEF* 的和等于二直角。

设 *ABC* 大于 *DEF*,并且作角 *ABG* 等于角 *DEF*,则由Ⅵ.7,三角形 *ABG*,*DEF* 是等角的,因此

169

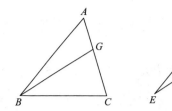

$$AB : BG = DE : EF$$

但是，由假设 $\qquad AB : BC = DE : EF$，

所以 $\qquad\qquad\qquad BG = BC$，

并且角 BGC 等于角 BCA。

现在，因为三角形 ABG, DEF 是等角的，所以角 BGA 等于角 EFD。

两边分别加上等角 BGC, BCA；因而角 BCA, EFD 的和等于角 BGA, BGC 的和，即等于二直角。

所以角 BCA, EFD 或相等或互补。

但是，(1)若它们都小于直角，则不可能互补，因而必然相等；

(2)若它们都不大于直角，则它们不可能互补，因而必然相等；

(3)若它们中的一个是直角，则它们互补并且相等。

西姆森在他的阐述中把情形(3)区分出来："则，若每一个剩余角小于或者不小于一个直角，**或者它们中的一个是直角**……"

这个改变是正确的，他对是直角的情形给出了另外的证明。

"最后，设角 C 是直角，此时三角形 ABC 等角于三角形 DEF。

事实上，若它们不等角，作角 ABG 等于角 DEF，则由上述情形，可以证明 BG 等于 BC。

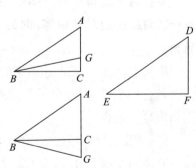

但是角 BCG 是直角，所以角 BGC 也是直角；因此三角形 BGC 两个角的和不小于二直角；这是不可能的。

所以，三角形 ABC 等角于三角形 DEF。"

命题 8

如果在直角三角形中，由直角顶点向底作垂线，则与垂线相邻的两个三角形都与原三角形相似且它们两个彼此相似。

设 ABC 是一个有直角 BAC 的直角三角形,并且令 AD 是由 A 向 BC 所作的垂线。

我断言三角形 ABD,ADC 每个都和原三角形 ABC 相似,并且它们也彼此相似。

因为,角 BAC 等于角 ADB,由于它们都是直角,

并且在 B 的角是两三角形 ABC 和 ABD 的公共角,

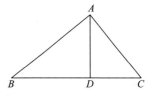

所以,其余的角 ACB 等于其余的角 BAD。

[Ⅰ.32]

从而,三角形 ABC 和三角形 ABD 的各角相等。

故在三角形 ABC 中对直角的边 BC 比三角形 ABD 中对直角的边 BA,如同三角形 ABC 中对角 C 的边 AB 比三角形 ABD 中对等角 BAD 的边 BD,而且也如同 AC 比 AD,这是因为它们是这两个三角形公共点 B 处的角的对边。 [Ⅵ.4]

故,三角形 ABC 与三角形 ABD 是等角的,并且夹等角的边成比例。

从而,三角形 ABC 与三角形 ABD 相似。 [Ⅵ.定义1]

类似地,我们可以证得

三角形 ABC 也相似于三角形 ADC。

故,三角形 ABD,ADC 的每一个都相似于原三角形 ABC。

其次,可证三角形 ABD,ADC 也彼此相似。

因为,直角 BDA 等于直角 ADC,

所以,在 B 处的角也等于角 DAC, [Ⅰ.32]

从而,三角形 ABD 和三角形 ADC 的各角相等。

故,在三角形 ABD 中与角 BAD 所对的边 BD 比在三角形 ADC 中的 DA,如同在三角形 ABD 中的边 AD 比在三角形 ADC 中的边 DC,也如同 BA 比 AC,因为这两边对着所在三角形中的直角。 [Ⅵ.4]

所以,三角形 ABD 相似于三角形 ADC。 [Ⅵ.定义1]

推论 由此很明显,如果在一个直角三角形中,由直角向底作一垂线,则垂线是底上两段的比例中项。

证完

西姆森关于这个命题注意到:"显然某些编辑者改变了欧几里得的证明;在证明了这两个三角形等角之后,特别证明了等角的边成比例,正如命题Ⅵ.4中所作的;这个多余的部分在阿拉伯译本中没有出现,并且现在已略去。"

这个"特别证明"等角的边成比例与Ⅵ.4没有什么不同,并且为了缩短证明,在证明了三角形 ABD,ADC 都与三角形 ABC 相似之后,说"与三角形 ABC 等角并且相似的两个三角形 ABD,ADC 彼此等角并且相似",这就假定了Ⅵ.21的一个特殊情形,而欧几里得在此证明了这个。

我们注意到,欧几里得一般地给出标记三角形的字母的顺序;A 是第一个字母,并且其他两个的顺序是从左到右,这样当他说到比例时,对哪一条边对应哪一条边也有帮助。

在希腊正文中,在推论的"这就是要证明的"后面插入了"并且在底与任一小段之间,相邻这一小段的边是其比例中项",海伯格认为这句话是插入的,(1)由于它在"证完"之后,(2)在最好的塞翁手稿中没有,海伯格的观点好像被奥斯丁的注释所证实。

命题 9

在一给定的直线上截取任一部分。

设 AB 是所给定的直线;

这样,要求在 AB 上截取任一部分。假设截取三分之一。

由点 A 作直线 AC 与 AB 成任意角,在 AC 上任取一点 D,并且令 DE,EC 等于 AD。　　　　　　[Ⅰ.3]

连接 BC,过 D 作 DF 平行于它。　　　[Ⅰ.31]

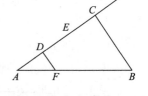

则,FD 平行于三角形 ABC 的一边 BC,故 CD 比 DA 如同 BF 比 FA。　　　　　　　　　　[Ⅵ.2]

但是,CD 是 DA 的二倍,故 BF 也是 FA 的二倍,从而,BA 是 AF 的三倍。

所以,在已知线段 AB 上截出了 AF 等于原长的三分之一。

证完

西姆森注意到:"这是对一种特殊情形的证明,即要求截取一条直线的三分之一;这不是欧几里得的风格。此外,这个证明的作者从四个成比例的量断言,第三个的倍数对第四个与第一个对第二个的倍数相同;这个在卷Ⅴ.中未证明;而这个编辑者从含糊的概念假定了它。"

这个假定的证明被西姆森在他的命题中证明,因此他能提供一个一般的和合理的证明。

"设 AB 是给定的直线;要求从它截取任意部分。

从点 A 作直线 AC 与 AB 成任意角;在 AC 上任取一点 D,并且取 AC 对 AD 的倍数与 AB 对从它取出部分的倍数相同;连接 BC,并且作 DE 平行于它,则 AE 是要求截取的部分。

由于 ED 平行于三角形 ABC 的一条边 BC,所以

$$CD:DA = BE:EA,\qquad\qquad\qquad\qquad [\text{VI}.2]$$

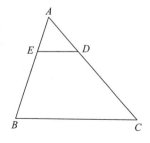

由合比,$CA:AD = BA:AE$。 $\qquad\qquad\qquad [\text{V}.18]$

但是 CA 是 AD 的倍数,

因而 BA 是 AE 的相同的倍数。 $\qquad\qquad [$ 命题 $D]$

因而不论 AD 是 AC 的什么部分,AE 是 AB 的相同部分;

所以从直线 AB 截出了所要的部分。"

卡梅尔和贝尔曼(Baermann)注释说,用下述方法可以避免使用西姆森的命题 D。我们首先证明

$$CA:AD = BA:AE。$$

而后推出

$$CA:BA = AD:AE。\qquad\qquad\qquad\qquad [\text{V}.16]$$

但是 $\qquad\qquad AD:AE = n\cdot AD:n\cdot AE$

(其中 n 是 AC 包含 AD 的倍数); $\qquad\qquad [\text{V}.15]$

因此 $\qquad\qquad AC:AB = n\cdot AD:n\cdot AE$ $\qquad [\text{V}.11]$

在这个比例中,第一项等于第三项,所以第二项等于第四项, $\qquad [\text{V}.14]$

于是 $\qquad\qquad\qquad AB = n\cdot AE。$

命题 9 当然是命题 10 的一种特殊情形。

命题 10

分一给定的未分直线使它相似于已分直线。

设 AB 是所给定的未分直线,已分直线 AC 被截于点 D,E,它们交成任意角。连接 CB,过 D,E 作 DF,EG 平行于 BC,并且过 D 作 DHK 平行于 AB,

$$\qquad\qquad\qquad\qquad\qquad\qquad\qquad [\text{I}.31]$$

故,图形 FH,HB 都是平行四边形;

所以,DH 等于 FG,且 HK 等于 GB。 $\qquad\qquad [\text{I}.34]$

现在,因为线段 HE 平行于三角形 DKC 的一边 KC,故 CE 比 ED 如同 KH 比 HD。

$$\qquad\qquad\qquad\qquad\qquad\qquad\qquad [\text{VI}.2]$$

但是，*KH* 等于 *BG*，并且 *HD* 等于 *GF*，故 *CE* 比 *ED* 如同 *BG* 比 *GF*。

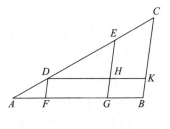

又，因为 *FD* 平行于三角形 *AGE* 的一边 *GE*，从而 *ED* 比 *DA* 如同 *GF* 比 *FA*。　　　[Ⅵ.2]

但是，已经证明了 *CE* 比 *ED* 如同 *BG* 比 *GF*。

故，*CE* 比 *ED* 如同 *BG* 比 *GF*。

又，*ED* 比 *DA* 如同 *GF* 比 *FA*。

从而，将已知未分直线 *AB* 分成与已分直线 *AC* 相似的直线。

证完

命题 11

求作给定的二直线的第三比例项。

设 *BA*，*AC* 是两条给定的直线，并且设它们交成任意角。

那么，要求作 *BA*，*AC* 的第三比例项。

可延长它们到点 *D*，*E*，并且令 *BD* 等于 *AC*；　　[Ⅰ.3]

连接 *BC*，并且经过 *D* 作 *DE* 平行于 *BC*。　　[Ⅰ.31]

因为 *BC* 平行于三角形 *ADE* 的一条边 *DE*，所以，

AB 比 *BD* 如同 *AC* 比 *CE*。　　　　[Ⅵ.2]

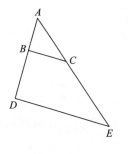

但是，*BD* 等于 *AC*。

故 *AB* 比 *AC* 如 *AC* 比 *CE*。

所以，对给定的二直线 *AB*，*AC* 作出了它们的第三比例项 *CE*。

证完

这个命题是下一个命题Ⅵ.12 的一种特殊情形。

给定两条直线的比，Ⅵ.11 使我们能够找到它的二次比。

命题 12

求作给定的三直线的第四比例项。

设 *A*，*B*，*C* 是三条给定的直线。

那么，求作 A、B、C 的第四比例项。

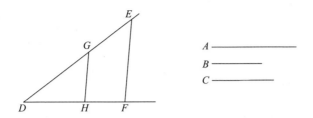

设二直线 DE，DF 交成任意角 EDF，取 DG 等于 A，GE 等于 B，并且 DH 等于 C；
连接 GH，并且过 E 作 EF 平行于它。　　　　　　　　　　　[Ⅰ.31]

因为，GH 平行于三角形 DEF 的一边 EF，故 DG 比 GE 如同 DH 比 HF。

[Ⅵ.2]

但是，DG 等于 A，GE 等于 B，并且 DH 等于 C，故 A 比 B 如同 C 比 HF。

所以，对所给定的三条直线 A、B、C 作出了第四比例项 HF。

证完

在此我们有"三个规则"是几何等价的。

在欧几里得的证明中，第一条直线和第二条直线在角的一条直线上，而第
三条直线在角的另一条直线上，或者第一条和第三条在一条直线上，而第二条
在另一条直线上。

如果希望第一条与要求的第四条在一条直
线上，第二条和第三条在另一条直线上，可以如下
作图。在一条直线上量取 DE 等于 A，在角的另
一条直线上量取 DF 等于 B，DG 等于 C。连接 EF，并且过 G 作 GH 反平行于 EF，即作角 DGH 等于角 DEF；设 GH 交 DE 于 H。

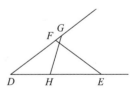

则 DH 是第四比例项。

事实上，三角形 EDF，GDH 相似，并且等角的边成比例，

$$DE : DF = DG : DH，$$

或者　　　　　　　　　　　　$A : B = C : DH。$

命题 13

求作两条给定的直线的比例中项。

设 AB，BC 是两条所给定的直线；那么，要求作 AB，BC 的比例中项。

设它们在同一直线上,并且在 AC 上作半圆 ADC,在点 B 处作 BD 和直线 AC 成直角。

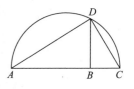

连接 AD,DC,因为角 ADC 是半圆上的内接角,故它是直角。　　　　　　　　　　　　　　　　　［Ⅲ.31］

又因为,在直角三角形 ADC 中,DB 是由直角的顶点作到底边的垂线。

故,DB 是底 AB,BC 的比例中项。　　　　　　［Ⅵ.8,推论］

所以,对两条所给定的直线 AB,BC 作出了比例中项 DB。

证完

这个命题是 Ⅱ.14 的变形,等价于开平方,并且使我们对给定的两条直线的比,能够找到它的二重比。

命题 14

在相等且等角的平行四边形中,夹等角的边成互反比例;在等角平行四边形中,若夹等角的边成互反比例,则它们相等。

设 AB,BC 是相等且等角的平行四边形,并且在 B 处的角相等,又设 DB,BE 在同一直线上。

故,FB,BG 也在一条直线上。　　　　　　　［Ⅰ.14］

我断言在 AB,BC 中夹等角的边成互反比例,也就是说,DB 比 BE 如同 GB 比 BF。

把平行四边形 FE 完全画出来。

因为,平行四边形 AB 等于平行四边形 BC,

并且 FE 是另一面片,所以,AB 比 FE 如同 BC 比 FE。　　　　　　　　　　　　　　　　　［Ⅴ.7］

但是,AB 比 FE 如同 DB 比 BE,　　　　　　［Ⅵ.1］

又,BC 比 FE 如同 GB 比 BF。　　　　　　　［Ⅵ.1］

故也有,DB 比 BE 如同 GB 比 BF。　　　　　　［Ⅴ.11］

所以,在平行四边形 AB,BC 中夹等角的边成互反比例。

其次,设 GB 比 BF 如同 DB 比 BE;

我断言平行四边形 AB 等于平行四边形 BC。

因为,DB 比 BE 如同 GB 比 BF,

这时,DB 比 BE 如同平行四边形 AB 比平行四边形 FE;　　　　　　　　　　　　　　　　　　　［Ⅵ.1］

又,GB 比 BF 如同平行四边形 BC 比平行四边形 FE,　　　　　　　　　　　　　　　　　　　　　　　　［Ⅵ.1］

故也有，AB 比 FE 如同 BC 比 FE；　　　　　　　　　　　　［Ⅴ.11］

所以，平行四边形 AB 等于平行四边形 BC。　　　　　　　　　［Ⅴ.9］

证完

德·摩根关于这个命题说："由于与欧几里得处理复合比断裂，这个命题不在地方，它是Ⅵ.23 的一种特殊情形，其中有边的比的复合，四个量成互反比例的正确定义是它们的比的复合比是相等比。"

Ⅵ.14 的确是Ⅵ.23 的特殊情形，但是，若它不在地方，则后者应当放在Ⅵ.14的前面，由于命题Ⅵ.15 到Ⅵ.23 大多依赖于Ⅵ.14 和Ⅵ.15。而这与欧几里得的风格是协调的，他首先给出特殊情形，而后给出它的推广，并且这种安排有一个优点，它使得较困难的部分较容易接受。现在，若遵循德·摩根的观点，我们就要用较复杂的概念复合比来解释较易接受的两个比，一个是另一个的逆。换句话说，读者较容易理解相等并且等角的平行四边形的边"成互反比例"，而较难理解这样的两个平行四边形的概念，"它们的边的比的复合比是相等比"，由于这个原因我们应当坚持欧几里得的安排。

因为 DB,BE 放在一条直线上，所以 FB,BG 也在一条直线上，根据Ⅰ.14，可以由下述推理明显地看出：

角 DBF 等于角 GBE；

给每个加上角 FBE；所以

角 DBF,FBE 的和等于角 GBE,FBE 的和。　　　　　　　　　［公用概念2］

但是角 DBF,FBE 的和等于二直角，　　　　　　　　　　　　　［Ⅰ.13］

所以角 GBE,FBE 的和等于二直角，　　　　　　　　　　　　　［公用概念1］

因而 FB,BG 在一条直线上。　　　　　　　　　　　　　　　　［Ⅰ.14］

这个结果显然来自普罗克洛斯Ⅰ.15 的逆(见Ⅰ.15 的注)。

命题Ⅵ.14 包含一个定理及其部分逆；命题Ⅵ.15 也是这样。下述括号内的话适用于三角形的情形(Ⅵ.15)。

在相等的两个平行四边形(三角形)中，若一个角的边成互反比例，则它们是等角的(这两个边所夹的角相等或互补)。

设 AB,BC 是两个相等的平行四边形，或者 FBD,EBG 是两个相等的三角形，使得角 B 的边成互反比例，即

$$DB : BE = GB : BF。$$

我们要证角 FBD,EBG 相等或互补。

在图形中把 DB,BE 放在一条直线上。

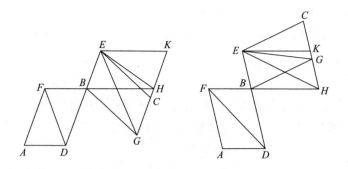

则 FB,BG 或者在一条直线上,或者不在一条直线上。

(1)若 FB,BG 在一条直线上,则

角 FBD 等于角 EBG。 [I.15]

(2)若 FB,BG 不在一条直线上,延长 FB 到 H 使得 BH 等于 BG。

连接 EH,并且完成平行四边形 $EBHK$。

因为 $DB:BE = GB:BF,$

并且 $GB = HB,$

所以 $DB:BE = HB:BF。$

因而由Ⅵ.14 或Ⅵ.15,

平行四边形 AB,BK 相等或三角形 FBD,EBH 相等。

但是平行四边形 AB,BC 相等,并且三角形 FBD,EBG 相等;

因而平行四边形 BC,BK 相等,并且三角形 EBH,EBG 相等。

所以这两个平行四边形或这两个三角形在一对平行线之间;即 G,C,H,K 在一条直线上,这条直线平行于 DE。 [I.39]

现在,因为 BG,BH 相等,所以角 BGH,BHG 相等。

由平行线,可以推出

角 EBG 等于角 DBH。

因此角 EBG 是角 FBD 的补角。

命题 15

在相等的两个三角形中,有一对角相等,那么,夹等角的边成互反比例;又,若两个三角形有一对角相等,并且夹等角的边成互反比例,那么,它们就相等。

设 ABC,ADE 是相等的三角形,并且有一对角相等,即角 BAC 等于角 DAE。

我断言在三角形 ABC,ADE 中,夹等角的边成互反比例,即

CA 比 *AD* 如同 *EA* 比 *AB*。

因为，可令 *CA* 和 *AD* 在一条直线上，故 *EA* 和 *AB* 也在一条直线上。 ［Ⅰ.14］

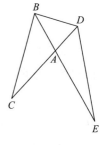

连接 *BD*。

因为，三角形 *ABC* 等于三角形 *ADE*，并且 *BAD* 是另一个面片，故三角形 *CAB* 比三角形 *BAD* 如同三角形 *EAD* 比三角形 *BAD*。 ［Ⅴ.7］

但是，*CAB* 比 *BAD* 如同 *CA* 比 *AD*， ［Ⅵ.1］

又 *EAD* 比 *BAD* 如同 *EA* 比 *AB*。 ［Ⅵ.1］

所以也有，*CA* 比 *AD* 如同 *EA* 比 *AB*。 ［Ⅴ.11］

于是，在三角形 *ABC*，*ADE* 中，夹等角的边成互反比例。

其次，设三角形 *ABC*，*ADE* 的边成互反比例，那就是说，*EA* 比 *AB* 如同 *CA* 比 *AD*。

我断言三角形 *ABC* 等于三角形 *ADE*。

如果再连接 *BD*，

因为，*CA* 比 *AD* 如同 *EA* 比 *AB*，

CA 比 *AD* 如同三角形 *ABC* 比三角形 *BAD*；

EA 比 *AB* 如同三角形 *EAD* 比三角形 *BAD*； ［Ⅵ.1］

所以，三角形 *ABC* 比三角形 *BAD* 如同三角形 *EAD* 比三角形 *BAD*。 ［Ⅴ.11］

故，三角形 *ABC*，*EAD* 的每一个与 *BAD* 有相同的比。

所以，三角形 *ABC* 等于三角形 *EAD*。 ［Ⅴ.9］

证完

正如上一个注中指出的，这个命题当这两条边所夹的角互补时也是真的。

设 *ABC*，*ADE* 是两个三角形，角 *BAC*，*DAE* 互补，并且

$$CA : AD = EA : AB。$$

此时我们可以把三角形这样放置：使得 *CA* 与 *AD* 在一条直线上，*AB* 沿着 *AE* 放置（由于角 *EAC* 是角 *EAD* 的补角，故等于角 *BAC*）。

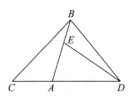

若连接 *BD*，则欧几里得的证明也适用于这种情形。

事实上，Ⅵ.15 可以直接由Ⅵ.14 推出，由于一个三角形是一个同底同高的平行四边形的一半。但是欧几里得的目的是让学生掌握方法而不是结果，好像从一个命题导出另一个不如对每个使用同样的方法。

命题 16

如果四条直线成比例,则两外项所夹的矩形等于两内项所夹的矩形;并且如果两外项所夹的矩形等于两内项所夹的矩形,则四条直线成比例。

设四条直线 AB, CD, E, F 成比例。这样,AB 比 CD 如同 E 比 F。我断言由 AB, F 所夹的矩形等于由 CD, E 所夹的矩形。

设在点 A, C 处作 AG, CH 与直线 AB, CD 成直角,且取 AG 等于 F,CH 等于 E。

作平行四边形 BG, DH。

因为 AB 比 CD 如同 E 比 F。

又,E 等于 CH,并且 F 等于 AG,所以,AB 比 CD 如同 CH 比 AG。

从而,在平行四边形 BG, DH 中夹等角的边成互反比例。但是,在这两个等角平行四边形中,当夹等角的边成互反比例时,是相等的;   [Ⅵ.14]

故,平行四边形 BG 等于平行四边形 DH。

又,BG 是矩形 AB, F,这是因为 AG 等于 F;

并且 DH 是矩形 CD, E,这是因为 E 等于 CH;

所以,由 AB, F 所夹的矩形等于 CD, E 所夹的矩形。

其次,设 AB, F 所夹的矩形等于 CD, E 所夹的矩形;

我断言四条直线成比例,即 AB 比 CD 如同 E 比 F。

用同样的作图,

因为,矩形 AB, F 等于矩形 CD, E;又矩形 AB, F 是 BG,这是因为 AG 等于 F;

又,矩形 CD, E 是 DH,这是因为 CH 等于 E;

故,BG 等于 DH。

又,它们是等角的。

但是,在相等且等角的平行四边形中,夹等角的边成互反比例。   [Ⅵ.14]

故,AB 比 CD 如同 CH 比 AG。但是,CH 等于 E,且 AG 等于 F,所以,AB 比 CD 如同 E 比 F。

证完

这个命题是Ⅵ.14的特殊情形,但是值得分别叙述,它也可以如下阐述:

底与高成互反比例的两个矩形有相等的面积;并且两个相等矩形的底与高成互反比例。

因为任一个平行四边形与同高同底的矩形相等,并且与其同高同底的三角形等于这个平行四边形或矩形的一半,由此推出**相等的平行四边形或三角形的底与高成互反比例**,反之亦对。

此处适宜给出一些重要命题,包括西姆森在卷Ⅵ.中增加的命题 B、C 和 D,它们可以由Ⅵ.16直接证明。

1.命题 B 是下述定理的一种特殊情形。

若一个圆外接于一个三角形 ABC,过 A 作两条直线都在角 BAC 内或都在其外。即 AD 交 BC 或其延长线于 D,AE 交圆于 E,并使得角 DAB,EAC 相等,则矩形 AD,AE 等于矩形 BA,AC。

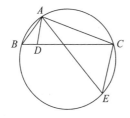 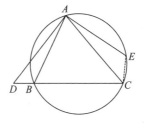

连接 CE。

由假设,角 BAD,EAC 相等;

并且角 ABD,AEC 相等。 　　　　　　　　　　　　　[Ⅲ.21,22]

因而三角形 ABD,AEC 等角。

因此 $BA:AD = EA:AC$。

所以矩形 BA,AC 等于矩形 AD,AE。 　　　　　　　　[Ⅵ.16]

下述是两种特殊情形:

(a)假定 AD,AE 重合;则 ADE 平分角 BAC。

(b)假定 AD,AE 在一条直线上,但是 D,E 在 A 的两侧;则 AD 平分 A 的外角。

在情形(a),我们有

矩形 BA,AC 等于矩形 EA,AD;

并且矩形 EA,AD 等于矩形 ED,DA 与 AD 上的正方形的和。 　　[Ⅱ.3]

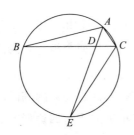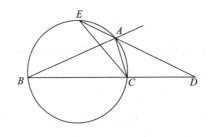

即等于矩形 BD,DC 与 AD 上的正方形的和。 [Ⅲ.35]

因此矩形 BA,AC 等于矩形 BD,DC 与 AD 上的正方形的和。[这就是西姆森的命题 B。]

在情形(b),矩形 EA,AD 等于矩形 ED,DA 减去 AD 上的正方形;

所以矩形 BA,AC 等于矩形 BD,DC 减去 AD 上的正方形。

下面是西姆森命题 B 的逆:**若从三角形顶点 A 作直线 AD 与底相交,使得 AD 上的正方形与矩形 BD,DC 的和等于矩形 BA,AC,则 AD 平分角 BAC,除了当 AB,AC 相等,此时任一条到底的直线都具有上述性质。**

设作外接圆,并且延长 AD 交圆于 E;连接 CE。

则矩形 BD,DC 等于矩形 ED,DA。 [Ⅲ.35]

给每个加上 AD 上的正方形;则

矩形 BA,AC 等于矩形 EA,AD。 [题设及Ⅱ.3]

因此 $AB:AD = AE:AC$。 [Ⅵ.16]

但是角 ABD 等于角 AEC。 [Ⅲ.21]

所以角 BDA,ECA 相等或互补。 [Ⅵ.7 及其注]

(a)若它们相等,则角 BAD,EAC 相等,AD 平分角 BAC。

(b)若它们互补,则角 ADC 等于角 ACE。

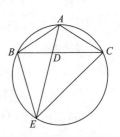

因而角 BAD,ABD 的和等于角 ACB,BCE 的和,即等于角 ACD,BAD 的和。

去掉公共角 BAD,则

角 ABD,ACD 相等,或者

AB 等于 AC。

欧几里得在他的 *Data* 命题 67 个中给出了这个命题的结果对 $BA = AC$ 的情形,即若 $BA = AC$,并且 D 是 BC 上任一点,则矩形 BD,DC 与 AD 上的正方形和等于 AB 上的正方形。

命题 C

若从三角形的一个角到对边作垂线,则由这个三角形的其他两边围成的矩形等于由这条垂线与这个三角形的外接圆的直径围成的矩形。

设 ABC 是三角形并且 AD 垂直 AB,作三角形 ABC 的外接圆的直径 AE。

则矩形 BA,AC 等于矩形 EA,AD。连接 EC。

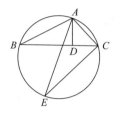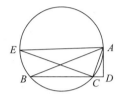

因为直角 BDA 等于半圆内的直角 ECA,   [Ⅲ.31]

并且同弓形内的角 ABD,AEC 相等,   [Ⅲ.21]

所以三角形 ABD,AEC 是等角。

因而 $BA : AD = EA : AC$,   [Ⅵ.4]

故矩形 BA,AC 等于矩形 EA,AD。   [Ⅵ.16]

这个结果对应于外接圆的半径的公式

$$R = \frac{abc}{4\Delta}。$$

命题 D

这是托勒密给出的一个重要引理(ed. Heiberg, Vol. 1, pp. 36—7),它是计算圆内的弦的基础。

这个定理叙述如下:

内接于圆的任意四边形的两条对角线围成的矩形等于由两对对边围成的两个矩形的和。

我给出托勒密证明的原话,增加的词在括号内。

"设有一个圆及其内接四边形 $ABCD$,并且连接 AC,BD。

要证由 AC,BD 围成的矩形等于矩形 AB,DC 与矩形 AD,BC 的和。

事实上,作角 ABE 等于 DB,BC 的夹角。

而后,若加上(或减去了)角 EBD,则角 ABD 就等于角 EBC。

角 BDA 等于角 BCE,   [Ⅲ.21]

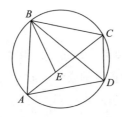 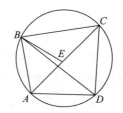

由于是同弓形上张的角；

因而三角形 ABD 与三角形 EBC 等角,因此

$$BC : CE = BD : DA。 \qquad [\text{VI}.4]$$

所以矩形 BC,DA 等于矩形 BD,CE。 $\qquad [\text{VI}.16]$

又因为角 ABE 等于角 DBC,并且角 BAE 也等于角 BDC。 $\qquad [\text{III}.21]$

所以三角形 ABE 与三角形 DBC 等角,因此

$$BA : AE = BD : DC; \qquad [\text{VI}.4]$$

所以矩形 BA,DC 等于矩形 BD,AE。 $\qquad [\text{VI}.16]$

而前面已证明了

矩形 BC,AD 等于矩形 BD,CE;

所以矩形 AC,BD 等于矩形 AB,DC 与矩形 AD,BC 的和。

这就是所要证明的。"

拉奇兰(Lachlan, *Elements of Euclid*, pp. 273—4)给出了这个命题的另一个证明以及它的逆,它依赖于两个预备命题。

(1)若两个圆中的两个弓形相似,则这两条弦与相应的直径成比例。

其证明是明显的,连接每条弦的两个端点与圆心,我们得到两个相似三角形。

(2)若 D 是三角形 ABC 外接圆上任一点,并且 DX,DY,DZ 分别是到这个三角形的三条边 BC,CA,AB 的垂线,则 X,Y,Z 在一条直线上;反之,若从任一点 D 到一个三角形的三条边的垂线的足在一条直线上,则 D 在这个三角形的外接圆上。

其证明是众所周知的,依赖于 III.21,22。

现在假定 D 是三角形 ABC 所在平面上任一点,并且 DX,DY,DZ 分别垂直于边 BC,CA,AB。

连接 YZ,DA。

因为在 Y,Z 的角是直角,

所以 A,Y,D,Z 在以 DA 为直径的圆上。

并且 YZ 分这个圆为两个弓形,这两个弓形分别与 BC 分圆 ABC 的两个弓形相似,由于角 ZAY,BAC 重合,并且它们的补角相等。

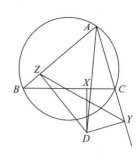

因而,若 d 是外接圆 ABC 的直径,则

$BC : d = YZ : DA$。

故矩形 AD,BC 等于矩形 d,YZ。

类似地,矩形 BD,CA 等于矩形 d,ZX,并且矩形 CD,AB 等于矩形 d,XY。

因此,在一般的四边形中,两条对角线围成的矩形小于由两对对边围成的两个矩形的和。

其次,假定 D 在外接圆 ABC 上,并且 A,B,C,D 的顺序如图。

设 DX,DY,DZ 分别是 BC,CA,AB 的垂线,故 X,Y,Z 在一条直线上。

又因为矩形 AD,BC;BD,CA;CD,AB 分别等于矩形 d,YZ;d,ZX;d,XY,并且 XZ 等于 XY,YZ 的和,故矩形 d,XZ 等于矩形 d,XY 与 d,YZ 的和,可以推出

矩形 AC,BD 等于矩形 AD,BC 与矩形 AB,CD 的和。

相反地,若后面这个命题是真的,而假定不知道 D 的位置,可以推出

XZ 等于 XY,YZ 的和,故 X,Y,Z 在一条直线上。

因此,由上述(2)可以推出 D 在外接圆 ABC 上,即 $ABCD$ 是可以外接一个圆的四边形。

所以有上述命题可以用卷 Ⅲ. 而不用卷 Ⅵ. 来证明,由于只用 Ⅲ.21 和 Ⅲ.35 就可证明**在等角的两个三角形中,由非对应边围成的矩形是彼此相等的**(由 Ⅵ.4 和 Ⅵ.16 得到的结果)。这是卡西(Casey)、泰勒和拉奇兰选用的方法;但是我看不出任何优点。

最后,下述命题由浦莱费尔增加为 Ⅵ. E。

它出现在欧几里得的 *Data* 命题 91 中,阐述如下:

若三角形 ABC 的角 BAC 的平分线 AD 交这个三角形的外接圆于 D,并且连接 BD,则

$(BA + AC) : AD = BC : BD$。

连接 CD,因为 AD 平分角 BAC,所以弧 BD,DC 相等,因而弦 BD,DC 相等。

(1)这个结果可以从托勒密的定理导出。

事实上,矩形 AD,BC 等于矩形 AB,DC 与矩形 AC,BD 的和,即(由于 BD,

CD 相等)等于由 $BA+AC$ 和 BD 包围的矩形。

所以 $(BA+AC):AD=BC:AD$。 [Ⅵ.16]

(2)欧几里得在 *Data* 命题 93 中给出了不同的证明。

设 AD 交 BC 于 E。因为 AB 平分角 BAC，所以

$$BA:AC=BE:EC, \qquad [Ⅵ.3]$$

或者 $$AB:BE=AC:CE。 \qquad [Ⅴ.16]$$

因而 $$(BA+AC):BC=AC:CE。 \qquad [Ⅴ.12]$$

又，因为角 BAD,EAC 相等，角 ADB,ACE 相等，所以

三角形 ABD,AEC 等角。

因而 $$AC:CE=AD:BD。 \qquad [Ⅵ.4]$$

因此 $$(BA+AC):BC=AD:BD。 \qquad [Ⅴ.11]$$

或者 $$(BA+AC):AD=BC:BD。 \qquad [Ⅴ.16]$$

欧几里得断言，若圆 ABC 的大小给定，并且弦 BC 给定（由 *Data* 命题 87，BC 和 BD 的大小给定了），则

$(BA+AC):AD$ 给定，

并且[由相似三角形，$BD:DE=AC:CE$，而 $(BA+AC):BC=AC:CE$]，

矩形 $(BA+AC),DE$ 等于矩形 BC,BD 给定。

命题 17

如果三条直线成比例，则两外项所夹的矩形等于中项上的正方形；又如果两外项所夹的矩形等于中项上的正方形，则这三条直线成比例。

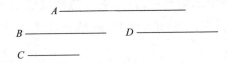

设三条直线 A,B,C 成比例，即 A 比 B 如同 B 比 C。

我断言 A,C 所夹的矩形等于 B 上的正方形。

设取 D 等于 B。

那么，A 比 B 如同 B 比 C，且 B 等于 D。

故，A 比 B 如同 D 比 C。

但是，如果四条线段成比例，则两外项所夹的矩形等于两中项所夹的矩形。

[Ⅵ.16]

186

故,矩形 A,C 等于矩形 B,D。

但是,矩形 B,D 是 B 上的正方形,这是因为 B 等于 D。

所以,A,C 所夹的矩形等于 B 上的正方形。

其次,设矩形 A,C 等于 B 上的正方形。

我断言 A 比 B 如同 B 比 C。

可用同一个图形。

因为,矩形 A,C 等于 B 上的正方形,

这时,B 上的正方形是矩形 B,D,这是因为 B 等于 D;

故,矩形 A,C 等于矩形 B,D。

但是,如果两外项所夹的矩形等于两中项所夹的矩形,则这四条直线成比例。   [Ⅵ.16]

故,A 比 B 如同 D 比 C。

但是,B 等于 D;

所以,A 比 B 如同 B 比 C。

                                                            证完

Ⅵ.17 当然是 Ⅵ.16 的一种特殊情形。

命题 18

在给定的直线上作一个直线形使它与某已知直线形相似且有相似位置。

设,AB 是所给定的直线,并且 CE 是已知直线形。

要求在线段 AB 上作一个与直线形 CE 相似且有相似位置的直线形。

连接 DF,并且在直线 AB 上的点 A,B 处作角 GAB 使它等于点 C 处的角,角 ABG 等于角 CDF。   [Ⅰ.23]

则,余下的角 CFD 等于角 AGB;   [Ⅰ.32]

故三角形 FCD 与三角形 GAB 是等角的。

从而,*FD* 比 *GB* 如同 *FC* 比 *GA*,又如同 *CD* 比 *AB*。

又,在线段 *BG* 上的点 *B*,*G* 处,作角 *BGH* 等于角 *DFE*,角 *GBH* 等于角 *FDE*。
[Ⅰ.23]

则余下的在 *E* 处的角等于余下的在 *H* 处的角; [Ⅰ.32]

故三角形 *FDE* 与三角形 *GBH* 是各角分别相等的。

于是有 *FD* 比 *GB* 如同 *FE* 比 *GH*,又如同 *ED* 比 *HB*。 [Ⅵ.4]

但是,已经证明了 *FD* 比 *GB* 如同 *FC* 比 *GA*,又如同 *CD* 比 *AB*;

故也有,*FC* 比 *AG* 如同 *CD* 比 *AB*,又如同 *FE* 比 *GH*,又如同 *ED* 比 *HB*。

又因为角 *CFD* 等于角 *AGB*,并且角 *DFE* 等于角 *BGH*,故整体角 *CFE* 等于整体角 *AGH*。

同理,角 *CDE* 也等于角 *ABH*。

并且在 *C* 处的角也等于在 *A* 处的角。

又,在 *E* 处的角等于在 *H* 处的角。

从而,*AH* 与 *CE* 是各角分别相等的。

又,它们夹等角的边成比例;

故直线形 *AH* 相似于直线形 *CE*。 [Ⅵ.定义 1]

从而,在给定的直线 *AB* 上作出了直线形 *AH* 相似于已知直线形 *CE* 且有相似位置。

证完

西姆森认为这个命题的证明是有缺陷的,他的理由是:(1)它的证明只是关于四边形的,并且没有说明如何扩展到五边或六边图形,(2)欧几里得的推理允许对应的第一条边可以改变,中间的步骤也可以改变,我认为这是吹毛求疵的批评。关于(2),应当注意这种变换的形式首先出现在Ⅵ.4 的证明中,并且省略交换中间步骤是不重要的。另一方面,使用这种形式可以简化这个命题的证明。

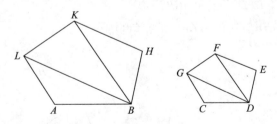

第一条反对意见也不是重要的。我们只要取五边的多边形 *CDEFG*,连接 *CD* 的一个端点,譬如 *D* 与不同于 *C*,*E* 的其他角点,而后使用欧几里得的对三

角形 ABL,LBK，等等的作图方法。欧几里得的作图和证明对任意更多边数的图形都是适用的。

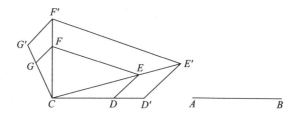

克拉维乌斯给出了一个作图方法，把一个图形从一个位置移动到另一个位置。$CDEFG$ 是给定的多边形，连接 CE,CF。放 AB 在 CD 上，使得 A 落在 C，并且令 B 在 D'，D' 或者落在 CD 上或 CD 的延长线上。

现在作 $D'E'$ 平行于 DE，交 CE 或其延长线于 E'，再作 $E'F'$ 平行于 EF，交 CF 或其延长线于 F'，等等。

设平行于倒数第二条边的平行线是 FG，交 CG 或其延长线于 G'。

则 $CD'E'F'G'$ 相似于 $CDEFG$ 并且有相似位置，并且是在等于 AB 的 CD' 上作出的。

其证明是显然的。更一般的证明如附图。若 $CDEFG$ 是给定的多边形，假定连接所有它的角点到任一点 O。

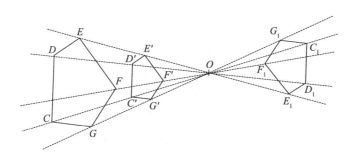

并且在两个方向延长这些连线，而后放置等于 AB 的直线 $C'D'$ 平行于 CD，并且 C',D' 分别在 OC,OD 上（这个可由求第四比例项作出），再作 $D'E'$，$E'F'$ 等平行于多边形的对应边。

德·摩根把命题 18 和 20 叙述成如下形式，或把命题 18 和命题 20 的前半部分结合在一起。

几对相似三角形相似地放置给出相似图形；并且任一对相似图形是由几对相似三角形相似地放置在一起的。

而后他把命题 18 作为上述命题的第一部分的应用，在形式上这当然是一个改进;但是,只要理解这些命题的关系,其形式没有多大重要性。

命题 19

相似三角形的比如同其对应边的二次比。

设 ABC,DEF 是相似三角形,在 B 处的角等于在 E 处的角,使得 AB 比 BC 如同 DE 比 EF。因此,BC 对应 EF。 　　　　　　　　　　　　　[Ⅴ.定义 11]

我断言三角形 ABC 比三角形 DEF 如同 BC 与 EF 的二次比。

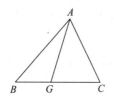

因为,可取 BC,EF 的比例第三项为 BG,也就是 BC 比 EF 如同 EF 比 BG。 　　　　　　　　　　　　　[Ⅵ.11]

连接 AG。

由于 AB 比 BC 如同 DE 比 EF,故取更比,AB 比 DE 如同 BC 比 EF 　　　　　　　　　　　　　[Ⅴ.16]

但是,BC 比 EF 如同 EF 比 BG;

故也有,AB 比 DE 如同 EF 比 BG。 　　　　　　　　　　　　　[Ⅴ.11]

从而,在三角形 ABG,DEF 中,夹等角的边成互反比例。

但是,这些三角形中各有一个角相等,而且夹等角的边成互反比例,它们就是相等的; 　　　　　　　　　　　　　[Ⅵ.15]

于是三角形 ABG 等于三角形 DEF。

因为,BC 比 EF 如同 EF 比 BG,

而且,如果三条线段成比例,则第一条与第三条的比如同第一条与第二条的二次比。 　　　　　　　　　　　　　[Ⅴ.定义 9]

故 BC 与 BG 的比如同 CB 与 EF 的二次比。

但是,BC 比 BG 如同三角形 ABC 比三角形 ABG; 　　　　　　[Ⅵ.1]

故,三角形 ABC 比三角形 ABG 是 BC 比 EF 的二次比。

但是三角形 ABG 等于三角形 DEF;

故,三角形 ABC 比三角形 DEF 也是 BC 比 EF 的二次比。

推论 由此显然得出,如果三条直线成比例,则第一条比第三条如同画在

第一条上的图形比画在第二条上与它相似且有相似位置的图形。

证完

德·摩根已经把命题 18 与命题 20 的前半部分结合在一起,他又把命题 19 与命题 20 的后半部分结合在一起,命题 20 的后半部分断言,若两个相似多边形被分为同样个数的相似三角形,则这些三角形"类似于整体"(意思是这两个多边形的比与对应的三角形的比相同),并且这两个多边形的比是对应边的二次比。

他同时建议命题 23 应当放在命题 14 的前面,命题 14 是它的特殊情形,三角形可以看成半个平行四边形,他又说:"欧几里得的方法是复合相等比的巧妙应用。"由 VI.14 的注中给出的理由,我认为欧几里得的安排是谨慎的。并且难以看出进行复合两个相等的比的运算会搞混这个过程。由复合比与二次比的定义,德·摩根指出"复合"可以用来把两个或更多的过程用一个来代替,二次比是两个相等比的过程用一个来代替,二次比是两个相等比的复合。VI.19 的证明事实上展示了两个过程用一个来代替,并且这个运算(Operation)是希腊几何的本质,因此在这个命题中引入必要的运算以及理论证明我认为是值得的。并且这个情形比 VI.23 的一般情形简单,对应于首先给出较简单的情形,以便克服卷 VI.中的困难的原则。

我认为欧几里得强调在 VI.19 中选择的方法及其结果的重要性明显地展示在这个命题后面的推论中。正如他所说:"我已经证明了两个相似三角形的比等于对应边的二次比;而且我也顺便说明了如何把二次比转换为直线之间的单个比,我将在 VI.22 的证明中展示这个方法。"

VI.19 的推论有一个困难。注意它说到第一条直线上述的图形以及在第二条直线上的相似且在相似位置的图形。若"图形"是指这个命题中的图形,即三角形,则就没有困难。另一方面,若"图形"是指任意直线形,即任意多边形,则这个推论在下一个命题 VI.20 之前并没有真正证明,因而它不在地方。又,VI.20 的推论是关于任意直线形的,并且被坎帕努斯省略,只在手稿 P 的边页给出,可能是塞翁插入的。海伯格断言,欧几里得写的是图形,而塞翁看到其困难,把"图形"改变为"三角形",并且增加了 VI.20 的推论,使得这个事情明了。若人们猜测欧几里得是如何造成这个疏忽,可能是他先把它放在 VI.20 的后面,而后又注意到用两条直线之间的单个比表示二次比没有在 VI.20 中出现,而只出现在 VI.19 中,他就把这个推论移在 VI.19 的后面,以便使得这个联系更清楚。

在这个推论末尾的解释被海伯格用括号括起来。"因为已经证明了 CB 比

191

BG 等于三角形 *ABC* 比三角形 *ABG*,即比 *DEF*。"在推论中的这种解释不是欧几里得的风格,并且这句话也不在坎帕努斯中,尽管比塞翁更早。

命题 20

两个相似多边形可以分成同样多个相似三角形,并且对应三角形的比如同原形的比;又,原多边形与多边形的比如同对应边的二次比。

设 *ABCDE*,*FGHKL* 是相似多边形,并且令 *AB* 与 *FG* 对应。

我断言多边形 *ABCDE*,*FGHKL* 可分成同样多个相似三角形;并且相似三角形的比如同原形的比;又,多边形 *ABCDE* 与多边形 *FGHKL* 之比如同 *AB* 与 *FG* 的二次比。

连接 *BE*,*EC*,*GL*,*LH*,因为多边形 *ABCDE* 相似于多边形 *FGHKL*,所以角 *BAE* 等于角 *GFL*;

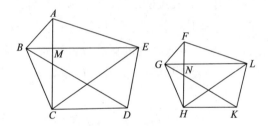

又,*BA* 比 *AE* 如同 *GF* 比 *FL*。   [Ⅵ.定义 1]

由此,*ABE*,*FGL* 是具有一个角与一个角相等的两个三角形,并且夹等角的边成比例,那么,三角形 *ABE* 与三角形 *FGL* 是等角的。   [Ⅵ.6]

因此,也是相似的。   [Ⅵ.4 和定义 1]

故,角 *ABE* 等于角 *FGL*。

但是,整个角 *ABC* 也等于整个角 *FGH*,这是因为多边形是相似的;故,余下的角 *EBC* 等于角 *LGH*。

又因为三角形 *ABE*,*FGL* 是相似的,所以 *EB* 比 *BA* 如同 *LG* 比 *GF*。

又,多边形相似,故 *AB* 比 *BC* 如同 *FG* 比 *GH*。

由首末比,*EB* 比 *BC* 如同 *LG* 比 *GH*。   [Ⅴ.22]

即,夹等角 *EBC*,*LGH* 的边成比例。

故,三角形 *EBC* 与三角形 *LGH* 的各角相等。   [Ⅵ.6]

因此,三角形 *EBC* 也相似于三角形 *LGH*。   [Ⅵ.4 和定义 1]

同理,三角形 *ECD* 也相似于三角形 *LHK*。故,相似多边形 *ABCDE* 与 *FGH-*

KL 被分成同样个数的相似三角形。

又可证它们的比如同原形的比，即三角形成比例，并且 *ABE*,*EBC*,*ECD* 是前项,*FGL*,*LGH*,*LHK* 是它们的后项；又，多边形 *ABCDE* 与多边形 *FGHKL* 的比如同对应边与对应边的二次比，即 *AB* 与 *FG* 的二次比。

连接 *AC*,*FH*。

因为，多边形是相似的，故角 *ABC* 等于角 *FGH*，并且 *AB* 比 *BC* 如同 *FG* 比 *GH*,三角形 *ABC* 与三角形 *FGH* 的各角相等。 [Ⅵ.6]

故,角 *BAC* 等于角 *GFH*,

并且角 *BCA* 等于角 *GHF*。

又因为,角 *BAM* 等于角 *GFN*,

并且角 *ABM* 也等于角 *FGN*,

故余下的角 *AMB* 也等于余下的角 *FNG*; [Ⅰ.32]

所以,三角形 *ABM* 与三角形 *FGN* 的各角相等。

类似地,我们可以证明三角形 *BMC* 与三角形 *GNH* 的各角相等。

故有,*AM* 比 *MB* 如同 *FN* 比 *NG*。

并且 *BM* 比 *MC* 如同 *GN* 比 *NH*;因此,由首末比,

AM 比 *MC* 如同 *FN* 比 *NH*。

但是,*AM* 比 *MC* 如同三角形 *ABM* 比 *MBC*,

并且如同 *AME* 比 *EMC*;这是因为它们彼此的比如同其底的比。 [Ⅵ.1]

所以也有,前项之一比后项之一如同所有前项的和比所有后项的和。

[Ⅵ.2]

故,三角形 *AMB* 比 *BMC* 如同 *ABE* 比 *CBE*。

但是,*AMB* 比 *BMC* 如同 *AM* 比 *MC*;

故也有,*AM* 比 *MC* 如同三角形 *ABE* 比三角形 *EBC*。

同理,也有 *FN* 比 *NH* 如同三角形 *FGL* 比三角形 *GLH*。

又,*AM* 比 *MC* 如同 *FN* 比 *NH*;

故也有,三角形 *ABE* 比三角形 *BEC* 如同三角形 *FGL* 比三角形 *GLH*;由更比例,三角形 *ABE* 比三角形 *FGL* 如同三角形 *BEC* 比三角形 *GLH*。

类似地,我们可以证明,如果连接 *BD*,*GK*,那么三角形 *BEC* 比三角形 *LGH* 也如同三角形 *ECD* 比三角形 *LHK*。

又因为,三角形 *ABE* 比三角形 *FGL* 如同 *EBC* 比 *LGH*,并且如同 *ECD* 比 *LHK*。

从而也有,前项之一比后项之一如同所有前项的和比所有后项的和;

$$[\ V.12\ ]$$

故,三角形 *ABE* 比三角形 *FGL* 如同多边形 *ABCDE* 比多边形 *FGHKL*。

但是,三角形 *ABE* 比三角形 *FGL* 的比如同对应边 *AB* 与 *FG* 的二次比。这是因为相似三角形之比如同对应边的二次比。　　　　　　　　　[Ⅵ.19]

故多边形 *ABCDE* 比多边形 *FGHKL* 也如同对应边 *AB* 与 *FG* 的二次比。

推论　类似地,可以证明有关四边形的情况,形与形之比如同对应边的二次比;前面已证明了三角形的情况;所以一般地,相似直线形之比是其对应边的二次比。

证完

这个命题的第二部分的另一个证明在推论后面给出,奥古斯特和海伯格认为这是插入的并且作为附录,它比正文中的证明更短,并且由许多编辑者给出,包括克拉维乌斯、比林斯雷、巴罗和西姆森,叙述如下:

"我们现在以较容易的方式证明这些三角形是类似的。

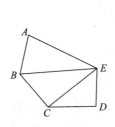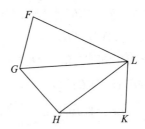

设多边形 *ABCDE*,*FGHKL* 给定,连接 *BE*,*EC*,*GL*,*LH*。

可以断言,三角形 *ABE* 比 *FGL* 等于 *EBC* 比 *LGH*,等于 *CDE* 比 *HKL*。

事实上,因为三角形 *ABE* 相似于三角形 *FGL*,所以三角形 *ABE* 比三角形 *FGL* 等于 *BE* 与 *GL* 的二次比。

因为同样的理由,三角形 *BEC* 比三角形 *GLH* 等于 *BE* 与 *GL* 的二次比。

所以三角形 *ABE* 比三角形 *FGL* 等于 *BEC* 比 *GLH*。

又,因为三角形 *EBC* 相似于三形 *LGH*,所以 *EBC* 比 *LGH* 等于 *CE* 比 *HL* 的二次比。

又因为同样的理由,所以三角形 *ECD* 比三角形 *LHK* 等于 *CE* 比 *HL* 的二次比。

所以三角形 *EBC* 比 *LGH* 等于 *ECD* 比 *LHK*。

但是已证明了 *EBC* 比 *LGH* 等于 *ABE* 比 *FGL*。

所以 *ABE* 比 *FGL* 等于 *BEC* 比 *GLH*，等于 *ECD* 比 *LHK*。

证完"

欧几里得不可能不知道这个命题的第二部分可这样证明,因而他给出另一个较长的方法似乎是为了避免使用Ⅵ.19 的结果,证明这个命题的前面部分可以不用相似三角形的面积之间的关系。

这个推论的第一部分是关于四边形的,好像是多余的,但是根据卷 I.定义 19,术语"多边形"是指多于四边的直线形,因而四边形似乎应当除外,又提及三角形就可以填满"相似直线形"。

这个推论是塞翁插入的,许多编辑者在正文中给出,海伯格把它用括号括起来。

"并且,若令 *O* 是 *AB*,*FG* 的第三比例项,则 *BA* 比 *O* 等于 *AB* 比 *FG* 的二次比。

但是多边形比多边形,或四边形比四边形等于对应边 *AB* 比 *FG* 的二次比;

并且这个在三角形的情形已证明;

因而一般地也是明显的,若三条直线成比例,则第一个比第三个等于第一条上的图形比第二条上的相似并且有相似位置的图形。"

命题 21

与同一直线形相似的图形,它们彼此也相似。

设直线形 *A*,*B* 的每一个都与 *C* 相似。

我断言 *A* 也与 *B* 相似。

因为,*A* 与 *C* 相似,它们的各角分别相等且夹等角的边成比例。

[Ⅵ.定义 1]

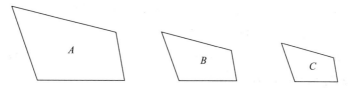

又因为 *B* 与 *C* 相似,它们的各角相等且夹等角的边成比例。

故,图形 *A*,*B* 的每一个的角都与 *C* 的各角相等且夹等角的边成比例。

所以，A 与 B 相似。

证完

注意，上述正文在最后一句话"所以，A 与 B 相似"之前省略了一句话"故 A 也等角于 B，并且等角的边成比例"。许多编辑者有这句话，海伯格遵循手稿 P，省略了它，并且猜测这是塞翁增加的。

命题 22

如果四条线段成比例，则在它们上面作的相似且有相似位置的直线形也成比例；又，如果在各线段上所作的相似且有相似位置的直线形成比例，则这些线段也成比例。

设四线段 AB, CD, EF, GH 成比例，

因此，AB 比 CD 如同 EF 比 GH。

并且在 AB, CD 上作相似且有相似位置的直线形 KAB, LCD，又在 EF, GH 上作相似且有相似位置的直线形 MF, NH。

我断言 KAB 比 LCD 如同 MF 比 NH。

对 AB, CD 取定其比例第三项 O，并且对 EF, GH 取定其比例第三项 P。

[Ⅵ. 11]

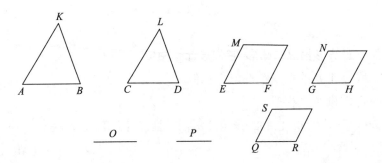

已知，AB 比 CD 如同 EF 比 GH，并且 CD 比 O 如同 GH 比 P，

由首末比，AB 比 O 如同 EF 比 P。
[Ⅴ. 22]

但是，AB 比 O 如同 KAB 比 LCD，
[Ⅵ. 19，推论]

并且 EF 比 P 如同 MF 比 NH。

故也有，KAB 比 LCD 如同 MF 比 NH。
[Ⅴ. 11]

其次，设 MF 比 NH 如同 KAB 比 LCD；

则也可证 AB 比 CD 如同 EF 比 GH。

因为,如果 EF 比 GH 不同于 AB 比 CD,

设 EF 比 QR 如同 AB 比 CD,　　　　　　　　　　　　　　　　　　　　[Ⅵ.12]

并且在 QR 上作直线形 SR 和两个直线形 MF,NH 的任何一个既相似又有
相似位置。　　　　　　　　　　　　　　　　　　　　　　　　　　　　　　[Ⅵ.18]

由此,AB 比 CD 如同 EF 比 QR。

又在 AB,CD 上作相似且有相似位置的图形 KAB,LCD,又在 EF,QR 上作相
似且有相似位置的图形 MF,SR,故 KAB 比 LCD 如同 MF 比 SR。

但是又由假设,KAB 比 LCD 如同 MF 比 NH;

故也有,MF 比 SR 如同 MF 比 NH。　　　　　　　　　　　　　　　　　[Ⅴ.11]

所以,MF 比图形 NH,SR 的每一个有相同的比;

从而,NH 等于 SR。　　　　　　　　　　　　　　　　　　　　　　　　　[Ⅴ.9]

但是,这也是相似且有相似位置的;

故,GH 等于 QR。

又,因为 AB 比 CD 如同 EF 比 QR。

而 QR 等于 GH,

所以,AB 比 CD 如同 EF 比 GH。

证完

这个证明的第一部分的第一个步骤中的第二个假设,即 $CD:O=GH:P$ 可
能应当解释一下。由Ⅵ.11,

$$AB:CD=CD:O,$$

$$EF:GH=GH:P,$$

并且　　　　　　　　　　　　$AB:CD=EF:GH。$

这个命题的证明的不足之处是众所周知的,即没有证明而假定,因为图形
NH,SR 相等,除了相似和相似位置之外,它们的对应边 GH,QR 相等。因此为了
使证明完整起见,必须证明一个引理,**若两个相似图形相等,则任一对对应边
相等**。

代替这个引理的是另一个更一般的定理,即**若两个比的二次比相等,则这
两个比相等**。当证明了这个,则Ⅵ.22 的第二部分就是其直接推论,并且这是用
新的证明代替补充欧几里得的证明。

Ⅰ.应当注意,要求的这个引理很像Ⅵ.28 和 29 需要的补充,**若两个相似的
平行四边形不相等,则较大者的任意边大于较小者的对应边**。因而,从整体上

说,更可取的是证明较简单的引理,它可以补充所有三个证明,即**若两个相似直线形中的第一个大于、等于或小于第二个,则第一个的任一边分别大于、等于或小于第二个的对应边。**

这两个图形相等的情形是Ⅵ.22 要求的;并且其证明在希腊正文的这个命题的后面给出。

因为在这个命题后面给出这样一个"引理"不是欧几里得的风格,所以海伯格断言这是插入的,尽管它早于塞翁。这个引理如下:

"若两个直线形相等并且相似,则它们的对应边相等,证明如下。

设 NH, SR 是相等并且相似的直线形,并且假定

$$HG : GN = RQ : QS;$$

可以断言 $\qquad\qquad RQ = HG。$

事实上,若它们不相等,一种可能是大于;设 RQ 大于 HG。

因为 $\qquad\qquad RQ : QS = HG : GN,$

交换两项, $\qquad\qquad RQ : HG = QS : GN。$

并且 $\qquad\qquad QR$ 大于 $HG。$

所以 $\qquad\qquad QS$ 也大于 $GN,$

故 $\qquad\qquad RS$ 也大于 HN※。

但是它们也相等:这是不可能的。

所以 QR 不可能不等于 GH,即它们相等。"

[标记※的步骤容易看出,只要证明对三角形的情形是真的(因为相似多边形可以分为同样个数的相似并且有相似位置的三角形,并且相互的比等于两个多边形的比)。若这些三角形彼此相贴,使得对应边和其所夹的角重合,则推理的真是显然的。]

这个引理也可以由下述得到,**若一个比大于相等比,则它的二次比也大于相等比;并且若一个比的二次比大于相等比,则这个比也大于相等比。**从Ⅴ.25 容易证明这个,其中第二个量等于第三个量,即此时两个外项的和大于二倍的中项。

Ⅱ. 现在我们考虑这个命题的第二部分的另一个证明,使得整个命题是它的推论,即

(1)若两个比相等,则它们的二次比相等,并且,(2)反之,若两个比的二次比相等,则这两个比相等。

(1)的证明是欧几里得的Ⅵ.22 的第一部分证明的方式。

设 $A : B = C : D$,并且令 X 是 A, B 的第三比例项,并且 Y 是 C, D 的第三比

例项,故

$$A : B = B : X,$$

并且 $$C : D = D : Y;$$

因此 $$A : X \text{ 是 } A : B \text{ 的二次比},$$

$$C : Y \text{ 是 } C : D \text{ 的二次比}。$$

因为 $$A : B = C : D,$$

并且 $$B : X = A : B,$$

$$= C : D, \qquad\qquad [\text{V}.11]$$

$$= D : Y,$$

由首末比, $$A : X = C : Y。$$

（2）的证明较困难并且是整个事情的关键。

大多数证明依赖于假定 B 是任意量,并且 P 和 Q 是两个同类量,存在一个量 A,使得 $A : B = P : Q$。这个假设使得 V.18 的欧几里得证明不合理,由于在卷 V.中没有证明,因此,这个命题的任何证明,凡涉及这个假设的,即使在 B, P,Q 都是直线的情形都没有在卷 V.中给出;它至少应当推后到Ⅵ.12,给出了第四比例项的作图,使得这样一个第四比例项存在。

这个命题的两个证明依赖于下述引理。

若 A, B, C 是三个同类量,D, E, F 是三个同类量,那么,若

$$A : B > D : E,$$

并且 $$B : C > E : F,$$

则 $$A : C > D : F。$$

下面证明是霍巴（Hauber）和 H. M. 泰勒给出的。

取 A, D 的等倍数 mA, mD,以及 B, E 的等倍数 nB, nE,使得

$$mA > nB,\text{但是 } mD \not> nE。$$

又设 pB, pE 是 B, E 的同倍数,并且 qC, qF 是 C, F 的同倍数,使得

$$pB > qC,\text{但是 } pE \not> qF。$$

因而,给前面的乘以 p,后面的乘以 n,有

$$pmA > pnB, pmD \not> pnE,$$

并且 $$npB > nqC, npE \not> nqF,$$

因此 $$pmA > nqC, pmD \not> nqF。$$

现在 pmA, pmD 是 mA, mD 的同倍数,

并且 nqC, nqF 是 qC, qF 的同倍数。

所以[V.3]它们分别是 A, D 与 C, F 的同倍数。

因此 $[\text{V}.定义\,7]$ $A:C>D:F$。

另一个证明是克拉维乌斯给出的。

取 G，使得

$$G:C=E:F。$$

```
A ————————————        D ————————————
B ——————                E ——————————
C ————                  F ————————
G ————
H ——————
```

因而	$B:C>G:C,$	$[\,\text{V}.13\,]$
并且	$B>G。$	$[\,\text{V}.10\,]$
因而	$A:G>A:B。$	$[\,\text{V}.8\,]$
但是	$A:B>D:E。$	
因而更有	$A:G>D:E。$	

假定取 H，使得

$$H:G=D:E。$$

因而	$A>H。$	$[\,\text{V}.13,10\,]$
因此	$A:C>H:C。$	$[\,\text{V}.8\,]$
但是	$H:G=D:E,$	
	$G:C=E:F。$	
由首末比	$H:C=D:F。$	$[\,\text{V}.22\,]$
因此	$A:C>D:F。$	$[\,\text{V}.13\,]$

现在我们可以证明

等比的二次比是相等的。

假定	$A:B=B:C,$	
并且	$D:E=E:F,$	
	$A:C=D:F。$	
要证	$A:B=D:E。$	

事实上，若不等，一个比必然大于另一个。

设 $A:B$ 较大。

因为	$A:B=B:C,$	
并且	$D:E=E:F,$	
而且	$A:B>D:E,$	
由此可推出	$B:C>E:F。$	$[\,\text{V}.13\,]$

200

因此,由引理与首末比,

$$A : C > D : F,$$

与假设矛盾。

于是 $A : B$ 与 $D : E$ 不可能不相等,它们相等。

另一个证明是拉奇兰给出的,也假定第四比例项的存在,但是依赖一个简单的引理:

两个不同的比不可能有相同的二次比。

事实上,若是可能的,设 $A : B$ 是 $A : X$ 和 $A : Y$ 的二次比,故

$$A : X = X : B,$$

并且

$$A : Y = Y : B。$$

设 X 大于 Y,则

$$A : X < A : Y, \qquad\qquad [\text{V}.8]$$

即

$$X : B < Y : B, \qquad\qquad [\text{V}.11,13]$$

或者

$$X < Y。 \qquad\qquad [\text{V}.10]$$

但是 $X > Y$,矛盾。

因此

$$X = Y。$$

现在假定

$$A : B = B : C,$$

$$D : E = E : F,$$

并且

$$A : C = D : F。$$

要证明

$$A : B = D : E。$$

若不是这样,假定

$$A : B = D : Z。$$

因为

$$A : C = D : F,$$

因而

$$C : A = F : D。$$

由首末比

$$C : B = F : Z, \qquad\qquad [\text{V}.22]$$

或者

$$B : C = Z : F。$$

所以

$$A : B = Z : F。 \qquad\qquad [\text{V}.11]$$

但是由假设

$$A : B = D : Z,$$

所以

$$D : Z = Z : F。 \qquad\qquad [\text{V}.11]$$

由假设

$$D : E = E : F,$$

因此由引理

$$E = Z。$$

所以

$$A : B = D : E。$$

德·摩根注意到,修补欧几里得的不足之处是插入命题(上述证明的引

理):**两个不同的比不可能有相同的二次比**,他说"这个能直接证明这个定理的第二部分(或不是之处)"。但是这个好像太多或太少:太多,若我们选择**最小的增加**(即增加引理,若二次比是相等的比,则这个比也是相等比);太少,若这个证明改变成上述的更基本的方式。

我认为若欧几里得注意到Ⅵ.22的证明中的不足之处,并且要修补它,他应当补充最小引理而不是作更基本的改变。在 *Data* 命题 24 中他给出了一个相应的命题:**若二次比是相等比,则这个比也是相等比**。*Data* 中的这个命题叙述如下:**若三条直线成比例,并且第一条比第三条给定,则第一条比第二条也给定**。

A,B,C 是三条直线,使得

$$A:B=B:C,$$

并且 $A:C$ 给定,要求证明 $A:B$ 也给定。

欧几里得取任一直线 D,并且首先找到另一个 F,使得

$$D:F=A:C。$$

因此 $D:F$ 是给定的,并且因为 D 给定,所以 F 给定。

其次他取 E 作为 D,F 的比例中项,

$$D:E=E:F。$$

由Ⅵ.17,

矩形 D,F 等于 E 上的正方形,

但是 D,F 给定,所以

E 上的正方形给定,故 E 给定。

[注意,此处假定了德·摩根的引理,而没有证明。可以证明(1)正如德·摩根的上述证明,(2)用上述"最小引理"的方式,或(3)正如普罗克洛斯关于Ⅰ.46的注。]

因此 $D:E$ 给定。

现在因为 $A:C=D:F$,

并且 $A:C=(A$ 上的正方形$):($矩形 $A,C)$,

而且 $D:F=(D$ 上的正方形$):($矩形 $D,F)$,   [Ⅵ.1]

所以$(A$ 上的正方形$):($矩形 $A,C)=(D$ 上的正方形$):($矩形 $D,F)$。

[Ⅴ.11]

但是,因为 $A:B=B:C$,(矩形 $A,C)=(B$ 上的正方形$)$;   [Ⅵ.17]

并且(矩形 $D,F)=(E$ 上的正方形$)$;所以

$(A$ 上的正方形$):(B$ 上的正方形$)=(D$ 上的正方形$):(E$ 上的正方形$)$。

故欧几里得说,

$$A : B = D : E,$$

即他承认Ⅵ.22对正方形是真的。

因而他以Ⅵ.22推出这个命题,而不是用它证明Ⅵ.22。

命题 23

各角相等的平行四边形相比如同它们边的比的复合。

设等角平行四边形 AC, CF 的角 BCD 等于角 ECG;

我断言平行四边形 AC 比平行四边形 CF 如同边的比的复合。

因为,可置 BC 和 CG 在一条直线上,

使得 DC 和 CE 也在一条直线上。

将平行四边形 DG 完全画出;

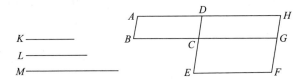

又,由线段 K 出发,设法找出线段 BC 比 CG 如同 K 比 L,并且 DC 比 CE 如同 L 比 M。　　　　　　　　　　　　　　　　　　　　　　[Ⅵ.12]

那么,K 比 L 与 L 比 M 的比如同边与边的比,即 BC 比 CG 与 DC 比 CE。

但是,K 比 M 如同 K 比 L 和 L 比 M 的复合;由此,K 比 M 是边与边的比的复合。

现在,因为 BC 比 CG 如同平行四边形 AC 比平行四边形 CH,　　[Ⅵ.1]

在这个比例中,BC 比 CG 如同 K 比 L,故也有,K 比 L 如同 AC 比 CH。

　　　　　　　　　　　　　　　　　　　　　　　　　　　　[Ⅴ.11]

又因为,DC 比 CE 如同平行四边形 CH 比 CF,　　　　　　　　[Ⅵ.1]

而 DC 比 CE 如同 L 比 M。

所以也有,L 比 M 如同平行四边形 CH 比平行四边形 CF。　　[Ⅴ.11]

因此证明了,K 比 L 如同平行四边形 AC 比平行四边形 CH。又,L 比 M 如同平行四边形 CH 比平行四边形 CF,由首末比,K 比 M 如同平行四边形 AC 比平行四边形 CF。

但是,K 与 M 的比如同边与边的比的复合;

所以,AC 比 CF 也是边与边的比的复合。

　　　　　　　　　　　　　　　　　　　　　　　　　　　　证完

Data 的第二个定义说，**一个比是给定的，若我们可以找到另一个与它相同的比**。相应地，Ⅵ.23 不只证明等角的两个平行四边形的比等于另外两个比的复合，而且证明了那个比是"给定的"，当复合它的比是给定的，或者它可以表示为直线之间的单个比。

正如Ⅵ.23 展示了复合两个比的运算的必要性，Data 的命题（8）指出了一个比除以另一个比的运算，这个命题证明了**对同一个东西有给定比的那些东西彼此之间也有给定比**。欧几里得的程序是复合一个比与另一个比的逆；但是当这个一旦成功以及得到命题 8 的结果，他使用后面命题的结果代替了复合方法。于是他使用比的除法代替了复合来处理 Data 中的同类问题，把两个等角平行四边形的比表示为直线之间的比，其中的直线是两个平行四边形的边。以 Data 的命题 56 为例，若我们要表示Ⅵ.23 的图形中的平行四边形 AC 与平行四边形 CF 的比，以 BC 为前项，要求的这两个平行四边形的比是 BC : X，其中

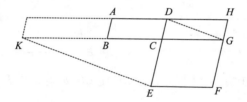

$$DC : CE = CG : X,$$

或者 X 是 DC 和平行四边形 CF 两条边的第四比例项。

沿着 CB 量取 CK，使得

$$DC : CE = CG : CK$$

（因此 CK 等于 X）。

[这个可以用连接 DG 并且作 EK 平行于 DG，交 CB 于 K 来完成。]

完成平行四边形 AK。

因为 DC : CE = CG : CK，所以

平行四边形 DK，CF 相等。　　　　　　　　　　　　　　　[Ⅵ.14]

所以　　　　　　$(AC) : (CF) = (AC) : (DK)$　　　　[Ⅴ.7]

$$= BC : CK　　　　　[Ⅵ.1]$$

$$= BC : X。$$

Data 的命题 68 使用同样的作图证明了，**若两个等角平行四边形有给定比，并且一条边比一条边给定，则剩余边比剩余边也给定**。

为了方便起见，我没有使用 Data 的图形，而是使用上述图形。假定两个平

行四边形的比给定, CD 比 CE 给定。

给 CD 贴平行四边形 DK,使其等于 CF,并且 CK, CB 在同一方向;［Ⅰ.45］

则 $AC:KD$ 给定,等于 $AC:CF$。

并且 $(AC):(KD) = CB:CK$;

因而 $CB:CK$ 给定。

因为 $KD = CF$,

所以 $CD:CE = CG:CK$。 ［Ⅵ.14］

因此 $CG:CK$ 给定,

并且已证 $CB:CK$ 给定,

所以 $CB:CG$ 给定。 ［Data,命题8］

最后,我们讨论 Data 的命题70,它的第一部分对应于Ⅵ.23,即**若在两个等角的平行四边形中,夹等角的边彼此有给定比(即一个的一条边比另一个的一条边),则这两个平行四边形本身也有给定比。**(此处 BC 比 CG 和 CD 比 CE 给定。)

其作图与上述情形相同,并且 KD 等于 CF,故

$$CD:CE = CG:CK。 ［Ⅵ.14］$$

但是 $CD:CE$ 给定;

所以 $CG:CK$ 给定。

并且由题设, $CG:CB$ 给定。

因而,由比的除法(Data,命题8),我们看到 $CB:CK$,因而［Ⅵ.1］ $AC:DK$ 或者 $AC:CF$ 给定。

欧几里得把这些命题推广到两个给定的平行四边形,但不是等角的。

帕普斯(Ⅶ.p.928)用不同的方法展示了Ⅵ.23的结果,用新的方法显示了**复合比,即一个平行四边形比另一个等角的平行四边形等于第一个相邻边围成的矩形比第二个相邻边围成的矩形。**

设 AC, DF 是两个等角的平行四边形,底分别是 BC, EF,并设角 B, E 相等。

分别作 BC, EF 的垂线 AG, DH。

因为在 B, G 的角等于在 E, H 的角,所以

三角形 ABG, DEH 是等角的。

因而 $BA:AG = ED:DH$。   [Ⅵ.4]

但是 $BA:AG = ($ 矩形 $BA, BC):($ 矩形 $AG, BC)$，

并且 $ED:DH = ($ 矩形 $ED, EF):($ 矩形 $DH, EF)$。   [Ⅵ.1]

所以   [Ⅴ.11 和 Ⅴ.16]

$($ 矩形 $AB, BC):($ 矩形 $DE, EF) = ($ 矩形 $AG, BC):($ 矩形 $DH, EF)$

$$= (AC):(DF)。$$

于是证明了 $AB:DE$ 与 $BC:EF$ 的复合比等于矩形 AB, BC 与矩形 DE, EF 的比。

因为这个命题图中的每一个平行四边形可以分为两对相等三角形，并且所有这些三角形有两边分别相等，并且其夹角相等或互补，从 Ⅵ.23 可直接推出（或者用同样方法证明），**有一个角相等或互补的两个三角形的比等于其夹边的比的复合**。参考 Pappus Ⅶ. pp, 894—6。

Ⅵ.23 也证明了**两个矩形，因而平行四边形或三角形的比等于它们的底和高的比的复合**。

Ⅵ.23 的逆也是真的，容易用反证法证明。更一般地，**若两个平行四边形或两个三角形的比等于两个相邻边的复合比，则其夹角相等或者互补**。

命题 24

在任何平行四边形中与它有共同对角线的平行四边形都相似于原平行四边形，并且也彼此相似。

设 $ABCD$ 是平行四边形，AC 是它的对角线；又令 EG, HK 是在 AC 上的两个小平行四边形；

我断言平行四边形 EG, HK 的每一个都相似于平行四边形 $ABCD$，并且它们彼此相似。

因为，EF 平行于 BC，它是三角形 ABC 的一条边，则 BE 比 EA 如同 CF 比 FA。   [Ⅵ.2]

又因为 FG 平行于 CD，它是三角形 ACD 的一条边，有比例，CF 比 FA 如同 DG 比 GA。   [Ⅵ.2]

但是，已经证明了 CF 比 FA 如同 BE 比 EA；

故也有，BE 比 EA 如同 DG 比 GA。

由合比例，BA 比 AE 如同 DA 比 AG，   [Ⅴ.18]

又取更比例，*BA* 比 *AD* 如同 *EA* 比 *AG*。   [Ⅴ.16]

故，在平行四边形 *ABCD* 与 *EG* 中，夹公共角 *BAD* 的四个边成比例。

又因为，*GF* 平行于 *DC*，角 *AFG* 等于角 *DCA*；并且角 *DAC* 是三角形 *ADC* 与 *AGF* 的公共角；

故三角形 *ADC* 与三角形 *AGF* 的各角相等。

同理，三角形 *ACB* 也与三角形 *AFE* 的各角相等，

并且整体平行四边形 *ABCD* 和平行四边形 *EG* 的各角也是相等的。

故有比例，

AD 比 *DC* 如同 *AG* 比 *GF*，

DC 比 *CA* 如同 *GF* 比 *FA*，

AC 比 *CB* 如同 *AF* 比 *FE*，

更有，*CB* 比 *BA* 如同 *FE* 比 *EA*。

又因为已经证明了

　　　　DC 比 *CA* 如同 *GF* 比 *FA*，

并且　*AC* 比 *CB* 如同 *AF* 比 *FE*，

由首末比，*DC* 比 *CB* 如同 *GF* 比 *FE*。   [Ⅴ.22]

从而，在平行四边形 *ABCD* 与 *EG* 中，夹着等角的四个边成比例；

故平行四边形 *ABCD* 相似于平行四边形 *EG*。   [Ⅵ.定义1]

同理，平行四边形 *ABCD* 也相似于平行四边形 *KH*。

故平行四边形 *EG*，*HK* 的每一个都相似于 *ABCD*。

但是，相似于同一直线形的图形也彼此相似，   [Ⅵ.21]

所以，平行四边形 *EG* 也相似于平行四边形 *HK*。

证完

西姆森认为这个证明是由两个编辑者作出的，第一个用平行线 [Ⅵ.2] 证明了在两个平行四边形的公用角的边成比例，而另一个使用了三角形的相似 [Ⅵ.4]。事实上，当我们用Ⅵ.2 证明了公用角的边成比例，我们就可以推出其他边比例（由Ⅰ.34 和Ⅴ.7）。但是我认为这是不自然的，欧几里得应当（1）避免使用Ⅰ.34，（2）他应当**按确定顺序**证明这些边成比例，开始于公用角的边 *EA*，*AG* 和 *BA*，*AD*，而后按字母顺序 *A*，*G*，*F*，*E* 讨论剩余边。若欧几里得以这种顺序，则其过程没有困难，其证明也不会是不系统的。并且我认为其真实性可以由下述事实支持，其证明遵循Ⅵ.18 的顺序和方法，且容易改写成更一般的情形，两个多边形有公用角并且其他的对应边分别平行。

这个命题中的平行四边形是相似地放置并且相似；并且"在对角线上"可以

是在对角线的延长线上。

从证明的第一部分可推出，若这些平行四边形有一个角相等并且其边成比例，则它们相似。

命题 26 是命题 24 的逆，并且好像没有理由把它们分开，插入Ⅵ.25。坎帕努斯把Ⅵ.24 和Ⅵ.26 分别作为Ⅵ.22 和Ⅵ.23，把Ⅵ.23 作为Ⅵ.24，Ⅵ.25 是Ⅵ.26。

命题 25

求作一个图形相似于一个已知直线形且等于另外一个已知的直线形。

设 *ABC* 是已知直线形，求作一个图形与它相似且等于另一个图形 *D*。这样，就要求作一个图形使它既相似于 *ABC* 又等于 *D*。

对 *BC* 贴合一平行四边形 *BE* 等于三角形 *ABC*，　　　　　　　　　[Ⅰ.44]

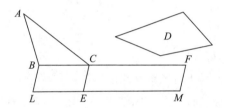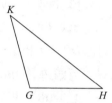

又对 *CE* 贴合一平行四边形 *CM* 使它等于 *D*，其中角 *FCE* 等于角 *CBL*。

[Ⅰ.45]

故 *BC* 与 *CF* 在一条直线上，并且 *LE* 和 *EM* 在一条直线上。现在，取 *GH* 使它成为 *BC*，*CF* 的比例中项。　　　　　　　　　　　　　　[Ⅵ.13]

并且在 *GH* 上作 *KGH* 相似于 *ABC* 且有相似位置。　　　　　　[Ⅵ.18]

那么，*BC* 比 *GH* 如同 *GH* 比 *CF*。

又，如果三条直线成比例，第一个比第三个如同第一个上的图形比在第二个上与它相似且有相似位置的图形。　　　　　　　　　　　　　[Ⅵ.19,推论]

故，*BC* 比 *CF* 如同三角形 *ABC* 比三角形 *KGH*。

但是，*BC* 比 *CF* 也如同平行四边形 *BE* 比平行四边形 *EF*。　　　[Ⅵ.1]

故也有，三角形 *ABC* 比三角形 *KGH* 如同平行四边形 *BE* 比平行四边形 *EF*；

取更比，三角形 *ABC* 比平行四边形 *BE* 如同三角形 *KGH* 比平行四边形 *EF*。

[Ⅴ.16]

但是，三角形 *ABC* 等于平行四边形 *BE*；

故三角形 *KGH* 也等于平行四边形 *EF*。但是,平行四边形 *EF* 等于 *D*,

故,*KGH* 也等于 *D*。

又,*KGH* 也相似于 *ABC*。

所以,同一个图形 *KGH* 既相似于已知直线形 *ABC*,又等于另一个已知图形 *D*。

证完

这个是归功于毕达哥拉斯的一个重要问题。我们要作一个直线形,与一个直线形有相同的形状,与另一个直线形有相同的大小。*Data* 的对应命题55断言:"若一个面积的形状和大小给定,则它的边的大小也给定。"

西姆森认为这个命题的正文有误。在开始部分,这个证明说三角形 *ABC*,尽管根据阐述,应当说"直线形"。

更重要的是要注意,在欧几里得证明了

(图形 *ABC*):(图形 *KGH*)=(*BE*):(*EF*)

之后,他也可以从 V.14 直接推出,因为 *ABC* 等于 *BE*,所以 *KGH* 等 *EF*。V.14 包含了若 $A:B=C:D$,并且 $A=C$,则 $B=D$,或者若四个量成比例,第一个等于第三个,则第二个等于第四个。代替这个方法,欧几里得首先用 V.16 把这个命题转变为

(图形 *ABC*):(*BE*)=(图形 *KGH*):(*EF*)。

而后推出,因为第一项等于第二项,所以第三项等于第四项。但是在欧几里得中没有这个命题,同样的不必要的置换步骤也出现在希腊文本的 XI.23,XII.2,5,11,12,18 中。在重新给出证明时,我们略去了这些步骤,并应用 V.14。

命题 26

如果由一个平行四边形中取掉一个与原形相似且有相似位置又有一个公共角的平行四边形,则它将与原平行四边形有共线的对角线。

由平行四边形 *ABCD* 中取掉一个平行四边形 *AF*,它相似于 *ABCD* 且有相似位置,

它们又有公共角 *DAB*;

我断言 *ABCD* 与 *AF* 有共线的对角线。

因为,假设不是这样,令 *AHC* 是(*ABCD* 的)对角线,延长 *GF* 至 *H*,并且过 *H* 作 *HK* 平行于直线 *AD*,*BC* 的一条。 [Ⅰ.31]

从而，*ABCD* 与 *KG* 有共线的对角线，故 *DA* 比 *AB* 如同 *GA* 比 *AK*。

[Ⅵ.24]

但是，因为 *ABCD* 与 *EG* 相似，故 *DA* 比 *AB* 如同 *GA* 比 *AE*；

故，*GA* 比 *AK* 如同 *GA* 比 *AE*。 [Ⅴ.11]

所以，*GA* 与 *AK*，*AE* 的每一个相比有相同的比。

从而，*AE* 等于 *AK*； [Ⅴ.9]

较小的等于较大的：这是不可能的。

故，*ABCD* 与 *AF* 不能没有共线的对角线。

所以，平行四边形 *ABCD* 与平行四边形 *AF* 有共线的对角线。

证完

在证明"因为，假设不是这样，令 *AHC* 是（*ABCD* 的）对角线"中（*ABCD* 的）是我插入的，为了使含义明确。

当然可以直接证明这个命题，正如拉奇兰所做的。设 *AF*，*AC* 是这两个平行四边形的对角线，我们并没有假设它们是如何放置的。

因为 *EF* 平行于 *AG* 和 *BC*，所以

角 *AEF*，*ABC* 相等。

又因为这两个平行四边形相似，所以

AE : *EF* = *AB* : *BC*。 [Ⅵ.定义 1]

因此三角形 *AEF*，*ABC* 相似， [Ⅵ.6]

因而角 *FAE* 等于角 *CAB*。

所以 *AF* 落在 *AC* 上。

这个命题也是真的，若这个平行四边形与给定的平行四边形相似并且在相似位置，但不是从给定平行四边形"取出"，而是完全在它的外面，并且有两条边形成对顶角。此时对角线不是在同一条线段内而在同一条直线上。这个推广容易从欧几里得的Ⅵ.28 的方法解答。

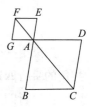

命题 27

在贴合于同一直线上的缺少一个与作在原直线一半上的平行四边形相似且有相似位置的平行四边形中，以作在原直线一半上的并且相似于缺少图形的那

个平行四边形为最大。

设 *AB* 是一条直线且二等分于 *C*；对直线 *AB* 的
一半上贴合的平行四边形 *AD* 是缺少在 *AB* 一半 *CB*
上的平行四边形 *DB* 以后而成的。

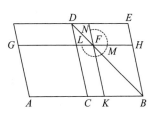

我断言所有贴合于 *AB* 线上的那种平行四边形
中以缺少相似且有相似位置于 *DB* 的平行四边形 *AD*
最大。

设在 *AB* 上所贴合的平行四边形 *AF*，它是缺少着相似且有相似位置于 *DB*
的平行四边形的图形 *FB* 而成的；

我断言 *AD* 大于 *AF*。

因为，平行四边形 *DB* 相似于平行四边形 *FB*，所以它们有共线的对角线。

[Ⅵ.26]

设已画出了它们的对角线 *DB*，并且设图形已作好。

那么，因为 *CF* 等于 *FE*，   [Ⅰ.43]

并且，*FB* 是公共的。

故整体 *CH* 等于整体 *KE*。

但是，*CH* 等于 *CG*，这是因为 *AC* 等于 *CB*。   [Ⅰ.36]

故，*GC* 也等于 *EK*。

将 *CF* 加在以上各边；

所以，整体 *AF* 等于拐尺形 *LMN*；

因此，平行四边形 *DB*，即 *AD*，大于平行四边形 *AF*。

证完

我们已经看到(关于 Ⅰ.44 的注)在希腊几何中"面积相贴，超过或缺少相
贴"理论的重要性。在 Ⅰ.44 中，问题是关于"给一条给定直线贴(正好，没有
'超过'或'缺少')一个平行四边形等于一个给定的直线形并有一个给定角"。

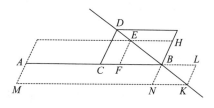

此处在Ⅵ.27—29 中，问题是关于给一条给
定直线贴平行四边形，但是**"缺少（或超过）
与给定平行四边形相似并且有相似位置的
平行四边形"**。除了大小，容易作出"缺少"
或"超过"任意个数平行四边形。给定直线
AB，*C* 是 *AB* 上一点或在 *BA* 延长线上，在 *CB* 上作任一个"有相似位置"，并且相
等或相似于给定平行四边形(欧几里得取在半直线上的相似并且有相似位置的
平行四边形)，作对角线 *BD*，在其上或其延长线上取任意点 *E*，*K*，作 *EF* 或 *KL* 平

行于 CD,交 AB 或其延长线,并且它成平行四边形 AH,ML。

若点 E 取在 BD 或 BD 的延长线上,必须使得 EF 交 AB 在 A 与 B 之间,否则平行四边形 AE 就不能贴于 AB。

在同一对角线上的平行四边形 BD,BE 是相似的[Ⅵ.24],并且 BE 是平行四边形 AE 相对于 AB 所缺少的,故 AE 是贴于 AB,缺少一个与 BD 相似并且有相似位置的平行四边形。若 K 在 DB 的延长线上,则平行四边形 BK 相似于 BD,是平行四边形 AK 相对于 AB 所超出的,故 AK 是贴于 AB,超出一个与 BD 相似并且有相似位置的平行四边形。

因此可以看出,BD 在两个方向的延长线是 E 或 K 这样的点的轨迹,这些点决定贴于 AB 的平行四边形,而它缺少或超出相似于并且有相似位置的给定的平行四边形。

从历史观点看不能过高估计Ⅵ.27—29 的重要性,它们给出了其有实正根的二次方程的代数解的几何的等价解答。它也能求二次方程的负实根,因为可以改变 x 的负实根,使这个方程变为另一个具有正实根的可应用几何方法的二次方程。正如我们看到的,它也可以求两个正实根,因而可以求两个正实根或负实根。

这些命题的方法继续用于解答《原理》的卷Ⅹ.的问题以及阿波罗尼奥斯的专著《圆锥曲线》中的问题,西姆森说:"Ⅵ.28,29 对Ⅵ.27 是必要的,是《原理》中最一般的和最有用的方法,并且是古代几何学家最常用的解答其他问题的方法;但是被塔可奎特(Tacquet)和德查尔斯(Dechales)在他们编辑的《原理》中无知地省略了,他们说它们没有任何用处。"

奇怪的是尽管上述注释在托德亨特之前,但是他说:"我们省略了卷Ⅵ.的命题 27,28,29 以及命题 30 的第一个解答,因为它们是不必要的,并且被某些现代的评论者认为是无用的;见奥斯丁、沃克和拉得纳。"

Ⅵ.27 包含有实数解的**判别**条件,在这个命题的后面,可以贴于给定直线的具有给定性质的所有平行四边形的最大者是画在半直线上的平行四边形。这个对应于条件,下述方程

$$ax - px^2 = A$$

有一个实根。

这个结论的正确性可以在平行四边形是矩形的情形容易看出,它使我们可以省略平行四边形的**角的正弦**(sine of the angle),而不失去一般性。假定 $AKFG$ 是贴于 AB 的任一平行四边形,缺少的平行四边形的边的比是 b 比 c,b 对应的边在 AB 上,且 $AB = a$,$FK = x$,则

$$KB = \frac{b}{c}x,\text{因而 } AK = a - \frac{b}{c}x。$$

因此 $\left(a - \frac{b}{c}x\right)x = S$，其中 S 是矩形 $AKFG$ 的

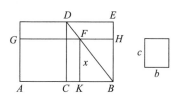

面积。于是给出方程

$$ax - \frac{b}{c}x^2 = S,$$

其中 S 未定，Ⅵ.27 告诉我们，若 x 要有实数值，S 不能大于矩形 CE。

此时 $CB = \frac{a}{2}$，因而 $CD = \frac{c}{b} \cdot \frac{a}{2}$；

因此，
$$S \not> \frac{c}{b} \cdot \frac{a^2}{4}。$$

它正好与代数方法得到的结果相同。

在特殊情形，平行四边形缺少的是正方形，这个命题变为，**若一条直线被分为两部分，则由这两部分围成的矩形不能超过半直线上的正方形。**

现在假定 F 取在 BD 的延长线上，并且 DF 小于 BD。

如这个命题的方式完成这个图形。

则平行四边形 $FKBH$ 相似于缺少的平行四边形要相似的给定的平行四边形。因此平行四边形 $GAKF$ 也是贴于 AB 并且满足给定条件的平行四边形。

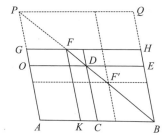

我们可证明 $GAKF$ 小于 CE 或 AD。

延长 ED，交 AG 于 O。

因为 BF 是 KH 的对角线，所以 KD, DH 相等。但是 $DH = DG$，并且 DG 大于 OF。

所以 $KD > OF$。

给每一个加上 OK；

故 AD 或 $CE > AF$。

这个命题的这个另外情形出现在所有手稿中，但是海伯格把它放在附录中，由于它显然是插入的。其原因是这不是欧几里得给出这种情形的不同证明的风格；他的习惯是只给出一种情形而把其他情形留给学生（参考Ⅰ.7），其安排也说明这个另外的证明是插入的。它是放在这个命题的结论的后面，而不是在其前面，并且若欧几里得试图讨论两种情形，他就会在这个命题的开始区分它们，正如他的习惯。并且第二种情形不值得给出，由于它可以容易归结为第

一种情形。事实上，假定在 BD 上取 F'，使得 $FD = F'D$，延长 BF 交 AG 的延长线于 P。完成平行四边形 $BAPQ$，并且过 F' 作两条直线平行于两边。

则 $F'Q$ 等于 AF'。

容易看出 $AF, F'Q$ 相等并且相似，因此用 AF 或 $F'Q$ 表示的这个问题的解答就归结为第一种情形。

值得注意的是平行四边形 AF 与最大面积 AD 之间的真实差别表现在图上，其差别是小平行四边形 DF。

命题 28

在一给定直线上贴合一个等于一已知直线形的平行四边形，并且缺少一个相似于某个已知图形的平行四边形：这个已知直线形必须不大于在原直线一半上的平行四边形，并且这个平行四边形相似于缺少的图形。

设 AB 是所给定的直线，C 是已知直线形，要求贴合于 AB 上一个和 C 相等的平行四边形，C 不大于在 AB 一半上作的平行四边形，这个平行四边形又相似于亏缺的图形，这亏缺的图形又相似于已知的平行四边形 D；因此，要求在所给定的直线 AB 上作一个平行四边形等于已知直线形 C，并且这个平行四边形亏缺一个相似于 D 的平行四边形。

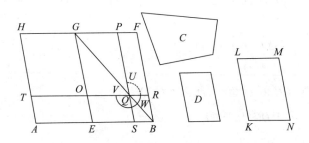

点 E 二等分 AB，并且在 EB 上作相似于 D 且有相似位置的 $EBFG$；[Ⅵ.18]

将平行四边形 AG 画出。

如果 AG 等于 C，那么，就完成了作图。

因为，在给定的直线 AB 上有平行四边形 AG，它等于已知直线形 C，且它是由亏缺又相似于 D 的平行四边形的图形 BG 而成的。

但是，如果不是这样，设 HE 大于 C。

现在，HE 等于 GB，故 GB 也大于 C。

作 $KLMN$ 等于 GB 与 C 的差，并且相似于 D，又与 D 有相似位置。[Ⅵ.25]

但是，D 相似于 GB，

故，KM 也相似于 GB。　　　　　　　　　　　　　　[Ⅵ.21]

令，KL 对应于 GE，并且 LM 对应于 GF。

现在，因为 GB 等于 C，KM 的和，

故 GB 大于 KM；

故也有 GE 大于 KL，并且 GF 大于 LM。

取 GO 等于 KL，并且 GP 等于 LM；

又将平行四边形 $OGPQ$ 画出；

故它等于且相似于 KM。

从而，GQ 也相似于 GB；　　　　　　　　　　　　　[Ⅵ.21]

故 GQ 与 GB 有共线的对角线。　　　　　　　　　　[Ⅵ.26]

令 GQB 是它们的对角线，并且设图形已画好。

那么，因为 BG 等于 C，KM 的和，

又，在它们中 GQ 等于 KM，

所以，其余的部分，即拐尺形 UWV 等于其余部分 C。又，因为 PR 等于 OS，将 QB 加在以上各边，

则整体 PB 等于整体 OB。

但是，OB 等于 TE，因为边 AE 也等于边 EB。　　[Ⅰ.36]

故，TE 也等于 PB。

将 OS 加在以上各边；

从而，整体 TS 等于整体拐尺形 VWU。

但是，已经证明了拐尺形 VWU 等于 C；

故，TS 也等于 C。

所以，在给定的直线 AB 上贴合了等于已知直线形 C 且由缺少相似于 D 的平行四边形 QB 而成的平行四边形 ST。

证完

这个命题阐述中的第二部分说的是判别，它显然是塞翁增加的，并且对命题没有改进。他的话如下："但是给定的直线形，相贴的平行四边形必须等于它，必须不大于贴于半直线的平行四边形，缺少的部分相似于半直线上的平行四边形，并且要求的平行四边形必有一个相似的缺少。"相贴的平行四边形必须等于它是不必要的，由于"给定的直线形"没有意义。上述翻译说明翻译后面的话是多么困难。后面的话说到两种缺少，一种是缺少相似于半直线上的平行四

215

边形,另一种是缺少的平行四边形必须相似于给定的平行四边形。显然,上述来自手稿 P 的话不是太好的。

在这个和下一个命题中有一个隐含的假设(已在 Ⅵ.22 的注中提及),**若两个相似的平行四边形一个大于另一个,则大者的两边大于小者的对应边。**

正如已经注释的,Ⅵ.28 是二次方程

$$ax - \frac{b}{c}x^2 = S$$

的几何解答,有实数解的条件是

$$S \not> \frac{c}{b} \cdot \frac{a^2}{4}。$$

在 *Data* 中相应的命题是(命题58),**若给定的面积(即平行四边形)贴于给定的直线,并且缺少给定形状的图形(即平行四边形),则缺少图形的宽度给定。**

为了展示欧几里得的几何方法与通常的代数方法解二次方程的对应关系,我们(为了避免引入依赖于平行四边形的角的正弦的常数)假定平行四边形是矩形。为了代替地解这个方程,我们改变符号,写成

$$\frac{b}{c}x^2 - ax = -S。$$

我们可以通过加 $\frac{b}{c} \cdot \frac{a^2}{4}$ 来完成这个方程。

$$\frac{b}{c}x^2 - ax + \frac{c}{b} \cdot \frac{a^2}{4} = \frac{c}{b} \cdot \frac{a^2}{4} - S;$$

开平方,我们有

$$\sqrt{\frac{b}{c}}x - \sqrt{\frac{c}{b}} \cdot \frac{a}{2} = \pm\sqrt{\frac{c}{b} \cdot \frac{a^2}{4} - S},$$

并且

$$x = \frac{c}{b} \cdot \frac{a}{2} \pm \sqrt{\frac{c}{b}\left(\frac{c}{b} \cdot \frac{a^2}{4} - S\right)}。$$

现在让我们讨论欧几里得的方法。

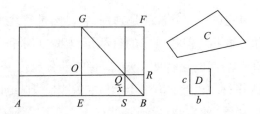

他首先在 *EB*(*AB* 的一半)上作 *GEBF* 相似于给定的平行四边形 *D*。

其次在 *GEBF* 的一个角 *FGE* 处作一个相似并且有相似位置的平行四边形
GQ,使它等于平行四边形 *GB* 与面积 *C* 的差。

用我们的证号 $GO:OQ=c:b$,

因此
$$OQ = GO \cdot \frac{b}{c}。$$

类似地
$$\frac{a}{2} = EB = GE \cdot \frac{b}{c},$$

故
$$GE = \frac{c}{b} \cdot \frac{a}{2}。$$

因而平行四边形
$$GQ = GO^2 \cdot \frac{b}{c},$$

平行四边形
$$GB = \frac{c}{b} \cdot \frac{a^2}{4}。$$

于是取平行四边形 $GQ = GB - S$,欧几里得实际上从下述方程求出 *GO*。

$$GO^2 \cdot \frac{b}{c} = \frac{c}{b} \cdot \frac{a^2}{4} - S。$$

他发现的值是

$$GO = \sqrt{\frac{c}{b}\left(\frac{c}{b} \cdot \frac{a^2}{4} - S\right)},$$

从 *GE* 减去 *GO*,得到 *QS*(或 *x*);因此

$$x = \frac{c}{b} \cdot \frac{a}{2} - \sqrt{\frac{c}{b}\left(\frac{c}{b} \cdot \frac{a^2}{4} - S\right)}。$$

注意,欧几里得只给出了一个解答,对应于根式前的负号,其原因与 Ⅵ.27
中只给出一种情形相同,他没有看到 *GQ* 加 *GE* 可以给出另一个解。正如上一
个命题,另一个解可以如下得到:

(1)在 *FGE* 的内对角作平行四边形 *GOQP*,使得 *GQ'* 在 *BG* 的延长线上。平
行四边形 *AQ'* 给出第二个解,这个平行四边形的沿着 *AB* 的边等于 *SB*,另一边是
所谓的 *x*,

$$x = EG + GO$$

$$= \frac{c}{b} \cdot \frac{a}{2} + \sqrt{\frac{c}{b}\left(\frac{c}{b} \cdot \frac{a^2}{4} - S\right)}。$$

(2)相似并且等于 *AQ'* 的平行四边形也可如下得到,延长 *BG* 交 *AT* 的延长
线,并且完成平行四边形 *B'ABA'*,可以看出 *QA'* 等于 *AQ*,等于并且有相似位置
的 *AQ'*。

这个命题的一种特殊情形是 *Data* 中的命题 85,其中缺少的平行四边形的

边相等,即它是具有给定角的菱形。命题85 证明了,**若两条直线包含一个给定的面积,并且具有给定的角,这两条直线的和给定,则每一条也是给定的。** *AB,BC* 是给定的直线,"包含给定面积 *AC*,具有给定角 *ABC*",一条边 *CB* 延长到 *D*,使得 *BD* 等于 *AB*,并且完成平行四边形。由假设,*CD* 有给定长度,并且 *AC* 是贴于 *CD* 的平行四边形,缺少具有给定角 *EDB*

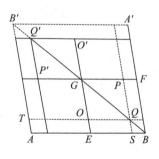

的菱形(*AD*)。这种情形是 *Data* 的命题 58 的一种特殊情形。

最后一种特殊情形是缺少的平行四边形是**正方形**,对应于方程

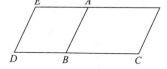

$$ax - x^2 = b^2 \text{。}$$

这是一种重要情形,这是下述问题,**在给定直线上贴合一个矩形,等于给定的面积并且缺少一个正方形**,并且可以不用卷 Ⅵ. 来解答,正如 Ⅱ.5 所证明的。

命题 29

在一给定的直线上贴合一个等于已知直线形的平行四边形,并且超出一个相似于一个已知平行四边形的平行四边形。

设 *AB* 是所给定的直线,*C* 是直线形,在 *AB* 上贴合一个平行四边形,使得这个图形等于 *C*;而超出的平行四边形相似于平行四边形 *D*。

由此,要求在直线 *AB* 上贴合一个平行四边形,使它等于直线形 *C*,并且在超出部分上的平行四边形相似于 *D*。

设将 *AB* 平分于 *E*。

又在 *EB* 上作相似于 *D* 且与它有相似位置的平行四边形 *BF*,又作 *GH* 等于 *BF* 与 *C* 的和,同时 *GH* 与 *D* 相似且有相似位置。　　　　　　[Ⅵ.25]

令 *KH* 对应于 *FL* 且 *KG* 对应于 *FE*。

现在,因为 *GH* 大于 *FB*,故 *KH* 也大于 *FL*,并且 *KG* 大于 *FE*。

延长 *FL*,*FE*,令 *FLM* 等于 *KH*,并且 *FEN* 等于 *KG*,

将平行四边形 *MN* 画出。

故,*MN* 等于且相似于 *GH*。

但是,*GH* 相似于 *EL*,

所以,*MN* 也相似于 *EL*;　　　　　　　　　　　　　　[Ⅵ.21]

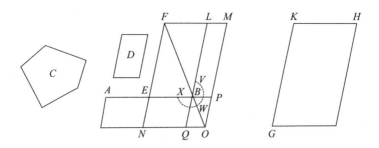

从而，*EL* 与 *MN* 有共线的对角线。 ［Ⅵ.26］

于是作出了它们的对角线 *FO*，并且图形已作出。

因为，*GH* 等于 *EL* 与 *C* 的和，

这时，*GH* 等于 *MN*，

故，*MN* 也等于 *EL* 与 *C* 的和。

又由以上各边减去 *EL*；

那么，余下的拐尺形 *XWV* 等于 *C*。

现在，因为 *AE* 等于 *EB*，

所以 *AN* 也等于 *NB*［Ⅰ.36］，即等于 *LP*［Ⅰ.43］。

将 *EO* 加在以上各边；

则整体 *AO* 等于拐尺形 *VWX*。

但是，拐尺形 *VWX* 等于 *C*；

故，*AO* 也等于 *C*。

所以，对所给定的直线 *AB* 已贴合了一个平行四边形 *AO*，它等于已知直线形 *C*，而且超出了一个平行四边形 *QP* 相似于 *D*，因为 *PQ* 也相似于 *EL*。

［Ⅵ.24］

证完

在 *data* 中的相应命题是命题 59，**若一个给定面积（即平行四边形）贴于给定的直线，超过给定的形状的图形，则超过图形的宽度给定。**

Ⅵ.29 对应于下述二次方程的解。

$$ax + \frac{b}{c}x^2 = S。$$

这个方程的代数解是

$$x = -\frac{c}{b} \cdot \frac{a}{2} \pm \sqrt{\frac{c}{b}\left(\frac{c}{b} \cdot \frac{a^2}{4} + S\right)}。$$

219

正如Ⅵ.28 的情形,为了展示欧几里得的方法与代数解法的对应关系,假定平行四边形是矩形,此时欧几里得在 EB 上作相似于 D 的平行四边形 EL,这等价于求

$$FE = \frac{c}{b} \cdot \frac{a}{2}, EL = \frac{c}{b} \cdot \frac{a^2}{4}。$$

作相似平行四边形 MN 等于 EL 与 S 的和,对应于

$$FN^2 \cdot \frac{b}{c} = \frac{c}{b} \cdot \frac{a^2}{4} + S,$$

或者

$$FN = \sqrt{\frac{c}{b}(\frac{c}{b} \cdot \frac{a^2}{4} + S)},$$

因此

$$x = FN - FE = \sqrt{\frac{c}{b}(\frac{c}{b} \cdot \frac{a^2}{4} + S)} - \frac{c}{b} \cdot \frac{a}{2}。$$

此时,欧几里得的解对应于根式前的正号,按他的观点,这是仅有的解。

此时没有判别的必要,因为不论 S 的大小实数几何解总存在。

在 *Data* 中有一个命题,超过部分是具有给定角的菱形,命题 84 证明了,**若两条直线包含一个给定的面积,具有一个给定角,并且一条给定直线大于另一条给定直线,则这两条直线的每一条也给定**。其证明归结到 *Data* 的命题 59。

又有一种重要的特殊情形,它可以只用卷Ⅱ.解决,这种情形就是超过部分是正方形,对应于解下述方程

$$ax + x^2 = b^2。$$

这个问题是**对给定直线贴一个等于给定面积的矩形并且超过一个正方形**。

命题 30

将一个给定的有限直线分成中外比。

设 AB 是所给定的有限直线。

要求分 AB 成中外比。

在 AB 上作正方形 BC,而且在 AC 上贴平行四边形 CD

等于 BC,并且在延线上的图形 AD 相似于 BC。　　　　　　[Ⅵ.29]

现在 BC 是正方形;

故 AD 也是正方形。

又因为正方形 BC 等于平行四边形 CD,

由各边减去 CE,则余量 BF 等于余量 AD。

但是它们的各角相等；

故在 BF, AD 中夹等角的边成互反比例，　　　[Ⅵ.14]

于是，FE 比 ED 如同 AE 比 EB。

但是 FE 等于 AB，并且 ED 等于 AE，

故，BA 比 AE 如同 AE 比 EB。

又，AB 大于 AE，从而 AE 也大于 EB。

所以，线段 AB 被点 E 分成中外比，AE 是较大的线段。

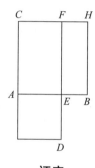

证完

注意，这个作用是直接应用前一个命题 29 的特殊情形，超出的平行四边形是**正方形**，这个事实与 Ⅵ.30 的结合说明这个作图是欧几里得的。

在有些手稿中给出了另一个作图，海伯格把它放在附录中，注意这另一个证明等价于 Ⅱ.11 的作图。

"设 AB 被截于 C，使得矩形 AB, BC 等于 CA 上的正方形。　　[Ⅱ.11]

因为矩形 AB, BC 等于 CA 上的正方形，所以

$$BA : AC = AC : CB。\qquad\qquad [Ⅵ.17]$$

因而 AB 被 C 分成中外比。"

这另一个作图有本质的改进，然而可能是插入的，若欧几里得喜欢这个作图，则他会只给出这个作图。

命题 31

在直角三角形中，对直角的边上所作的图形等于直角边上所作相似且有相似位置的二图形的和。

设 ABC 是具有直角 BAC 的直角三角形；

我断言在 BC 上的图形等于在 BA, AC 上所作相似且有相似位置的二图形的和。

设 AD 是垂线。因此，在直角三角形 ABC 内，AD 是从直角顶点 A 到底 BC 的垂线。

三角形 ABD, ADC 在垂线两边，都和 ABC 相似，它们也彼此相似。　[Ⅵ.8]

又，因为 ABC 相似于 ABD，

故，CB 比 BA 如同 AB 比 BD。　　　　　　　　　[Ⅵ.定义1]

又，因为三条线段成比例，

第一条比第三条如同第一条上的图形比在第
二条上与它相似且有相似位置的图形。

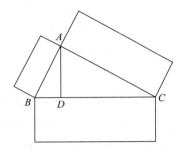

[Ⅵ.19,推论]

故,CB 比 BD 如同 CB 上的图形比在 BA 上与
它相似且有相似位置的图形。

同理也有,BC 比 CD 如同 BC 上的图形比 CA
上的图形;

因此,更有 BC 比 BD,DC 的和如同 BC 上的图形比在 BA,AC 上并且与 BC
上图形相似且有相似位置的图形的和。

但是 BC 等于 BD,DC 的和;

所以,BC 上的图形也等于 BA,AC 上的相似且有相似位置的图形的和。

证完

正如我们看到的(Ⅰ.47 的注),普罗克洛斯把 Ⅰ.47 的这个推广归功于欧
几里得。

证明中有一个推理需要检验。欧几里得证明了

$CB:BD=$(CB 上的图形):(BA 上的图形),

并且 $BC:CD=$(BC 上的图形):(CA 上的图形),而后推出

$BC:(BD+CD)=$(BC 上的图形):(BA 与 AC 上的图形的和)。

显然这个推理依赖于 Ⅴ.24,但不是直接应用;而证明的是,若

$$a:b=c:d,$$

并且

$$e:b=f:d,$$

则

$$(a+e):b=(c+f):d。$$

因此我们应当把上述给出的两个比例反过来(正如我们看到的,由西姆森
的命题 B,它是比例的定义的直接推论),并且由 Ⅴ.24 可以推出

$(BD+CD):BC=$(BA,AC 上的图形的和):(BC 上的图形)。

但是 $$BD+CD=BC;$$

因此(由西姆森的命题 A,它也是比例定义的直接推论),在 BA,AC 上的图
形的和等于 BC 上的图形。

有些手稿给出了另一个证明,海伯格把它放在附录中,首先证明了三条边
上的相似图形分别与这些边上的正方形有相同的比。因此,使用了 Ⅰ.47 和基
于 Ⅴ.24 的推理,得到所要的结果。

若要一个不使用西姆森的命题 B 和 A 的证明,而是欧几里得的证明,我认

为应当如下：

欧几里得的 V.22 证明了，若 a,b,c 是三个量，而 d,e,f 是另外三个量，使得

$$a:b=d:e,$$
$$b:c=e:f,$$

则由首末比，$\qquad a:c=d:f$。

现在若增加 $\qquad\quad a:b=b:c,$
$$d:e=e:f,$$

则 $a:c$ 是 $a:b$ 的二次比，并且 $d:f$ 是 $d:e$ 的二次比，因此，等比的二次比也相等。

现在（AC 上的图形）：（AB 上的图形）$=AC:AB$ 的二次比
$$= CD:DA \text{ 的二次比}$$
$$= CD:BD。$$

因此（AC,AB 上的图形的和）：（AB 上的图形）$= BC:BD$。 [V.18]

但是（BC 上的图形）：（AB 上的图形）$= BC:BD$

（正如欧几里得的证明）。

所以，AC,AB 上的图形的和比 AB 上的图形等于 BC 上的图形比 AB 上的图形，因此

AC,AB 上的图形的和等于 BC 上的图形（V.9）。

命题 32

如果在一个角放在一起的两个三角形中，一个三角形中的两边与另一个三角形的两边成比例，并且对应边也平行。则这两个三角形的第三边在同一条直线上。

设 ABC,DCE 是两个三角形，它们的两边 BA,AC 与两边 DC,DE 成比例，即，AB 比 AC 如同 DC 比 DE，并且 AB 平行于 DC，AC 平行于 DE；

我断言 BC 与 CE 在同一直线上。

因为，AB 平行于 DC，

又，直线 AC 与它们相交；

则错角 BAC,ACD 彼此相等。 [I.29]

同理，角 CDE 也等于角 ACD；

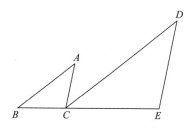

因此，角 *BAC* 等于角 *CDE*。

又，因为 *ABC*，*DCE* 是两个三角形，在 *A* 处的角等于在 *D* 处的角，

并且夹等角的边成比例，

因此，*BA* 比 *AC* 如同 *CD* 比 *DE*。

故三角形 *ABC* 与三角形 *DCE* 的各角相等。　　　　　　　　[Ⅵ.6]

从而，角 *ABC* 等于角 *DCE*。

但是，已经证明了角 *ACD* 等于角 *BAC*，

故整体角 *ACE* 等于两个角 *ABC*，*BAC* 的和。

将角 *ACB* 加在以上各边；

则角 *ACE*，*ACB* 的和等于角 *BAC*，*ACB*，*CBA* 的和。

但是，角 *BAC*，*ABC*，*ACB* 的和等于两直角，　　　　　　　[Ⅰ.32]

故角 *ACE*，*ACB* 的和也等于两直角，

所以，在直线 *AC* 上的 *C* 点处，有两直线 *BC*，*CE* 不在 *AC* 的同侧而成邻角 *ACE* 与 *ACB*，其和等于两直角；

从而，*BC* 与 *CE* 在一条直线上。　　　　　　　　　　　　　[Ⅰ.14]

证完

　　克拉维乌斯、拉得纳和托德亨特等人指出这个命题的阐述是不严格的。假设 *ABC* 是一个三角形，作 *CD* 平行于 *BA* 并且有任意长度，作 *DE* 平行于 *CA* 并且有这样的长度，使得

$$CD : DE = BA : AC。$$

则三角形 *ABC*，*ECD* 满足欧几里得的阐述，但是 *CE* 与 *CB* 不可能在一条直线上，因为此时成比例的边所夹的角互补（除非两个都是直角），因此所夹的两个角必须**相等**，故这两个三角形必然**相似**。

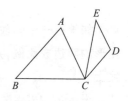

　　托德亨特认为这个命题没有用处，大概他不知道它被欧几里得用在Ⅷ.17。一些作者找到更有用的代替命题。

　　1. 德·摩根提出下述定理："若两个相似三角形的底平行，并且在底处的两个相等的角朝向相同，则其他两边彼此平行，或者一对边在同一条直线处，并且另一对边平行。"

　　2. 拉奇兰给出了类似定理："若两个相似三角形中，一个的两条边与另一个的对应两边平行，则第三边也平行。"

　　但是注意，这些命题的证明可以不用卷Ⅵ.，它们可以用卷Ⅰ.证明，并且这

两个三角形可简单地称为"等角的"。事实上卷Ⅵ. 对欧几里得的命题是没有必要的,由于他的阐述没有说这两个三角形相似;而只是证明了它们相似,为了断言它们是等角的。从这个观点出发,泰勒给出的是最好的,即

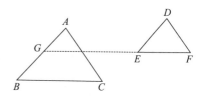

3. "若两个三角形的边成对平行,则连接对应顶点的直线交于一点或平行。"

西姆森有一个与Ⅵ. 32 有关的理论,他指出Ⅵ. 26 可以更一般,使得两个相似并且有相似位置的两个平行四边形的相等角不是重合而是对顶角。可以证明通过公共顶点的对角线在一条直线上。若 ABCF,CDEG 是相似并且有相似位置的两个平行四边形,使得 BCG,DCF 是两条直线,并且若作对角线 AC,CE,则三角形 ABC,CDE 相似并且位置正如Ⅵ. 32 所画的,故 AC,CE 在一条直线上。因此西姆森提出可以给Ⅵ. 26 一个直接证明,代替原来的间接证明,这个直接证明使用Ⅵ. 32 的结果并且包括刚才给定的情形。然而。我认为卷Ⅵ. 后面的命题反对这个观点。

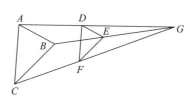

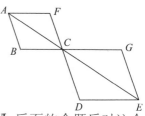

命题 33

在等圆中的圆心角或圆周角的比如同它们所对弧的比。

设 ABC,DEF 是等圆,并且设角 BGC,EHF 是圆心 G,H 处的角,又角 BAC,EDF 是圆周角;

我断言弧 BC 比弧 EF 如同角 BGC 比角 EHF,也如同角 BAC 比角 EDF。

因为,可取等于弧 BC 的任意多个相邻的弧 CK,KL,也可取等于弧 EF 的任意多个相邻的弧 FM,MN。

又,连接 GK,GL,HM,HN。

则,因为弧 BC,CK,KL 彼此相等,

所以角 BGC,CGK,KGL 也彼此相等;　　　　　　　　　　　　[Ⅲ.27]

故无论弧 BL 是 BC 的几倍,则角 BGL 也是角 BGC 的同样多倍。

同理也有,

225

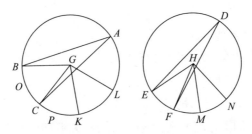

无论弧 NE 是 EF 的几倍，则角 NHE 也是角 EHF 的同样多倍。

如果弧 BL 等于弧 EN，则角 BGL 也等于角 EHN；　　　　　　　　[Ⅲ.27]

如果弧 BL 大于弧 EN，则角 BGL 也大于角 EHN；

如果弧 BL 小于弧 EN，则角 BGL 也小于角 EHN。

则有四个量，两个弧 BC，EF 及两个角 BGC，EHF，

已经取定了弧 BC 及角 BGC 的同倍量，它们是弧 BL 及角 BGL。

又，取定了弧 EF 及角 EHF 的同倍量，即弧 EN 与角 EHN。

我们已经证明了，如果弧 BL 大于弧 EN，则角 BGL 也大于角 EHN；

如果弧 BL 等于弧 EN，则角 BGL 也等于角 EHN；

如果弧 BL 小于弧 EN，则角 BGL 也小于角 EHN。

故，弧 BC 比 EF 如同角 BGC 比角 EHF。　　　　　　　　　　[Ⅴ.定义5]

但是，角 BGC 比角 EHF 如同角 BAC 比角 EDF，因为它们分别是二倍的关系。

所以也有，弧 BC 比弧 EF 如同角 BGC 比角 EHF，又如同角 BAC 比角 EDF。

证完

这个命题大多包括与扇形有关的第二部分，对应于下述阐述：“并且正如作在中心的扇形”。当然有一个对的“定义”或“特别的话”，“并且扇形 $GBOC$ 比扇形 $HEQF$”。这个增加明显地来自塞翁，他说：“而且在等圆中的两个扇形的比等于它们所张的角的比，我已经在我编辑的《原理》的第六卷末尾证明。”坎帕努斯省略了它们，而手稿 P 只是放在边页。塞翁的全部证明不必在此给出。从弧 BC，CK 相等他推出[Ⅲ.29]弦 BC，CK 相等，因此三角形 GBC，GCK 全等[Ⅰ.8，4]。其次，因为弧 BC，CK 相等，所以弧 BAC，CAK 相等。所以后者上的圆周角，即弓形 BOC，CPK 内的角相等[Ⅲ.27]，因而这两个弓形相似[Ⅲ.定义11]且相等[Ⅲ.24]。

给这两个相等的弓形分别加上相等的三角形 GBC，GCK，我们看到

扇形 GBC，GCK 相等。

于是，在等圆中张在等弧上的扇形相等；并且证明的其余部分如同欧几里

得的命题。

关于欧几里得的命题本身,应当注意:

(1)除了引用定理Ⅲ.27,在等圆内张在等弧上的角相等之外,这里又证明了,在较大弧上的角较大,在较小弧上的角较小。这个实际上可以从Ⅲ.27推出。

(2)角 BGC 和弧 BC 的任意等倍数,以及角 EHF 和弧 EF 的任意等倍数。(相应的词"任意等倍数"应当用在这个推理的前面。)但是一个角的任意倍数隐含着放弃Ⅰ,定义 8,10,11,12 中角的术语,在那里一个角是**小于二直角的**;正如德·摩根所说,"角走出了监狱"。道奇森说,欧几里得认为一个角的倍数是许多分开的角,而不是合成一个角,并且当一个角的两个这样的倍数相等时,则所张的这些弧也相等。其推理是这样的:第一组角的和等于第二组角的和,并且第二组可以分开来使得一对一的等于第一组的每一个,那么显然这些弧的和也是相等的。另一方面,若把角的倍数看成一个角,则所张的弧的相等不能直接从欧几里得推出,由于他的Ⅲ.26 的证明只适用于角小于二直角的和。(事实上,从弧的相等推出角的相等或角的倍数相等是一个问题,并且不是可逆的,故应当对Ⅲ.27 作说明,但是这个不影响这个命题。)道奇森反对这个观点,他认为欧几里得自始至终说的是"角 BGL"和"角 EHN"。我认为可能的解释是,正如在Ⅲ.20,21,26 和 27 中,欧几里得没有注意到角的倍数大于二直角的情形。若他注意到这个事实,就不会在Ⅲ.20 中考虑弓形小于半圆,使得弓形内的角是钝角,因而此时"中心角"就会大于二直角。无疑地,欧几里得拒绝把后者看成一个角,并且认为它是两个角的和或者是从四个直角减去后剩下的角。我认为在此处若角的倍数大于二直角,欧几里得可能把它们表示为**等于多个直角加上一个小于直角的角或者多个二直角加上一个锐角或钝角**,则弧的相等是多个弧的和的相等,多个半圆或象限加上小于一个半圆或一个象限的弧。因此,我同意道奇森的看法,在Ⅵ.33 中欧几里得的角不大于二直角。

塞翁给这个定理增加了关于扇形的推论,**扇形比扇形也等于角比角**,这个推论被季诺多鲁斯(Zenodorus)使用。

卷 VII

定义

1. **单位**来自现实中的每一个称为一的东西。

2. 一个**数**是由许多单位合成的。

3. 一个较小数称为一个较大数的**一部分**,当它能量尽较大者。

4. 一个较小数称为一个较大数的**部分**,当它量不尽较大者。

5. 较大数若能为较小数量尽,则它为较小数的**倍数**。

6. **偶数**是能被分为相等两部分的数。

7. **奇数**是不能被分为相等两部分的数,或者它与一个偶数相差一个单位。

8. **偶倍偶数**是用一个偶数偶数次量尽的数。

9. **偶倍奇数**是用一个偶数奇数次量尽的数。

10. **奇倍奇数**是用一个奇数奇数次量尽的数。

11. **素数**是只能为单位 1 所量尽的数。

12. **互素的数**是其公度只是单位的几个数。

13. **合数**是能被某数所量尽的数。

14. **互为合数的数**是能被作为公度的某数所量尽的几个数。

15. 所谓一个数**乘**一个数,就是被乘数自身相加多少次而得出的某数,这相加的次数是另一数中单位的个数。

16. 两数相乘得出的数称为**面数**,其**两边**就是相乘的两数。

17. 三数相乘得出的数称为**立体数**,其**三边**就是相乘的三数。

18. **平方数**是两相等数相乘所得之数,或者是由两相等数所除尽的。

19. **立方数**是两相等数相乘再乘此相等数而得的数,或者是由三相等数所除尽的。

20. 当第一数是第二数的某倍、某一部分或某几部分,与第三数是第四数的同一倍、同一部分或相同的几部分,称这四个数是**成比例的**。

21. **两相似面数**以及**两相似立体数**是它们的边成比例的数。

22. **完全数**是等于它自身所有部分的和的数。

定义 1

An unit is that by virtue of which each of the things that exist is called one.

雅姆利克斯(主要活动于约 300 年)告诉我们(*Comm. on Nicomachus*, p. 11, 5),欧几里得关于**单位**或**单子**(monad)的定义是"较近"作者给出的,并且缺少"即使它是集合的(collective)"。他还给出了一些另外的定义。(1)根据"某个毕达哥拉斯学派成员","单位是数与部分之间的边界","由于从它开始,正像一个种子与树和树根一样,比率在两个相反的方向增加"。即在一边倍数不断地增加,而在另一边(单位被细分)随着分母不断增加,因子增加。(2)一个有些类似的定义是一个古代毕达哥拉斯学派的成员塞马里德斯(Thymaridas)的定义,他定义单子是"界限量"(limiting quantity),是作为一个东西的开始与终止。这个词及其解释最好表示为"少的界限"(limit of fewness)。士麦那的塞翁(p. 18,6,ed. Hiller)给出了解释,单子是"这样的,当量不断地减去而消失时,它丧失了所有数并且占据了一个位置并且停止"。在达到单位之后,我们继续分单位为部分,我们又有了量。(3)某个人根据雅姆利克斯(p. 11,16)把它定义为"型论中的型"(form of forms),由于它包括所有类型的数,例如,从三向上的任意边数的多边形数,所有形状的立体数,等等。[我们提醒最新的数论,把数作为"分割"或者作为"类型中的类"(class of classes)。](4)雅姆利克斯又说,单位是**多少**(how many)范围中第一个或者最小的,**多少**的公共部分或开始。亚里士多德定义它为"量中不可分的"(*Metaph*. 1089 b 35),包括在亚里士多德的连续及离散量中;因此它与点的区别是它没有位置:"量中的不可分的,用任何方法都不可分的并且没有位置的称为**单位**,而用任何方法都不可分并且有位置的是**点**。"(*Metaph*,1016 b 25)(5)根据最后这个定义,亚里士多德称单位为"没有位置的点"(*Metaph*,1084 b 26)。(6)最后,雅姆利克斯说,克赖西普斯(Chrysippus)学派用一种含糊的方式定义为"**量一**",它单独地与量对比。与这些定义相比较,欧几里得的定义是较通俗的。

士麦那的塞翁(p. 19,7—13)认为单位这个词的词源意义是(1)它与它自己乘任意次数,它保持不变,(2)它在其他数中是独立的,任一个数是它的两边相邻数的和的一半,而单位只是它后面的数 2 的一半。

定义 2

A *number* is a multitude composed of units.

尼科马丘斯(Nicomachus)说,数的定义仍然来自**许多**(many)。数是"一个确定的量,或者单位的集成(collection),或者由单位组成的量的流动(flow)。塞翁说:"一个数是单位的集成,或者量由单位开始的进展(progression),并且能倒退到单位。"根据雅姆利克斯,"单位的集成"适用于**多少**(how many),即适用于数。欧多克索斯说,一个数是"一个确定的量"。亚里士多德定义数为"界定的量"(limited multitude),或者"单位的组合"(combination),或者"被一可度量的量"。

定义 3

A number is *a part* of a number,the less of the greater,when it measures the greater。

欧几里得的一部分(a part)意味着因子,与 V. 定义 1 相同。尼科马丘斯也使用词"因子"。他用他定义倍数的方式定义它,"因子是一个数,当把它与一个较大数比较时,它可以多于一次度量较大数。"

定义 4

But *parts* when it does not measure it.

欧几里得的"部分"(parts,复数)表示我们所说的"真分数"(proper fraction)。即一部分是一个因子,而术语部分意味着由任意个数因子构成的小于单位的分数,例如$\frac{2}{3}$。

定义 5

The greater number is a *multiple* of the less when it is measured by the less.

这里的**倍数**的定义与 V.定义 2 完全相同。尼科马丘斯定义倍数为"一类较大数,它包含前者本身多于一次"。

定义 6,7

An even number is that which is divisible into two equal parts.

An odd number is that which is not divisible into two equal parts, or that which differs by an unit from an even number.

尼科马丘斯进一步详述了偶数与奇数的定义。"偶数能够分为两个相等的部分,没有落在中间的单位;而奇数不能分为两个相等的部分,由于单位的阻碍,"他又说,这个定义"来自通俗概念",与此相比较,他给出了有趣的毕达哥拉斯学派的定义。"偶数是这样的,它允许用同一个运算分为最大和最小部分,最大的在于大小(size),而最小的在于量(quantity)……而奇数是这样的,它不能如上对待,但是可以分为两个不相等的部分。"正如雅姆利克斯所说,偶数可分为两个最大部分,即一半,而且可分为最小部分,即二,二是第一个"数"或者"单位的集成"。尼科马丘斯引用了另一个古代的定义,一个偶数是这样的,它既可以分为两个相等的部分,也可以分为不相等的部分(除了第一个偶数 2,它只能分为相等部分),而且它必然分为两个同类的部分,即都是偶数或奇数;而奇数是这样的,它只能分为两个不相等的部分,而且这两个部分总是不同的类型,即一部分是奇数,另一部分是偶数。最后,关于奇数和偶数的定义,"同相互定义的方法",即一个奇数是这样的,它与它两边的偶数相差一个单位;而偶数是这样的。它与每一边的奇数相差一个单位。这个奇数的定义与欧几里得的奇数定义相同。这个欧几里得之前的定义被亚里士多德宣告为非科学的,由于奇与偶是相对的,因而不能用一个定义另一个(*Topics* Ⅵ.4,142 b 7—10)。

定义 8

An even-times even number is that which is measured by an even number according to an even number。

欧几里得的**偶倍偶数**的定义与后来的作者尼科马丘斯、士麦那的塞翁以及雅姆利克斯给出的定义不同;并且它的麻烦出现在Ⅸ.34,在此证明了一些数既是"偶倍偶数",又是"偶倍奇数"。根据另外三个作者的更严格的分类,"偶倍偶数"与"偶倍奇数"是相互排斥的,并且是把偶数细分为三类中的两个,关于这三个细分"偶倍偶数"与"偶倍奇数"构成两端,而"奇倍偶数"在中间(参考关于下一个定义的注)。偶倍偶数是这样的数,它的一半是偶数,一半的一半是偶数,等等,直到达到单位。简短地说,偶倍偶数总有形式 2^n。因此,雅姆利克斯说,欧几里得定义偶倍偶数为偶数的偶倍偶数是错误的。为了支持这个观点,他以 24 为例,它是四倍的 6,或者六倍的 4,但是根据欧几里得本人的定义,它又不是"偶倍偶数",显然 24 也是 8 倍的 3,这不满足欧几里得的定义。然而,我们也有欧几里得的定义所说的东西;IX.32 证明了型为 2^n 的数是偶倍偶数,这完全是不必要的,只是重复其定义,而 IX.34 明确指出,按欧几里得的观点,一个数可以同时是偶倍偶数及偶倍奇数。在评论中发现下述说法,偶倍的偶数是只能被偶数度量偶倍数的数,这显然是某个人插入的,他希望调和欧几里得的定义与毕达哥拉斯学派的定义(参考 Heiberg, *Euklid-studien*, p. 200)。

尼科马丘斯注意到偶倍偶数序列的性质,他说,一个偶倍偶数的任一个部分,即任一个因子称为偶倍偶号(designation),而它也是一个偶倍偶值(value),当表示为多少个单位。即 2^n 的 $\frac{1}{2^m}$ 的部分(m 小于 n)称为 2^m 之后的偶倍偶数,而它的值是 2^{n-m} 个单位,它也是一个偶倍偶数。于是偶倍偶数的所有部分或者因子以及偶倍偶数本身只是与偶数这一类数有关。

定义 9

***An even-times odd number* is that which is measured by an even number according to an odd number.**

欧几里得使用术语**偶倍奇数**,而尼科马丘斯以及其他人称它为**偶奇数**(even-odd),根据后者的定义,**偶奇数**与**偶倍偶数**有关联,并作为另一端。它是这样的数,当取一半之后,留下的商是奇数;即它有形式 $2(2m+1)$。尼科马丘斯列出偶奇数如下:

6,10,14,18,22,26,30,……

尼科马丘斯注意到情形 18,$\frac{1}{2}$ 部分称为偶数 2 之后,而它的值是奇数 9,$\frac{1}{3}$ 部分称为奇数 3 之后,而它的值是偶数 6。

根据严格的细分,第三类偶数是**奇偶数**(odd-even)。它是这样一类数,当两次或更多次取一半时,一直到不能再取一半时,剩下来的是一个奇数,而不是单位。因而，它们有形式 $2^{n+1}(2m+1)$，其中 n,m 是正整数。它们是两端偶倍偶数与偶奇数中间的数，或者它们的混合，其理由如下：(1)用 2 细分的过程类似于细分偶倍偶数，但是终止于用 2 除偶奇数之后的数；(3)这个细分之后的数可能是同一类数，即都是奇数或者都是偶数(如同偶倍偶数的情形)，或者是一个奇数与一个偶数，如同偶奇数的情形。例如，24 是一个奇偶数，$\frac{1}{4},\frac{1}{12},\frac{1}{6},\frac{1}{2}$ 的部分都是偶数，但是 $\frac{1}{3}$ 部分是偶数 8，而 $\frac{1}{8}$ 部分是奇数 3。(3)尼科马丘斯说明了如何形成奇偶数。首先排列两行：(a)以 3 开始的奇数，(b)从 4 开始的偶倍偶数，即

(a)3,5,7,9,11,13,15,……

(b)4,8,16,32,64,128,256,……

现在把第一行中的每一个数与第二行中的每一个数相乘，并设第一行中的一个数与第二行中的所有数的乘积作为水平行，我们得到

12,24,48,96,192,384,768,……

20,40,80,160,320,640,1280,……

28,56,112,224,448,896,1792,……

36,72,144,288,576,1152,2304,……

……　……　……　……　……　……　……

尼科马丘斯说，你将惊奇地看到，(a)竖直行具有偶奇数序列 6,10,14,18,22,……的性质，即若取奇数个相邻项，则中间项是两端和的一半；若取偶数个相邻项，则中间项的和等于两端的和，(b)水平行具有偶倍偶数序列 4,8,16,……的性质，即任意奇数个相邻项的两端的乘积等于中间项的平方，任意偶数个相邻项的两端的乘积等于中间项的乘积。

现在我们返回到欧几里得。他的第 9 个定义说，一个**偶倍奇数**是这样一个数，当除以偶数时其商是奇数。过去在这个定义的后面有第 10 个定义，定义了**奇倍偶数**：这个定义说，它是这样的数，当它除以奇数时，其商是偶数。根据这两个定义，任一个偶倍奇数也是奇倍偶数，并且从雅姆利克斯的注释可以断言这个定义 10 以及定义 9 都曾经在欧几里得的正文中。但是，若这两个定义都是真的，则 IX.33 和 IX.34 的阐述就会出现困难。IX.33 说："若一个数的一半是奇数，则它只是偶倍奇数"；但是，若假定这两个定义都是真的，则这就是不正确的，因为这个数也是奇倍偶数。IX.34 说："若一个数既不是从 2 开始连续二倍起来的数，又它的一半也不是奇数，则它既是偶倍偶数又是偶倍奇数。"术语奇倍偶数没有出现在这些命题中，也没有出现在这个定义后面的任何地方。这个

定义成为不必要的。然而,雅姆利克斯给出了不同的阐述。在前一种情形,他用"既是偶倍奇数也是奇倍偶数"代替"只是偶倍奇数";在后一种情形,他用"既是偶倍偶数,又同时是偶倍奇数与奇倍偶数"。因而,"奇倍偶数"加在这两种情形的阐述中。雅姆利克斯没有使用术语奇倍偶数,而是用了术语奇偶数。为了克服这个困难,我们可以选择(1)接受雅姆利克斯的说法,(2)继承Ⅸ.33,34的阐述,并且把这个定义 10 作为插入的予以拒绝。我们正文中关于Ⅸ.33,34 的阐述是 Vatican MS. 及 Theon MSS. 中的阐述;因此,它们必然在塞翁时代之前。海伯格认为欧几里得不可能无意义地区分偶倍奇数与奇倍偶数;并且从整体来看,这个定义 10 是某个生手插入的,他没有注意到欧几里得与毕达哥拉斯分类的差别,只是注意到缺少奇倍偶数的定义,并且伪造一个与另一个比较。当这样做时,容易看出Ⅸ.33 的阐述不正确,而应当增加"并且是奇倍偶数"。对Ⅸ.34 也是同样的。

定义 10

***An odd-times odd number* is that which is measured by an odd number according to an odd number**

奇倍奇数(odd-times odd)与尼科马丘斯与雅姆利克斯的定义不同;他们把这些数归结为奇数的复合细分(composite subdivision)。另一方面,士麦那的塞翁说,奇倍奇数是素数的另一个名字(除了2),因为这些数有两个因子1与这个数本身。这当然是这个术语的一个奇怪的使用。

定义 11

***A prime number* is that which is measured by an unit alone.**

尼科马丘斯、塞翁和雅姆利克斯把素数称为"素的非复合的数"。塞翁的定义实际上与欧几里得的定义相同,即"没有数可度量,而只有单位可度量"的数。亚里士多德也说,素数不能被任意数度量,单位不是数,而只是数的开端(beginning)。根据尼科马丘斯,素数是奇数的一个细分,它是"一个奇数,它没有其他部分,除了它自己之后的部分"。素数是 3,5,7,……,3 没有因子,除了 $\frac{1}{3}$ 部分;11 没有因子,除了 $\frac{1}{11}$ 部分,等等。在所有这些情形,仅有的因子是单位。根据尼科马丘斯,3 是第一个素数,而亚里士多德认为 2 也是素数:"2 是仅有的偶素数。"这个说法早于欧几里得,来自毕达哥拉斯学派。数 2 满足欧几里得的素数定义。雅姆利克斯非难欧几里得有另外的理由。2 虽然是除了单位之外没有其他部分,而 2 是潜在的偶奇数,它是 2 乘以潜在的奇数单位;因此他认为 2 与偶数的细分有密切关系,这就排除了素性。塞翁关于 2 有同样的观点,他说素数也称为奇倍奇数,因而只有奇数是素的非复合的数。因而 2 不是素数。

素数有各种其他的名字。我们已经注意到奇怪地称呼它为奇倍奇数。塞马里德斯称它们是直线(rectilinear)数,其理由是它们只能按一维排列,而没有宽度。亚里士多德也有同样观点,他把复合数与一维数作了对比。士麦那的塞翁用线(linear)数代替直线数,在每一种情形,为了正确描述素数,我们必须理解词**仅**(only)。一个素数是这样的数,它仅是**线数**或**直线数**。

根据尼科马丘斯,素数曾称为**首**(first)数,由于它只能把一定个数的单位放在一起得到,而单位是数的开端。又根据雅姆利克斯,由于它出现在它的倍数的那些数的首位。

定义 12

***Numbers prime to one another* are those which are measured by an unit alone as a common measure.**

士麦那的塞翁进一步强调"素数"与"互素数"之间的区别,把前者称为"绝对素数"(prime absolutely),而把后者称为"互素且非绝对"(prime to one another and not absolutely),或者且"不是本身"(not in themselves)。"后者的公度仅是单位,即使它们本身可被某些数度量。"从塞翁的说明,显然互素的数可能是偶数,也可能是奇数。另一方面,尼科马丘斯和雅姆利克斯认为"本身是第二位(secondary)并且是合(composite)数,而关于另一个数互素"的数是奇数的一个细分。当我们进行到定义"合数"与"互合的数"时将说明其差别。此时,注意尼科马丘斯以绝对互素的方式定义互素的数,一个数"不只被单位作为公度或度量,而且也可被另外的数度量,但是与另一个数比较,它没有公度的数;例如,9 与 25,每一个本身是第二位的,并且是合数,但是,与另一个比较,它们只有单位作为公度,第一个可以被它的三分之一度量,第二个可以被它的五分之一度量。"

定义 13

A *composite number* is that which is measured by some number.

欧几里得的合(composite)数的定义与塞翁的定义相同,合数是"被某一较小数度量的数",通常把单位不看作数。塞翁进一步说,"关于合数,那些包含两个数的称为**平面(plane)数**,正如两维的,由长度与宽度包含,而那些包含三个数的称为**立体(solid)数**,正如第三维加到它们。"亚里士多德也有类似的注释(*Metaph*,1020 b 3),某些数是"合数,可以用平面与立体图形表示,这些数是多少乘多少,或多少乘多少再乘多少"。当然,这些合数的细分是欧几里得定义17,18 的内容。欧几里得的合数可能是偶数或奇数,例如6 由2 与3 度量。

定义 14

Numbers *composite to one another* are those which are measured by some number as a common measure.

塞翁与欧几里得相同,定义**互为合数**的数是"被某一个公度度量的数"(除了单位),例如,8 与6 以2 为公度,6 与9 以3 为公度。

正如上述提示的,欧几里得关于素数与互素的数,以及合数与互为合数的数的分类与尼科马丘斯和雅姆利克斯的分类有重大区别。根据后者的分类,所有这些类型的数都只是奇数的分类。正如偶数分为三类:(1)偶倍偶数,(2)偶奇数,它们形成两端,以及(3)奇偶数,它是其他两类数的中间的数。同样地,奇数也分为三类,第三类也是两端的中间的数。

这三类是:

(1)素数且非合数,除了2 与欧几里得的素数相同。

(2)第二位(secondary)且合数,尼科马丘斯举例,9,15,21,25,27,33,35,39。显然,它们的因子既是奇数又是素数,这明显地不方便,限定了合(composite)的含义。

(3)"第二位且本身是合数,但是对另一个数是素的且非合数"(secondary and composite in itself but prime and incomposite to another)其主要词已在上述定义12 中给出。此处所有因子仍然是奇素数。

除了把术语合(composite)限定于奇数的不方便之外,内赛尔曼(Nessel-

236

mann, *Die Algebra der Griechen*, 1842, p. 194)指出,这个分类有进一步的严重缺点,细分(2)与(3)重合,细分(2)包括了整个细分(3). 这个混乱的根源无疑来自尼科马丘斯反常地渴望把奇数像偶数一样分为三类。

定义 15

A number is said to *multiply* a number when that which is multiplied is added to itself as many times as there are units in the other, and thus some number is produced.

这是众所周知的把乘法作为加法的简缩。

定义 16

And, when two numbers having multiplied one another make some number, the number so produced is called *plane*, and its *sides* are the numbers which have multiplied one another。

词**平面**(plane)和**立体**(solid)使用到数当然来自它们所参考的几何图形。因而,一个数称**线**(linear)**数**,当它被看作一维的长度(length)。当它增加了另一维,即宽(breadth),它就是二维的并且变成平面。一个平面数显然对应于几何中的矩形,这种数是两个线数的乘积,这两个数分别作为长和宽。正如亚里士多德所说,这样一个数是"多少乘多少",并且一个平面是它的对应物。柏拉图说,"我们把所有数分为两类:(1)可以表示为相等的乘相等的,像正方形,我们称它们为平方数或等边的数;(2)它们中间的,包括了 3 与 5 以及不能表示为相等乘相等的任意数,而是较小乘较大,或较大乘较小,总是由一个较大边与一个较小边包围,像一个长方形图形,并且称为**长方形**(oblong)**数**……因而,作为正方形相等边的直线的长度我们称为**根**(roots)。"这一段话说明柏拉图用直线表示数的做法与欧几里得相同;事实上,依据柏拉图,3 与 5 是长方形数,单位表示较小边用一条线表示,3 是较大边,用表示单位的线的长度的三倍的线表示。但是存在表示数的另外方法,不是用一定长度的线,而是用点,用各种方式排列成直线或其他形式。雅姆利克斯告诉我们,"在古代人们用自然的方式表示数,用把它们分成单位的方法,而不是像现代人用符号。"亚里士多德也提及一个埃及人,他列出一个数是什么,例如,一个数是一个人,一个数是一匹马,等等。用卵石模仿它们的形状，正如安排数成三角形或正方形形状。相应地，尼科马丘斯与士麦那的塞翁用排列 a 成几何图形的方式表示数。根据这个系统，雅姆利克斯说，任一个数都可以用点表示在直线上，此时，我们称它是直线的，由于它没有宽度，并且只能增加长度。素数被塞马里德斯称为典型的直线数，由于它没有宽度，并且只有一维。由此，柏拉图意义上的平面数，譬如 3，就不是两个数乘积的平面数；这个观点也出现在用点表示数的情形，直线上三个点就没有宽度；并且若把宽度用于矩形，即把同样个数的点放在第二条线上，那么第一个平面数就是 4，而 3 就不是平面数，柏拉图却说它是平面数。因而就有用点表示数，而不是用线。我们可以用不同于矩形与正方形的几何图形来表示数。一个点与下面两个对称的几何图形来表示数。一个点与下面两个对称的点可以表示一个三角形，它与矩形或平行四边形一样是二维的。类似地，我们可用正五边形或其他多边形来表示数。根据这个方式，3 是第一个平面数，是一个三角形数。尼科马丘斯描述了构成三角形、正方形、五边形与其他多边形数的方法，他区别了一系列属于每一种的不同的拐尺形（gnomons），即对以 n 为边的多边形数增加拐尺形，变为以 $n+1$ 为边的同类数的规则。例如，对于三角形数的拐尺形序列是 1,2,3,4,5……；对正方形数的拐尺形序列是 1,3,5,7……；对五边形数的拐尺形序列是 1,4,7,10……在此我们不必再评述这个过程，现在我们只关心关于构成平面数的不同观点。

关于柏拉图与欧几里得意义上的平面数，我们已经看到，柏拉图承认两类：正方形数与长方形数。欧几里得的后继者更加细分了它们。尼科马丘斯、士麦那的塞翁以及雅姆利克斯把平面数分为（1）最接近正方形的，即大边超过小边仅 1 个单位，或者形为 $n(n+1)$ 的数，例如，$1 \cdot 2,2 \cdot 3,3 \cdot 4$，等等；（2）它们的边相差 2 或更多，即形为 $n(n+m)$，其中 m 不小于 2，例如，$2 \cdot 4,3 \cdot 6$，等等。士麦那的塞翁提及平行四边形数，即两个边相差 2 或更大。在尼科马丘斯或雅姆利克斯中我没有发现后面这个术语，事实上，这是多余的，因为平行四边形数只是长方形数的另一个名字。雅姆利克斯总是批评欧几里得。他攻击欧几里得混淆了分类，"因为他的定义断言同一个数既是正方形数也是长方形数，例如 36,16，等等。这等价于说偶数与奇数相同。"这种言过其实的话没有多少重要性，只是用词的事情。雅姆利克斯发现最接近正方形数可由偶数逐步增加得到。例如 $1 \cdot 2 = 2$, $2 \cdot 3 = 2 + 4$, $3 \cdot 4 = 2 + 4 + 6$，等等。

定义 17

And，when three numbers having multiplied one another make some number，the number so produced is *solid*，and its *sides* are the numbers which have multiplied one another.

关于上述两种表示平面数的方式都可以使用到**立体数**。亚里士多德把它作为多少乘多少再乘多少。柏拉图在上述关于平面数和根的论述后，又增加了"并且类似的性质也属于**立体数**"。有一个相应的术语**根**（root）——实际上是**不尽根**（surd）——来记等于平行六面体的立方体的棱，这个平行六面体表示一个立体数，它是三个因子的乘积。当所有三个因子都相等时，它对应一个立方体。

若这些数用点表示，我们有**棱锥**（pryamids）**数**。这种类型的第一个数是 4，我们可以在一个平面上用三个点形成一个等边三角形，第四个点放在另一个平面上，这些棱的长度可以逐步地增加 1；我们可以有一系列棱锥数，以三角形、正方形、多边形为底，逐层地由相似三角形、正方形、多边形构成，每一层的边比下一层小一，直到棱锥的顶由单位构成。尼科马丘斯、士麦那的塞翁、雅姆利克斯给出了不同类型的棱锥形数。

这三个作者给出了下述不同的立体数。

1. 相等乘相等乘相等，这当然是立方体。

2. 另一个极端是不等乘不等乘不等，或者所有维是不同的，例如，$2 \cdot 3 \cdot 4$，$3 \cdot 4 \cdot 8$，$3 \cdot 5 \cdot 12$。根据尼科马丘斯，这些数称**不等边的**（scalene）。有些人称它们为**楔形的**（wedge-shaped），也有人称它们为**蜂形的**（wasp），或圣坛形的（altar-shaped）。塞翁只使用最后这个术语，而雅姆利克斯使用所有三个名字。

3. 它们中间的数，"其平面是形为 $n(n+1)$ 形的数，尼科马丘斯称它们为平行六面体（parallelepipedal）"。

最后，两类有两个相等的锥，但不是三锥都相等。

4. 第三锥小于其他两锥，相等乘相等乘较小，称为底座（plinth），例如，$8 \cdot 8 \cdot 3$。

5. 第三锥大于其他两锥，相等乘相等乘较大，称为梁（beam），例如，$3 \cdot 3 \cdot 7$

最后，与棱锥数相联系，尼科马丘斯区分了**平截头棱锥体**（frusta of pyramids）。这些是**截头的**（truncated）、**双截头的**（twice-truncated）、**三截头的**（thrice-truncated）棱锥，等等。这些术语大多用在理论性著作中，截头棱锥是由截去顶点得到的。双截头棱锥是截去顶点及相邻的平面得到的，等等。士麦那的塞翁只提及截头棱锥,并且称它为**梯形的**(trapezium),类似于平面三角形用平行于底的直线截去顶部一个三角形。

定义 18

A *square number* is equal multiplied by equal, or a number which is contained by two equal numbers.

尼科马丘斯等人从平方数中区分出一类平方数,它们末端的数字与边的数字相同。例如,1,25,36,它们是 1,5,6 的平方。这些平方数曾称为**循环**(cyclic)**数**,类似于圆,它返回到它的开始点。

定义 19

And a *cube* is equal multiplied by equal and again by equal or a number which is contained by three equal numbers.

类似地,若一个立方数的末端数字与边的数字相同,并且边的平方数的末端数也与边的数字相同,则称它们为**球形**(spherical)**数**或**回归**(recurrent)**数**。人们可能期望把术语球形数用于其末端数字与边的数字相同的立方数,而不必与其边的平方的末端数字相同。例如,4 的立方是 64,末端是 4,但是与 16 的末端的数字不同。但是,64 不能称为球形数,尼科马丘斯等人给出的例子都是以 5 或 6 为末端的立方数。其平方数的末端也是相同的数字。事实上,球形数来自循环数,而后增加另一个相等的维数。显然,正如内赛尔曼所说,循环的和球形的名字使用于数的原则不同于前面图形数的原则。

定义 20

Numbers are *proportional* when the first is the same multiple, or the same part, or the same parts, of the second that the third is of the fourth.

欧几里得在这一卷中没有给出比的定义,无疑地,由于它只能与卷 V. 开始给出的相同,用数代替了"同类的量"。我们也没有发现尼科马丘斯等人给出关于数之间的比的不同的定义。士麦那的塞翁说:"比例意义中的比是两个同类项之间的一种关系,例如,二倍、三倍。"类似地,尼科马丘斯说:"比是两个项之间的关系。"这两种情形中的词"关系"与欧几里得的相同。士麦那的塞翁继续把比分类为大于、小于或等于,而后给出一些算术比的名字,此处他引用了阿得拉斯图斯(Adrastus)。这些名字是**倍数**、一些**分数**,以及它们的倒数。在描述了这些特殊类型的算术比之后,塞翁继续说,数之间也有比,即使它们不同于所有前述的那些东西。我们不必关心各种类型,只要注意数之间的比可以用欧几里得的算术比例的定义来表示。大于或小于是下述三个东西之一或组合,(1)倍数,(2)因子,(3)真分数。

现在我们讨论**比例**的定义,我们从欧几里得、尼科马丘斯、塞翁和雅姆利克斯的差别开始。塞翁说,"比例是多于一个比的相似或相等。"若事先理解比是什么,这就是无可非议的;但是也出现了混淆,有些人说,有三种比例,算术的、几何的与调和的,当然这是参考了算术均值、几何均值与调和均值。因此,正如阿得拉斯图斯所做的,就必须解释这几个均值,"几何均值称为比例均值……尽管某些人把其他均值也称为比例"。相应地,尼科马丘斯试图把术语"比例"扩张到能覆盖各种均值。他说:"比例是把两个或更多个比放在一起;或者更一般地,把两个或更多的关系放在一起,即使它们不是相同的比,而是差或另外的规律。"而雅姆利克斯与塞翁一样,说"比例是几个比的相似或相等",又说"正是几何均值,古代人称为比例,尽管现在一般地也使用于其他均值"。帕普斯说:"均值与比例不同,比例也是均值,但不能反过来。事实上,有三种均值,算术均值、几何均值、调和均值。"这个注释说明,只有一个是真正意义上的比例。雅姆利克斯在另一个地方也说:"第二个几何均值也称为比例,由于这些项包含相同比。"自然的结论是内赛尔曼所说的,原来几何均值称为比例,而算术均值、调和均值是不同的,而后来抹去了其差别。

关于比例,在古代人及欧几里得意义上,塞翁区分了**连**(continuous)**比例**与**分离**(separated)**比例**,亚里士多德也使用了同样的术语。当然,其意义是明显的:在连比例中,一个比的后项是下一个的前项;在分离比例中,不是这样。尼科马丘斯使用了词连比例与分离比例。欧几里得说,连比例中的数是"按顺序或逐步地成比例"。

定义 21

Similar plane and ***solid numbers*** are those which have their sides proportional.

士麦那的塞翁说,在平面数中,所有平方数是相似的,而长方形数的相似是
"它的边或比例"。因此,在这种情形,塞翁遵循了柏拉图与欧几里得的术语。
我们可以看看雅姆利克斯关于平方数与长方形数的比较,平方数的两边是相等
的,并且古代人称平方数是"相同"且"相似"的,而长方形数是"非相似的且是
另外情形"。

关于立体数,塞翁以同样的方式说,所有立方数是相似的,而其他的相似是
其边成比例,即长比长等于宽比宽,并且等于高比高。

定义 22

A *perfect number* is that which is equal to its own parts.

士麦那的塞翁和尼科马丘斯两人都给出了完全数的相同定义,以及欧几里
得在Ⅸ.36中证明的形成完全数的法则。他们还增加了两类数的定义,(1)**超
完全**(over-perfect)**数**,其因子的和大于这个数本身,例如,12、24 等,12 的因子的
和是 $6+4+3+2+1=16$,24 的因子的和是 $12+8+6+4+3+2+1=36$,(2)**缺
(defective)完全数**,其因子的和小于这个数本身,例如,8、14,8 的因子的和是
$4+2+1=7$,14 的因子的和是 $7+2+1=10$。然而,塞翁是对所有数做这种细
分,而尼科马丘斯只是对偶数做这种细分。

术语曾被毕达哥拉斯完全地使用,但是用在另外的意义上,例如 10;而塞翁告
诉我们,3 也是完全数,"由于它是第一个具有开始、中间及两端的数;它既是线数
又是平面数,并且它是第一个与立体联系的数(因为立体必须关心三维)"。

在这一卷中有一些未说明的公理。

1. 若 A 度量 B,并且 B 度量 C,则 A 度量 C。

2. 若 A 度量 B,并且度量 C,则 A 度量 B 与 C 的差,当 B 与 C 不等时。

3. 若 A 度量 B,并且度量 C,则 A 度量 B 与 C 的和。

显然,从我们知道的毕达哥拉斯学派的关于数的理论,关于用数表示的音
乐区间,关于不同种类的均值,等等。欧几里得的卷Ⅶ.—Ⅸ.在本质上没有新
的东西,而是返回到毕达哥拉斯学派。众所周知,柏拉图的数学著作《蒂迈欧
篇》(*Timaeus*)本质上是毕达哥拉斯学派的。柏拉图说到在连比例中的平方数
与立体数,以及在平方数之间的一个均值,两个立体数之间的两个均值。这必
然与欧几里得的Ⅷ.11,12 有关,Ⅷ.11 说在两个平方数之间存在一个比例均
值,Ⅷ.12 说在两个立方数之间存在两个比例均值。

显然,欧几里得的方法和推理遵循早期的模型,尽管在叙述中做了改进。关于 *Sectio Canonis*(关于其真实性,见卷 I.)的摘要的命题的风格和形式类似于《原理》。在第二个命题中,作者说,"我们知道,若多个数成连比,并且第一个度量最后一个,则第一个也度量中间的数"。这实际上是《原理》的Ⅷ.7。在第三个命题中,证明了在两个数 $n, n+1$ 之间没有数是其均值,其中 n 是大于单位的整数。伯伊修斯(Boethius, *De institutione musica*, Ⅲ. pp. 285—6, ed. Friedlein)给出了关于这个命题的阿开泰斯(Archytas,约前 430—前 365)的证明。而这个证明本质上与欧几里得的证明相同。这两个证明在唐内里的文章中并列在一起(*Bibliotheca Mathematica*, Ⅵ. 1905/6, p. 227)。阿开泰斯首先写比例中的小项,代替欧几里得首先写大项。设 A, B 是一个比,取 C, DE 是 A 比 B 的比中的最小数(此处 DE 意味着 $D+E$,并且此处的记号与欧几里得的记号不同,欧几里得把线段 DF 在 G 处分为两部分,GF 对应于阿开泰斯记号中的 E,DG 对应 D。取 C, DE 是 A 比 B 的比中的最小项的步骤预先假定了欧几里得的Ⅶ.33)。则 DE 超过 C 的部分是它本身以及 C 的可除尽部分。设 D 是超出部分(即假定 E 等于 C)。"我断言 D 不是一个数,而是单位。"

事实上,若 D 是一个数并且是 DE 的一部分,则它度量 E,即度量 C,于是 D 度量 C 与 DE:这是不可能的;因为作为比的最小数是互素的。(这假定了欧几里得的Ⅶ.22.)因而 D 是单位,即 DE 超出 C 是一个单位。因此,没有数是两个数 C, DE 之间的均值。所以,没有数是原来数 A, B 的均值。(这个蕴含欧几里得Ⅶ.20.)

显然,在此处有迹象说明早于阿开泰斯存在《算术原理》(*Elements of Arithmetic*),其形式与欧几里得的《原理》相同;并且无疑地,这一类教科书在阿开泰斯之前就存在,它可能是阿开泰斯本人的,由欧多克索斯改善并且发展了它。

命题

命题 1

设有不相等的二数,若依次从大数中不断地减去小数,若余数总是量不尽它前面一个数,直到最后的余数为一个单位,则该二数互素。

设有不相等的二数 AB, CD，从大数中不断地减去小数，设余数总量不尽它前面一个数，直到最后的余数为一个单位。

我断言 AB, CD 是互素的，即只有一个单位量尽 AB, CD。

因为，如果 AB, CD 不互素，则有某数量尽它们，设量尽它们的数为 E。

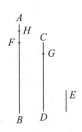

现在用 CD 量出 BF，其余数 FA 小于 CD。

又设 AF 量出 DG，其余数 GC 小于 AF，以及用 GC 量出 FH，这时余数为一个单位 HA。

于是，由于 E 量尽 CD，且 CD 量尽 BF，所以 E 也量尽 BF。

因为 E 也量尽整体 BA，所以它也量尽余数 AF。

但是 AF 量尽 DG，所以 E 也量尽 DG。

然而 E 也量尽整体 DC，所以它也量尽余数 CG。

由于 CG 量尽 FH，于是 E 也量尽 FH。

但证得 E 也量尽整体 FA，所以它也量尽余数，即单位 AH，然而 E 是一个数：这是不可能的。

因此没有数可以同时量尽 AB, CD，因而 AB, CD 是互素的。　　[Ⅶ. 定义 12]

证完

在此应当说明，在卷Ⅶ. 到卷Ⅸ. 中用线段来表示数的方法是海伯格从一些手稿中采用的。有些编者用点来代替线的做法遭到反对，这是由于在很多情形，尤其是需要使用具体数字时，有悖于欧几里得的风格。

"设 CD 度量 BF，剩下 FA 小于它自身。"这是一句缩写，表示沿着 BA 不断地度量 CD，直到点 F，使得剩下的 FA 小于 CD。换句话说，BF 是包含于 BA 内的 CD 的最大倍数。

这个命题中的欧几里得方法是下一个命题中一般方法对互素数情形的应用，下一个命题是求两个数的最大公度的方法。用我们的符号，这个方法如下。

设 a, b 是两个数，有

$$
\begin{array}{r}
b)a(p \\
\underline{pb} \\
c)b(q \\
\underline{qc} \\
d)c(r \\
\underline{rd} \\
1
\end{array}
$$

若 a,b 不互素,则必有公度 e,e 是某个整数,不是单位。

因为 e 度量 a,b,所以度量 $a-pb$,即 c。

又因为 e 度量 b,c,所以度量 $b-qc$,即 d。

最后,因为 e 度量 c,d,所以度量 $c-rd$,即 1:这是不可能的。

因此,除了单位之外,没有整数度量 a,b,故 a,b 互素。

注意,欧几里得假设了一个公理,若 a,b 被 c 整除,则 $a-pb$ 被 c 整除。在下一个命题中,他假设了一个公理,此时 c 整除 $a+pb$。

命题 2

给定两个不互素的数,求它们的最大公度数。

设 AB,CD 是不互素的两数。

求 AB,CD 的最大公度数。

如果 CD 量尽 AB,这时它也量尽它自己,那么 CD 就是 CD,AB 的一个公度数。

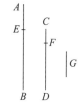

且显然 CD 也是最大公度数,这是因为没有比 CD 大的数能量尽 CD。

但是,如果 CD 量不尽 AB,那么从 AB,CD 中的较大者中不断地减去较小者,如此,将有某个余数能量尽它前面一个。

这最后的余数不是一个单位,否则 AB,CD 就是互素的,   [Ⅶ.1]
这与假设矛盾。

所以某数将是量尽它前面的一个余数。

现在设 CD 量出 BE,余数 EA 小于 CD,设 EA 量出 DF,余数 FC 小于 EA,又设 CF 量尽 AE。

这样,由于 CF 量尽 AE,以及 AE 量尽 DF,所以 CF 也量尽 DF。

但是它也量尽它自己,所以它量尽整体 CD。

然而 CD 量尽 BE,所以 CF 也量尽 BE。

但是 CF 也量尽 EA,所以它也量尽整体 BA。

然而 CF 也量尽 CD,所以 CF 量尽 AB,CD。

所以 CF 是 AB,CD 的一个公度数。

其次可证它也是最大公度数。

因为,如果 CF 不是 AB,CD 的最大公度数,那么必有大于 CF 的某数将量尽 AB,CD。

设量尽它们的那样的数是 G。

现在，由于 G 量尽 CD，而 CD 量尽 BE，那么 G 也量尽 BE。

但是它也量尽整体 BA，所以它也量尽余数 AE。

但是 AE 量尽 DF，所以 G 也量尽 DF。

然而它也量尽整体 DC，所以它也量尽余数 CF，即较大的数量尽较小的数：这是不可能的。

所以没有大于 CF 的数能量尽 AB，CD。

因而 CF 是 AB，CD 的最大公度数。

推论 由此很显然，如果一个数量尽两数，那么它也量尽两数的最大公度数。

证完

此外我们有代数教科书中求最大公度的方法，包括用反证法证明所得的数不仅是公度，而且是最大公度。求最大公度的过程如下：

$$
\begin{array}{r}
b)\,a\,(p \\
\underline{pb} \\
c)\,b\,(q \\
\underline{qc} \\
d)\,c\,(r \\
\underline{rd}
\end{array}
$$

欧几里得说，我们得到某个数 d，它度量它之前的数，如 $c = rd$。否则，上述过程一直持续下去，直到单位。这是不可能的，因为此时 a，b 互素，这与假定矛盾。

其次，与代数教科书一样，他接着证明 d 是 a，b 的一个公度。事实上，d 度量 c，因此度量 $qc + d$，即 b；因而度量 $pb + c$，即 a。

最后，他证明 d 是 a，b 的最大公度。

假设 e 是大于 d 的公度。则 e 度量 $a - pb$，即 c。

类似地，e 必然度量 $b - qc$，即 d；这是不可能的，因为假设 e 大于 d。

于是除了欧几里得的数是正整数之外，他的命题与通常的代数命题完全相同。

尼科马丘斯给出了同样的规则（尽管没有证明），说明如何确定两个给定奇数是互素或不互素，以及若不互素它们的公度是什么。他说，比较两数，从大数中尽可能地减去小数，而后从原来的小数中尽可能地减去余数，如此继续下去，这个过程"要么终止于单位，要么终止于某一相同的数"，这就隐含着大数除以小数可通过减去小数来实现。例如，尼科马丘斯说，关于 21 与 49，"我从较大者减去较小者,剩余 28;而后由此减去 21,剩余 7;又从 21 减去 7,剩余 14,再从中减去 7,剩下 7,而 7 不能从 7 中减去"。最后一句话有些奇怪,但是其含义是终止于"同一个数"。

推论的证明当然包含在命题的证明中,它证明了不同于 CF 的公度 G 必然度量 CF。因而 G 大于 CF 的假设是错误的,但这不影响 G 度量 CF 的证明。

命题 3

给定三个不互素的数,求它们的最大公度数。

设 A, B, C 是所给定的三个不互素的数。

我们来求 A, B, C 的最大公度数。

设 D 为两数 A, B 的最大公度数。 [Ⅶ.2]

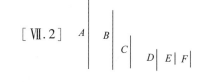

那么 D 或者量尽或者量不尽 C。

首先,设 D 量尽 C。

但是它也量尽 A, B,所以 D 量尽 A, B, C,即 D 是 A, B, C 的一个公度数。

可证它也是最大公度数。

因为,如果 D 不是 A, B, C 的最大公度数,那么必有大于 D 的某数将量尽 A, B, C。

设量尽它们的那个数是 E。

既然 E 量尽 A, B, C,

那么它也量尽 A, B,进而它也量尽 A, B 的最大公度数。 [Ⅶ.2,推论]

但是 A, B 的最大公度数是 D,所以 E 量尽 D,因而较大数量尽较小数:这是不可能的。

所以没有大于 D 的数能量尽数 A, B, C。

因而 D 是 A, B, C 的最大公度数。

其次,设 D 量不尽 D,

首先证明 C, D 不互素。

因为 A, B, C 既然不互素,就必有某数量尽它们。

现在量尽 A, B, C 的某数也量尽 A, B,并且它量尽 A, B 的最大公度数 D。

[Ⅶ.2,推论]

但是它也量尽 C,

于是这个数同时量尽数 D, C;从而 D, C 不互素。

然后设已得到它们的最大公度数 E。 [Ⅶ.2]

这样,由于 E 量尽 D,而 D 量尽 A,B;所以 E 也量尽 A,B。

但是它也量尽 C,所以 E 量尽 A,B,C,所以 E 是 A,B,C 的一个公度数。

再次,证明 E 也是最大公度数。

因为,如果 E 不是 A,B,C 的最大公度数,那么必有大于 E 的某数 F 量尽数 A,B,C。

现在,F 量尽 A,B,C,那么它也量尽 A,B,所以它也量尽 A,B 的最大公度数。   [Ⅶ.2,推论]

然而 A,B 的最大公度数是 D,所以 F 量尽 D。

并且它也量尽 C,这就使得它同时量尽 D,C,进而量尽 D,C 的最大公度数。   [Ⅶ.2,推论]

但是,D,C 的最大公度数是 E,所以 F 量尽 E,较大数量尽较小数:这是不可能的。

所以没有大于 E 的数量尽 A,B,C。

故 E 是 A,B,C 的最大公度数。

证完

欧几里得在此给出的证明比应有的证明更长,由于他区分了两种情形,较简单的情形实际上包含在另一种情形中。

给定三个数 a,b,c,其中 a,b 的最大公度是 d,他区分了两种情形。

(1)d 能度量 c,

(2)d 不能度量 c。

在第一种情形,d,c 的最大公度是 c;在第二种情形,可由Ⅶ.2 的过程得出。无论哪一种情形,a,b,c 的最大公度都是 d,c 的最大公度。

但是,在处理了较简单的情形之后,欧几里得认为必须证明,若 d 不能度量 c,则 d 与 c 必然有最大公度。这正是由于原来假设 a,b,c 不是互素的。因为它们不是互素的,所以它们必然有公度;a,b 的任一公度能度量 d,因而,a,b,c 的任一公度是 d,c 的公度;因此,d,c 必然有公度,所以不互素。

情形(1)与(2)的证明完全与Ⅶ.2 的推理相同,分别证明了 d 在情形(1),e 在情形(2),其中 e 是 d,c 的最大公度,

(α)是 a,b,c 的公度,

(β)是最大公度。

海伦注意到(an-Nairīzī,ed. Curtze,p. 191)这个方法不只能求三个数的最大公度,也可以用来求任意多个数的最大公度。这是由于任一度量两个数也度量

它们的最大公度。因而我们能求出一对数的最大公度，而后这些对的最大公度，等等，直到只剩下两个数，并且求出这两个数的最大公度。欧几里得假设了这个推广，在Ⅶ.33中求出了任意多个数的最大公度。

命题4

任一较小的数是较大的数的一部分或部分。

设 A, BC 是两数，并且 BC 是较小者。

我断言 BC 是 A 的一部分或部分。

因为 A, BC 或者互素，或者不互素。

首先，设 A, BC 是互素的。

这样，如果分 BC 为若干单位，在 BC 中的每个单位是 A 的一部分，于是 BC 是 A 的部分。

其次，设 A, BC 不互素，那么 BC 或者量尽或者量不尽 A。

如果 BC 量尽 A, BC 是 A 的一部分。

但是如果 BC 量不尽 A，则可求得 A, BC 的最大公度数是 D，　　　[Ⅶ.2]

使 BC 分为等于 D 的一些数，即 BE, EF, FC。

现在，因为 D 量尽 A，那么 D 是 A 的一部分。

但是 D 等于数 BE, EF, FC 的每一个；

所以 BE, EF, FC 的每一个也是 A 的一部分，于是 BC 是 A 的部分。

证完

这个命题的含义是，若 a, b 是两个数，b 较小，则 b 或者是 a 的因数，或者是 a 的某个真分数。

（1）若 a, b 互素，则把每一个都分成若干单位；那么，b 包含 b 个，a 包含 a 个同样部分。因此，b 是 a 的"部分"或 a 的一个真分数。

（2）若 a, b 不互素，或者 b 度量 a，此时 b 是 a 的因数或"一部分"，或者 g 是 a, b 的最大公度，我们可以写成 $a = mg, b = ng$，b 包含 n 个 g，a 包含 m 个 g，因而，b 是 a 的"部分"或 a 的一个真分数。

命题5

若一小数是一大数的一部分，并且另一小数是另一大数的同样的一部分，

那么两小数之和也是两大数之和的一部分,并且与小数是大数一部分相同。

设数 A 是 BC 的一部分,并且另一数 D 是另一数 EF 的一部分,与 A 是 BC 的部分相同。

我断言 A,D 之和也是 BC,EF 之和的一部分,并且与 A 是 BC 的部分相同。

因为无论 A 是 BC 怎样的一部分,D 也是 EF 的同样的一部分。

所以在 BC 中有多少个等于 A 的数,那么在 EF 中就有同样多少个等于 D 的数。

将 BC 分为等于 A 的数,即 BG,GC,又将 EF 分为等于 D 的数,即 EH,HF,这样 BG,GC 的个数等于 EH,HF 的个数。

又,由于 BG 等于 A,以及 EH 等于 D,所以 BG,EH 之和也等于 A,D 之和。

同理,GC,HF 之和也等于 A,D 之和。

所以在 BC 中有多少个等于 A 的数,那么在 BC,EF 之和中就有同样多少个等于 A,D 之和的数。

所以,无论 BC 是 A 的多少倍数,BC 与 EF 之和也是 A 与 D 之和的同样倍数。

因此,无论 A 是 BC 怎样的一部分,也有 A,D 的和是 BC,EF 之和的同样的一部分。

证完

若 $$a = \frac{1}{n}b,\ \text{并且}\quad c = \frac{1}{n}d,$$

则 $$a + c = \frac{1}{n}(b + d)。$$

这个命题当然对于任意多个类似的数对成立,下一个命题也是这样;并且,这两个命题都用于Ⅶ.9,10 的扩展形式中。

命题 6

若一个数是一个数的部分,并且另一个数是另一个数的同样的部分,则其和也是和的部分,与一个数是一个数的部分相同。

设数 AB 是数 C 的部分,且另一数 DE 是另一数 F 的部分,与 AB 是 C 的部分相同。

我断言 AB,DE 之和也是 C,F 之和的部分,并且与 AB 是 C 的部分相同。

因为无论 AB 是 C 的怎样的部分,DE 也是 F 的同样的部分,所以在 AB 中有多少个 C 的一部分,那么在 DE 中有同样多个 F 的一部分。

将 AB 分为 C 的几个一部分,即 AG,GB;又将 DE 分为 F 的几个一部分,即 DH,HF,这样 AG,GB 的个数将等于 DH,HF 的个数。

并且因为 AG 是 C 的无论怎样的一部分,那么 DH 也是 F 的同样的一部分。

所以 AG 是 C 的无论怎样的一部分,那么 AG,DH 之和也是 C,F 之和的同样的一部分。

[Ⅶ.5]

同理,无论 GB 是 C 的怎样的一部分,那么 GB,HE 之和也是 C,F 之和的同样的一部分。

故无论 AB 是 C 的怎样的部分,那么 AB,DE 之和也是 C,F 之和的同样的部分。

证完

若
$$a = \frac{m}{n}b, \quad 并且 \quad c = \frac{m}{n}d,$$

则
$$a + c = \frac{m}{n}(b + d)。$$

更一般地,若

$$a = \frac{m}{n}b, \quad c = \frac{m}{n}d, \quad e = \frac{m}{n}f, \cdots$$

则
$$(a + c + e + g + \cdots) = \frac{m}{n}(b + d + f + h + \cdots)。$$

在欧几里得的命题中,$m < n$,但这个结果的一般性并不受影响。这个命题及上一个命题是对 $V.1$ 的补充,证明了把**倍量**换成**一部分**或**部分**的相应结果。

命题 7

如果一个数是另一个数的一部分,其减数是另一减数的相同一部分,则差也是另一差的一部分且与整个数是另一整个数的一部分相同。

设数 AB 是 CD 的一部分,减数 AE 是减数 CF 的相同一部分。

A E   B
G | C   F   D

我断言差 EB 也是差 FD 的一部分,与整个数 AB 是整个数 CD 的一部分相同。

因为无论 AE 是 CF 怎样的一部分,可设 EB 也是 CG 同样的一部分。

现在,由于无论 AE 是 CF 的怎样的一部分,那么 EB 也是 CG 同样的一部分,所以无论 AE 是 CF 的怎样的一部分,那么 AB 也是 GF 同样的一部分。

[Ⅶ.5]

但是,由假设无论 AE 是 CF 怎样的一部分,那么 AB 也是 CD 同样的一部分。

所以无论 AB 是 GF 的怎样的一部分,那么它也是 CD 同样的一部分,故 GF 等于 CD。

设从以上每个中减去 CF,于是差 GC 等于差 FD。

现在,由于无论 AE 是 CF 的怎样的一部分,那么 EB 也是 GC 的同样的一部分。

而 GC 等于 FD,所以无论 AE 是 CF 的怎样的一部分,那么 EB 也是 FD 的同样的一部分。

但是,无论 AE 是 CF 的怎样的一部分,那么 AB 也是 CD 同样的一部分。

所以差 EB 也是差 FD 的一部分,与整个数 AB 是整个数 CD 的一部分相同。

证完

若 $a = \dfrac{1}{n}b$,并且 $c = \dfrac{1}{n}d$,我们要证明

$$a - c = \frac{1}{n}(b - d)。$$

这个结果不同于Ⅶ.5 的地方是用减代替了加。欧几里得的方法如下。

假设取一个数 e,使得

$$a - c = \frac{1}{n}e。 \quad\cdots\cdots\cdots\cdots\cdots\cdots\cdots (1)$$

现在
$$c = \frac{1}{n}d。$$

所以
$$a = \frac{1}{n}(d + e)。 \qquad [Ⅶ.5]$$

由假设
$$d + e = b,$$

故 $$e = b - d。$$

把这个结果代入(1)中,有

$$a - c = \frac{1}{n}(b-d)。$$

命题 8

如果一个数是另一个数的部分,减数是另一减数的相同部分,则其差也是另一差的部分,并且与整个数是另一整个数的部分相同。

设数 AB 是 CD 的部分,减数 AE 是减数 CF 的相同部分。

我断言差 EB 是差 FD 的部分,并且与整个 AB 是整个 CD 的部分相同。

为此取 GH 等于 AB。

于是,无论 GH 是 CD 的怎样的部分,那么 AE 也是 CF 的同样的部分。

设分 GH 为 CD 的几个部分,即 GK,KH,且分 AE 为 CF 的几个一部分,即 AL,LE;

于是 GK,KH 的个数等于 AL,LE 的个数。

现在,由于无论 GK 是 CD 的怎样的一部分,那么 AL 也是 CF 同样的一部分。

而 CD 大于 CF,所以 GK 也大于 AL。

作 GM 等于 AL。

于是无论 GK 是 CD 的怎样的一部分,那么 GM 也是 CF 同样的一部分。

所以差 MK 是差 FD 的一部分与整个 GK 是整个 CD 的一部分相同。

[Ⅶ.7]

又,由于无论 KH 是 CD 的怎样的一部分,EL 也是 CF 同样的一部分。

而 CD 大于 CF,所以 KH 也大于 EL。

作 KN 等于 EL。

于是,无论 KH 是 CD 的怎样的一部分,那么 KN 也是 CF 同样的一部分。

所以差 NH 是差 FD 的一部分与整个 KH 是整个 CD 的一部分相同。

[Ⅶ.7]

但是,已证差 MK 是差 FD 的一部分与整个 GK 是整个 CD 的一部分相同,所以 MK,NH 之和是 DF 的部分与整个 HG 是整个 CD 的部分相同。

但是，*MK*,*NH* 的和等于 *EB*，又 *HG* 等于 *BA*。

所以差 *EB* 是差 *FD* 的部分与整个 *AB* 是整个 *CD* 的部分相同。

证完

若
$$a = \frac{m}{n}b, \text{并且} c = \frac{m}{n}d\,(m < n),$$

则
$$a - c = \frac{m}{n}(b - d)。$$

欧几里得的证明如下。

取 e 等于 $\frac{1}{n}$,f 等于 $\frac{1}{n}d$。

因为由假设,$b < d$,所以
$$e > f。$$

再由Ⅶ.7
$$e - f = \frac{1}{n}(b - d)。$$

对于 a, b 包含 e, f 的那些部分重复此过程,再由加法(a, b 分别包含 m 个这样的部分),
$$m(e - f) = \frac{m}{n}(b - d)。$$

但是
$$m(e - f) = a - c。$$

所以
$$a - c = \frac{m}{n}(b - d)。$$

命题Ⅶ.7,8 是对 Ⅴ.5 的补充,证明了把**倍数**换成**一部分**或**部分**的相应结果。

命题 9

如果一个数是一个数的一部分,而另一个数是另一个数的同样的一部分,则取更比后,无论第一个是第三个的怎样的一部分或部分,那么第二个也是第四个同样的一部分或部分。

设数 *A* 是数 *BC* 的一部分,且另一数 *D* 是另一数 *EF* 的一部分与 *A* 是 *BC* 的一部分相同。

我断言,取更比后,无论 *A* 是 *D* 的怎样的一部分或部分,那么 *BC* 也是 *EF* 的同样的一部分或部分。

因为无论 A 是 BC 的怎样的一部分，D 也是 EF 的相同的一部分；

所以在 BC 中有多少个等于 A 的数，在 EF 中也就有多少个等于 D 的数。

设分 BC 为等于 A 的数，即 BG,GC，又分 EF 为等于 D 的数，即 EH,HF，于是 BG,GC 的个数等于 EH,HF 的个数。

现在，由于数 BG,GC 彼此相等，且数 EH,HF 也彼此相等，而 BG,GC 的个数等于 EH,HF 的个数。

所以，无论 BG 是 EH 的怎样的一部分或部分，那么 GC 也是 HF 的同样的一部分或部分。

所以，无论 BG 是 EH 的怎样的一部分或部分，那么和 BC 也是和 EF 的同样的一部分或部分。　　　　　　　　　　　　　　　　　　　[Ⅶ.5,6]

但是 BG 等于 A，且 EH 等于 D。

所以无论 A 是 D 的怎样的一部分或部分，那么 BC 也是 EF 的同样的一部分或部分。

证完

若 $a=\dfrac{1}{n}b$，并且 $c=\dfrac{1}{n}d$，则无论 a 是 c 的什么样的分数，b 也是 d 的同样的分数。

把 b 分成每一部分等于 a，把 d 分成每一部分等于 c，显然，无论一个部分 a 是一个部分 c 的什么样的分数，其他部分 a 也是其他部分 c 的同样的分数。

并且部分 a 的个数等于部分 c 的个数，即 n。

因此，由Ⅶ.5,6，a 是 c 的什么样的分数，na 也是 nc 的同样的分数，即 b 是 d 的分数与 a 是 c 的分数相同。

命题 10

如果一个数是一个数的部分，并且另一个数是另一个数的同样的部分，则取更比后，无论第一个是第三个的怎样的部分或一部分，那么第二个也是第四个同样的部分或一部分。

设数 AB 是数 C 的部分，并且另一数 DE 是另一数 F 的同样的部分。

我断言，取更比后，无论 AB 是 DE 怎样的部分或一部分，那么 C 也是 F 的同样的部分或一部分。

因为,由于无论 AB 是 C 的怎样的部分,那么 DE 也是 F 的同样的部分。

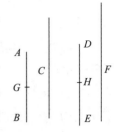

所以,正如在 AB 中有 C 的几个一部分,在 DE 中也有 F 的几个一部分。

将 AB 分为 C 的几个一部分,即 AG,GB,又将 DE 分为 F 的几个一部分,即 DH,HE;于是 AG,GB 的个数等于 DH,HE 的个数。

现在,由于无论 AG 是 C 的怎样的一部分,那么 DH 也是 F 的同样的一部分。

则变更后也有,无论 AG 是 DH 的怎样的一部分或部分,那么 C 也是 F 的同样的一部分或部分。   [Ⅶ.9]

同理也有,无论 GB 是 HE 的怎样的一部分或部分,那么 C 也是 F 的同样的一部分或部分。

于是,无论 AB 是 DE 怎样的部分或一部分,那么 C 也是 F 的同样的部分或一部分。   [Ⅶ.5,6]

证完

若 $a = \dfrac{m}{n}b$,并且 $c = \dfrac{m}{n}d$,则无论 a 是 c 的什么分数,b 也是 d 的同样分数。

为了说明这个,把 a 分为 m 个部分,每个部分等于 $\dfrac{b}{n}$,把 c 分为 m 个部分,每个部分等于 $\dfrac{d}{n}$。

然后由Ⅶ.9,无论 a 的 m 个部分之一是 c 的 m 个部分之一的什么分数,b 也是 d 的同样分数。

再由Ⅶ.5,6,无论 a 的 m 个部分之一是 c 的 m 个部分之一的什么分数,a 的部分的和(即 a)也是 c 的部分的和(即 c)的同样分数。

因此推出上述结果。

在希腊原文中,为了使参考Ⅶ.5,6 的阐述更为明确,在倒数第二行附加了"无论 AG 是 DH 的怎样一部分或部分,GB 也是 HE 的同样一部分或同样部分。

但是已经证明了无论 AG 是 DH 的怎样一部分或部分,C 也是 F 的同样一部分或同样部分。"

海伯格断言,这句话只出现在页边,是后来的手笔,可能是塞翁的手笔。

命题 11

如果整个数比整个数如同减数比减数,则差比差也如同整个数比整个数。

设整个数 AB 比整个数 CD 如同减数 AE 比减数 CF。

我断言差 EB 比差 FD 也如同整个数 AB 比整个数 CD。

由于 AB 比 CD 如同 AE 比 CF,那么无论 AB 是 CD 的怎样的一部分或部分,AE 也是 CF 的同样的一部分或部分。　　　　　　　［Ⅶ. 定义 20］

所以,差 EB 是差 FD 的一部分或部分也与 AB 是 CD 的一部分或部分相同。　　　　　　　　　　　　　　　　　　　　　　　　［Ⅶ.7,8］

故。EB 比 FD 如同 AB 比 CD。　　　　　　　　　　　［Ⅶ. 定义 20］

证完

注意,在处理命题 11—13 中的比例时,欧几里得只考虑第一个数是第二个数的"一部分"或"部分"的情形,而在命题 13 中,他假设第一个数也是第三个数的"一部分"或"部分";即在所有三个命题中,假设第一个数小于第二个数,而在命题 13 中也假设第一个数小于第三个数。然而,命题 11 和 13 的附图与这些假设不一致。若要与这些命题中的附图保持一致,则必须考虑比例定义(Ⅶ. 定义 20)中涉及的其他可能性,也就是第一个数可能是与它比较的每一个数的倍数,或者一个倍数加上"一部分"或"部分"。这样就能考虑一些不同的情形,补救的办法是把较低的项的比作为第一个比,并且若必要,可取其反比例,以便在字面上使用"一部分"或"部分"。

若　　　　　　　　$a:b=c:d,(a>c,b>d)$

则　　　　　　　　$(a-c):(b-d)=a:b$。

这个关于数的命题对应于关于量的命题 V.19,其阐述也是相同的。

其证明只是比例的算术定义(Ⅶ. 定义 20)与Ⅶ.7,8 的结合。由定义 20,比例语言换成了分数语言;而后使用Ⅶ.7,8 的结果,并且由定义 20,分数语言又转换成比例语言。

命题 12

如果有成比例的许多数,则前项之一比后项之一如同所有前项的和比所有后项的和。

设 A,B,C,D 是成比例的一些数,即 A 比 B 如同 C 比 D。

我断言 A 比 B 如同 A,C 的和比 B,D 的和。

$A\ |\ B\ |\ C\ |\ D$

因为,A 比 B 如同 C 比 D,

所以无论 A 是 B 怎样的一部分或部分,那么 C

也是 D 的同样的一部分或部分。　　　　　　　　　　［Ⅶ.定义 20］

所以 A,C 之和是 B,D 之和的一部分或部分与 A 是 B 的一部分或部分相同。　　　　　　　　　　　　　　　　　　　　　　　　　　　［Ⅶ.5,6］

故 A 比 B 如同 A,C 之和比 B,D 之和。　　　　　　　　［Ⅶ.定义 20］

证完

若　　　　　　　　　　$a:a'=b:b'=c:c'=\cdots,$

则每个比等于 $(a+b+c+\cdots):(a'+b'+c'+\cdots)$。

这个命题对应于 Ⅴ.12,其阐述也是逐字相同。

其证明仍然是算术的比例定义(Ⅶ.定义 20)与Ⅶ.5,6 的结果的结合,它对任意多个数也是真的,不只对Ⅶ.5,6 阐述中所说的两个数。

命题 13

如果四个数成比例,则它们的更比例也成立。

设四个数 A,B,C,D 成比例,即 A 比 B 如同 C 比 D。

我断言它们的更比例成立,

即 A 比 C 如同 B 比 D。

因为 A 比 B 如同 C 比 D,

所以无论 A 是 B 的怎样的一部分或部分,那么 C 也是 D 的同样的一部分或部分。　　　　　　　［Ⅶ.定义 20］

$A\quad\quad\quad\quad D$
$\quad\ B$
$\quad\quad C$

于是,取更比例,无论 A 是 C 的怎样的一部分或部分,那么 B 也是 D 的同样的一部分或部分。　　　　　　［Ⅶ.10］

故 A 比 C 如同 B 比 D。　　　　　　　　　　　　　　　　［Ⅶ.定义 20］

证完

若　　　　　　　　　　$a:b=c:d,$

则有更比　　　　　　　　$a:c=b:d$。

这个命题对应于关于量的比例 Ⅴ.16,其证明是Ⅶ.定义 20 与Ⅶ.10 的结果的结合。

命题 14

如果有一些数,另外有和它们个数相等的一些数,并且每组取两个作成的比相同,则它们首末比相同。

设有一些数 A,B,C 和与它们个数相等的数 D,E,F,且每组取两个作成相同的比,即

A 比 B 如同 D 比 E,

B 比 C 如同 E 比 F。

我断言取首末比例,A 比 C 如同 D 比 F。

因为 A 比 B 如同 D 比 E,所以取更比例,

A 比 D 如同 B 比 E。   [Ⅶ.13]

又由于,B 比 C 如同 E 如 F,取更比例,

B 比 E 如同 C 比 F。   [Ⅶ.13]

但是,B 比 E 如同 A 比 D,所以也有,A 比 D 如同 C 比 F。

于是,取更比例,A 比 C 如同 D 比 F。   [Ⅶ.13]

证完

若 $a:b=d:e,$

并且 $b:c=e:f,$

则有首末比 $a:c=d:f。$

并且即使许多后继数如此相关,同样也成立。

其证明是简单的。

由Ⅶ.13,取更比,

$$a:d=b:e,$$

$$b:e=c:f。$$

所以 $a:d=c:f,$

再取更比, $a:c=d:f。$

注意，这个简单的方法不能用于证明关于量的对应命题Ⅴ.22，尽管在Ⅴ.22之前已证明了对应于此处所用的命题，即Ⅴ.16和Ⅴ.11。其原因是这个方法只证明Ⅴ.22对六个量都是同类量成立，而Ⅴ.22中的量并不受此限制。

海伯格在Ⅶ.19的注中说，虽然欧几里得再次关于数证明了卷Ⅴ.中的几个命题，但是他却忽略了在一些情形这样做，例如，他常常使用Ⅴ.11于卷Ⅶ.中的这些命题，Ⅴ.9于Ⅶ.19，Ⅴ.7于同一命题，等等. 例如，海伯格认为欧几里得使用Ⅴ.11于这个证明的最后一步（与同一个比相同的比也彼此相同）。我认为欧几里得把最后一步看作公理，因为由比例的定义，第一个数是第二个数的倍数或一部分或部分与第三个数是第四个数的相同；这个假设只不过是分别等于同一个数或真分数的数彼此相等。

尽管这个命题只证明了六个数的情形，但显然可以推广到任意多个数的情形。

命题 15

若一个单位量尽任一数与另一数与量尽另外一数的次数相同。则取更比后，单位量尽第三数与第二数量尽第四数有相同的次数。

设单位 A 量尽一数 BC 与另一数 D 量尽另外一数 EF 的次数相同。

我断言取更比后，单位 A 量尽数 D 与 BC 量尽 EF 的次数相同。

因为，由于单位 A 量尽数 BC 与 D 量尽 EF 的次数相同，

所以在 BC 中有多少个单位，那么在 EF 中也就有同样多少个等于 D 的数。

设分 BC 为单位 BG,GH,HC，又分 EF 为等于 D 的数 EK,KL,LF。

这样 BG,GH,HC 的个数等于 EK,KL,LF 的个数。

又，由于各单位 BG,GH,HC 彼此相等，而各数 EK,KL,LK 也彼此相等，而单位 BG,GH,HC 的个数等于数 EK,KL,LF 的个数。

所以单位 BG 比数 EK 如同单位 GH 比数 KL，又如同单位 HC 比数 LF。

所以也有，前项之一比后项之一等于所有前项和比所有后项和，　　　[Ⅶ.12]

故单位 BG 比数 EK 如同 BC 比 EF。

但是单位 BG 等于单位 A，且数 EK 等于数 D。

故单位 A 比数 D 如同 BC 比 EF。

所以单位 A 量尽 D 与 BC 量尽 EF 的次数相同。

证完

若有四个数 $1, m, a, ma$（使得 1 度量 m 与 a 度量 ma 的次数相同），则 1 度量 a 的次数与 m 度量 ma 的次数相同。

除了第一个数是单位，以及度量的数代替另一个数的一部分之外，这个命题及其证明与 VII.9 没有差别；事实上，这个命题是它的一种特殊情形。

命题 16

如果二数彼此相乘得二数，则所得二数彼此相等。

设 A, B 是两数，又设 A 乘 B 得 C 且 B 乘 A 得 D。

我断言 C 等于 D。

因为，由于 A 乘 B 得 C，所以 B 依照 A 中的单位数量尽 C。

但是单位 E 量尽 A，也是依照 A 中的单位数。

所以用单位 E 量尽 A，与用数 B 量尽 C 的次数相同。

于是取更比，单位 E 量尽 B 与 A 量尽 C 的次数相同。   [VII.15]

又，由于 B 乘 A 得 D，所以依照 B 中的单位数，A 量尽 D。

但是单位 E 量尽 B 也是依照 B 中的单位数。

所以用单位 E 量尽数 B 与用 A 量尽 D 的次数相同。

但是用单位 E 量尽数 B 与用 A 量尽 C 的次数相同。

所以 A 量尽数 C, D 的每一个有相同的次数。

故 C 等于 D。

                                                        证完

这个命题证明了，若任意二数相乘，则乘法的次序无关紧要，或 $ab = ba$。

重要的是要理解欧几里得所说的一个数乘以另一个数的含义。VII. 定义 15 说，"a 乘以 b" 是取 a 倍的 b。我们总是把"a 倍的 b"表示成 ab，而把"b 倍的 a"表示成 ba。关于 $ab = ba$ 可以用比例的语言表示如下。

由 VII. 定义 20， $1 : a = b : ab$。

因此，取更比， $1 : b = a : ab$。   [VII.13]

又由 VII. 定义 20， $1 : b = a : ba$。

所以 $a : ab = a : ba$，

或者 $ab = ba$。

欧几里得未使用比例语言,而使用了分数或等价的度量语言,引用的Ⅶ.15只是Ⅶ.13的一种特殊情形。

命题 17

如果一个数乘两数得某两数,则所得两数之比与被乘的两数之比相同。

为此,设数 A 乘两数 B, C 得 D, E。

我断言 B 比 C 如同 D 比 E。

因为,由于 A 乘 B 得 D,所以依照 A 中之单位数,B 量尽 D。

但是单位 F 量尽数 A 也是依照 A 中的单位数,所以用单位 F 量尽数 A 与用 B 量尽 D 有相同的次数。

故单位 F 比数 A 如同 B 比 D。　　　　　　　　　　[Ⅶ.定义 20]

同理,单位 F 比数 A 也如同 C 比 E;所以也有,B 比 D 如同 C 比 E。

取更比例,B 比 C 如同 D 比 E。　　　　　　　　　　[Ⅶ.13]

　　　　　　　　　　　　　　　　　　　　　　　　　　　　证完

$$b : c = ab : ac$$

在这种情形,欧几里得把度量的语言翻译成比例的语言,并且其证明正如上一个注中的证明。

由Ⅶ.定义 20,　　　　　$1 : a = b : ab$,

并且　　　　　　　　　　$1 : a = c : ac$。

所以　　　　　　　　　　$b : ab = c : ac$,

取更比,　　　　　　　　$b : c = ab : ac$。　　　　　　　[Ⅶ.13]

命题 18

如果两数各乘任一数得某两数,则所得两数之比与两乘数之比相同。

设两数 A, B 乘任一数 C 得 D, E。

262

我断言 A 比 B 如同 D 比 E。

因为，由于 A 乘 C 得 D，所以 C 乘 A 也得 D。

$$[\text{Ⅶ}.16]$$

```
        ——  C     A ——————————
                  B ——————
                  D ——————————
                  E ——————
```

同理也有，C 乘 B 得 E。

所以数 C 乘两数 A,B 得 D,E。

所以，A 比 B 如同 D 比 E。 $$[\text{Ⅶ}.17]$$

证完

此处要证明 $a:b=ac:bc。$

其推理如下。

$$ac=ca。 \qquad [\text{Ⅶ}.16]$$

类似地 $bc=cb。$

并且 $a:b=ca:cb；$ $$[\text{Ⅶ}.17]$$

所以 $a:b=ac:bc。$

命题 19

如果四个数成比例，则第一个数和第四个数相乘所得的数等于第二个数和第三个数相乘所得的数；又，如果第一个数和第四个数相乘所得的数等于第二个数和第三个数相乘所得的数，则这四个数成比例。

设 A,B,C,D 四个数成比例，即

A 比 B 如同 C 比 D，又设 A 乘 D 得 E，以及 B 乘 C 得 F。

我断言 E 等于 F。

为此，设 A 乘 C 得 G。

这时，由于 A 乘 C 得 G，且 A 乘 D 得 E，于是数 A 乘两数 C,D 得 G,E。

```
        A  B  C  D  E  F  G
```

所以，C 比 D 如同 G 比 E。 $$[\text{Ⅶ}.17]$$

但是，C 比 D 如同 A 比 B，所以也有 A 比 B 如同 G 比 E。

又，由于 A 乘 C 得 G，

但是，还有 B 乘 C 得 F，于是两数 A,B 乘以一确定的数 C 得 G,F。

所以，A 比 B 如同 G 比 F。 $$[\text{Ⅶ}.18]$$

但是还有,A 比 B 如同 G 比 E;

所以也有,G 比 E 如同 G 比 F。

故 G 与两数 E,F 每一个有相同比,

所以 E 等于 F。   [参看 V.9]

又若令 E 等于 F,

我断言 A 比 B 如同 C 比 D。为此,用上述的作图。

因为 E 等于 F,

所以 G 比 E 如同 G 比 F。   [参看 V.7]

但是 G 比 E 如同 C 比 D,   [Ⅶ.17]

并且 G 比 F 如同 A 比 B。   [Ⅶ.18]

所以也有 A 比 B 如同 C 比 D。

证完

若 $$a : b = c : d,$$

则 $ab = bc$;其逆亦真。

其证明如下。

(1) $$ac : ad = c : d$$ [Ⅶ.17]
$$= a : b。$$

但是 $$a : b = ac : bc。$$ [Ⅶ.18]

所以 $$ac : ad = ac : bc,$$

或者 $$ad = bc。$$

(2) 因为 $ad = bc,$

$$ac : ad = ac : bc。$$

但是 $$ac : ad = c : d,$$ [Ⅶ.17]

并且 $$ac : bc = a : b。$$ [Ⅶ.18]

所以 $$a : b = c : d。$$

正如上面Ⅶ.14 的注中所指出的,海伯格认为这个证明中的(1)的最后步骤和(2)的开始步骤分别基于命题 V.9 和 V.7,由于他未在这一卷证明这些命题。我认为欧几里得认为这些推理是明显的并且不需要证明,鉴于比例中的数的定义。例如,若 ac 是 ad 的分数("一部分"或"部分")与 ac 是 bc 的相同,显然 ad 必然等于 bc。

海伯格在他的正文中在此做了省略,并且放到附录里,在手稿 V 、p、Φ 中出现一个命题,大意是若三个数成比例,则两端的乘积等于中值的平方,并且其逆

也真。在手稿 P 中未出现在第一个手笔中，手稿 B 只是在边页有它，并且坎帕努斯省略了它，注释到欧几里得没有像在Ⅵ.17中所做的那样给出三个数成比例的命题，由于它容易由刚才给出的命题来证明。此外，安那里兹把三个数的比例的命题作为Ⅶ.19的简缩，这可能归功于海伦（在前面已提及他）。

命题 20

用有相同比的数对中最小的一对数，分别量其他数对，则大的量尽大的，小的量尽小的，并且所得的次数相同。

设 CD, EE 是与 A, B 有相同比的数对中最小的一对数。

我断言 CD 量尽 A，EF 量尽 B，并且有相同的次数。

此处 CD 不是 A 的部分。

因为，如果可能的话，设它是这样，EF 是 B 的部分与 CD 是 A 的部分相同。　　　　　　　　　　　　　［Ⅶ.13 和定义20］

所以，在 CD 中有 A 的多少个一部分，则在 EE 中也有 B 的同样多少个一部分。

将 CD 分为 A 的一部分，即 CG, GD，且 EF 分为 B 的一部分，即 EH, HF。

这样 CG, GD 的个数等于 EH, HF 的个数。

现在，由于 CG, GD 彼此相等，且 EH, HF 彼此相等，而 CG, GD 的个数等于 EH, HF 的个数。

所以，CG 比 EH 如同 GD 比 HF。

所以也有，前项之一比后项之一如同所有前项之和比所有后项之和。

　　　　　　　　　　　　　　　　　　　　　　　　　　［Ⅶ.12］

于是 CG 比 EH 如同 CD 比 EF。

故 CG, EH 与小于它们的数 CD, EF 有相同比：这是不可能的，因为由假设 CD, EF 是与它们有相同比中的最小两数。

所以 CD 不是 A 的部分，因而 CD 是 A 的一部分。　　　　［Ⅶ.4］

又，EF 是 B 的一部分与 CD 是 A 的一部分相同。　　［Ⅶ.13 和定义20］

所以 CD 量尽 A 与 EF 量尽 B 有相同的次数。

　　　　　　　　　　　　　　　　　　　　　　　　　　　　　　证完

若 a, b 是具有相同比的数对中的最小数对（即 a/b 是最小项的分数），并且 c, d 是其有相同比的另外一对数，即若

$$a : b = c : d,$$

则 $a = \dfrac{1}{n}c, b = \dfrac{1}{n}d$，其中 n 是某个整数。

其证明用反证法。

[因为 $a < c$，由 $\text{VII}.4$，a 是 c 的某个真分数（"一部分"或"部分"）。]

现在 a 不能等于 $\dfrac{m}{n}c$，其中 m 是一个整数，小于 n，但大于 1。

事实上，若 $a = \dfrac{m}{n}c, b = \dfrac{m}{n}d$，　　　　　　　　　　　[$\text{VII}.13$ 和定义 20]

取 a 的 m 个部分的每一部分与 b 的 m 个部分的每一部分，所有数对的比都等于相同的比 $\dfrac{1}{m}a : \dfrac{1}{m}b$。

因此 $\dfrac{1}{m}a : \dfrac{1}{m}b = a : b$。　　　　　　　　　　　　　　　[$\text{VII}.12$]

但是 $\dfrac{1}{m}a$ 与 $\dfrac{1}{m}b$ 分别小于 a, b，并且它们有相同比：这与假设矛盾。

因此 a 只能是 c 的"一部分"，或者 a 具有形式 $\dfrac{1}{n}c$，

因而 b 具有形式 $\dfrac{1}{n}d$。

海伯格在此又省略了一个命题，它无疑是塞翁插入的（B, V, p, Φ 有它，作为 $\text{VII}.22$，而 P 只是在边页并且是后来的手笔；坎帕努斯也省略了它），这个命题是关于数的波动比例就是首末比例的，即（参考 $V.22$ 的阐述）若

$$a : b = e : f, \cdots\cdots\cdots\cdots\cdots\cdots\cdots\cdots \quad (1)$$

并且　　　　　　　　　　　　$b : c = d : e, \cdots\cdots\cdots\cdots\cdots\cdots\cdots\cdots \quad (2)$

则　　　　　　　　　　　　　$a : c = d : f。$

其证明（见海伯格的附录）依赖于 $\text{VII}.19$。

由 (1) 我们有　　　　　　　$af = be,$

由 (2)　　　　　　　　　　$be = cd。$　　　　　　　　　　　[$\text{VII}.19$]

所以　　　　　　　　　　　　$af = cd,$

因而　　　　　　　　　　　　$a : c = d : f。$　　　　　　　　　[$\text{VII}.19$]

命题 21

互素的两数是与它们有同比的数对中最小的。

设 A,B 是互素的数。

我断言 A,B 是与它们有相同比的数对中最小的。

因为,如果不是这样,将有与 A,B 同比的数对小于 A,B,设它们是 C,D。

这时,由于有相同比的最小一对数,分别量尽与它们有相同比的数对,所得的次数相同。

即前项量尽前项与后项量尽后项的次数相同。　　　　　　[Ⅶ.20]

所以 C 量尽 A 的次数与 D 量尽 B 的次数相同。

现在,C 量尽 A 有多少次,就设在 E 中有多少单位。

于是,依照 E 中单位数,D 也量尽 B。

又由于依照 E 中单位数 C 量尽 A,所以依照 C 中单位数,E 也量尽 A。

　　　　　　[Ⅶ.16]

同理,依照 D 中单位数,E 也量尽 B。　　　　　　[Ⅶ.16]

所以 E 量尽互素的数 A,B:这是不可能的。

于是没有与 A,B 同比且小于 A,B 的数对。

所以 A,B 是与它们有同比的数对中最小的一对。

证完

换句话说,若 a,b 互素,则比 $a:b$ 是"它的最小项的比"。

其证明如下。

若不是,假设 c,d 是使得 $a:b=c:d$ 的最小数对。

[欧几里得只是假设具有比 $a:b$ 的数对 c,d,满足 $c<a$,并且(因而)$d<b$。然而,为了能使用Ⅶ.20,必须假设 c,d 是最小数对。]

则 [Ⅶ.20] $a=mc,b=md$,其中 m 是某些整数。

因此 $a=cm,b=dm$,　　　　　　[Ⅶ.16]

因而 m 是 a,b 的公度,尽管它们互素:这是不可能的。　　　　[Ⅶ.定义12]

于是具有比 $a:b$ 的最小数对不能小于 a,b 本身。

上述我引用[Ⅶ.16]的地方,海伯格认为应当是Ⅶ.15。我认为由正文中的措辞与定义 15 的措辞来看应当是前者而不是后者。

命题 22

有相同比的数对中的最小数对是互素的。

设 A, B 是与它们有同比的数对中的最小数对。

我断言 A, B 互素。

因为,如果它们不互素,那么就有某个数能量尽它们。

设能量尽它们的数是 C。

又,C 量尽 A 有多少次,就设在 D 中有多少个单位。

而且,C 量尽 B 有多少次,就设在 E 中有多少个单位。

由于依照 D 中单位数,C 量尽 A,所以 C 乘 D 得 A。 [Ⅶ.定义 15]

同理也有,C 乘 E 得 B。

这样,数 C 乘两数 D, E 各得出 A, B。

所以,D 比 E 如同 A 比 B, [Ⅶ.17]

因此 D, E 与 A, B 有相同的比,并且小于它们:这是不可能的。

于是没有一个数能量尽数 A, B。

故 A, B 互素。

证完

若 $a:b$ 是"具有最小项的比",则 a, b 互素。

其证明是间接的。

若 a, b 不是互素的,则它们有某公度 c,并且

$$a = mc, b = nc。$$

所以 $\qquad\qquad\qquad m:n = a:b。$ [Ⅶ.17 或 18]

但是 m, n 分别小于 a, b,故 $a:b$ 不是具有最小项的比:这与假设矛盾。

命题 23

如果两数互素,则能量尽其一的数必与另一数互素。

设 A, B 是两互素的数,又设数 C 量尽 A。

我断言 C, B 也是互素的。

因为,如果 C, B 不互素,那么,有某个数量尽 C, B。

设量尽它们的数是 D。

因为 D 量尽 C 且量尽 A,所以 D 也量尽 A。

但是它也量尽 B。

所以 D 量尽互素的 A,B：这是不可能的。 ［Ⅶ.定义 12］

所以没有数能量尽数 C,B。

故 C,B 互素。

证完

若 a,mb 互素，则 b 与 a 互素。事实上，若不是这样，则某个数 d 就会度量 a 与 b，因而度量 a 与 mb：这与假设矛盾。

命题 24

如果两数与某数互素，则它们的乘积与该数也是互素的。

设两数 A,B 与数 C 互素，又设 A 乘 B 得 D。

我断言 C,D 互素。

因为，如果 C,D 不互素，那么有一个数将量尽 C,D。

设量尽它们的数是 E。

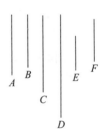

现在，由于 C,A 互素，且确定了数 E 量尽 C，

所以 A,E 是互素的。 ［Ⅶ.23］

这时，E 量尽 D 有多少次，就设在 F 中有多少单位。

所以依照在 E 中有多少单位 F 也量尽 D。 ［Ⅶ.16］

于是，E 乘 F 得 D。 ［Ⅶ.定义 15］

但还有，A 乘 B 也得 D。

所以 E,F 的乘积等于 A,B 的乘积。

但是，如果两外项之积等于两内项之积，那么这四个数成比例。 ［Ⅶ.19］

所以，E 比 A 如同 B 比 F。

但是 A,E 互素，

而互素的两数是与它们有同比的数对中的最小数对。 ［Ⅶ.21］

因为有相同比的数对中最小的一对数，其大、小两数分别量尽具有同比的大小两数，

所得的次数相同，即前项量尽前项和后项量尽后项。 ［Ⅶ.20］

所以 E 量尽 B。

但是，它也量尽 C。

于是 E 量尽互素的二数 B,C：这是不可能的。 ［Ⅶ.定义 12］

所以没有数能量尽数 C,D。

故 C,D 互素。

证完

若 a,b 都与 c 互素,则 ab,c 互素。

其证明仍然用反证法。

若 ab,c 不互素,设它们可被 d 度量,并且分别等于 md,nd。

现在,因为 a,c 互素,而 d 度量 c,所以

a,b 互素。 [Ⅶ.23]

但是,因为 $ab = md$,

所以 $d:a=b:m$。 [Ⅶ.19]

因此 [Ⅶ.20] d 度量 b,

或者 $b = pd$。

但是 $c = nd$。

所以 d 度量 b 与 c,b,c 不互素:这与假设矛盾。

命题 25

如果两数互素,则其中之一的自乘积与另一个数是互素的。

设 A,B 两数互素,并且设 A 自乘得 C。

我断言 B,C 互素。

因为,若取 D 等于 A。

由于 A,B 互素,并且 A 等于 D,所以 D,B 也互素。

于是两数 D,A 的每一个与 B 互素。

所以 D,A 之乘积也与 B 互素。 [Ⅶ.24]

但 D,A 之乘积是 C。

故,C,B 互素。

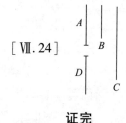

证完

若 a,b 互素,则 a^2 与 b 互素。

欧几里得取 d 等于 a,故 d,a 都与 b 互素。

由 Ⅶ.24,da,即 a^2 与 b 互素。

这个命题是前面命题的一种特殊情形,其证明只是用不同的数代换。

命题 26

如果两数与另两数的每一个都互素,则两数乘积与另两数的乘积也是互素的。

设两数 A,B 与两数 C,D 的每一个都互素,又设 A 乘 B 得 E,C 乘 D 得 F。

我断言 E,F 互素。

因为,由于数 A,B 的每一个与 C 互素,所以,A,B 的乘积也与 C 互素。

[Ⅶ.24]

但是 A,B 的乘积是 E,所以 E,C 互素。

同理,E,D 也是互素的。

于是数 C,D 的每一个与 E 互素。

所以 C,D 的乘积也与 E 互素。 [Ⅶ.24]

但是 C,D 的乘积是 F。

故 E,F 互素。

证完

若 a 与 b 两个数 c,d 中的每一个互素,则 ab,cd 也互素。

因为 a,b 都与 c 互素,所以

ab,c 互素。

[Ⅶ.24]

类似地,ab,d 互素。

因此 c,d 都与 ab 互素。

因而 cd 与 ab 互素。

[Ⅶ.24]

命题 27

如果两数互素,并且每个自乘得某数,则这些乘积是互素的;又,原数乘以乘积得某数,这最后乘积也是互素的[依次类推]。

设 A,B 两数互素,又设 A 自乘得 C,并且 A 乘 C 得 D,设 B 自乘得 E,B 乘 E 得 F。

我断言 C 与 E 互素,D 与 F 互素。

因为 A,B 互素,且 A 自乘得 C,

所以 C,B 互素。

[Ⅶ.25]

由于,这时 C,B 互素,并且 B 自乘得 E,所以 C,E 互素。

[Ⅶ.25]

又,由于 A,B 互素,且 B 自乘得 E,所以 A,E 互素。

[Ⅶ.25]

由于,这时两数 A,C 与两数 B,E 的每一个互素,所以 $A,$ C 之积与 B,E 之积也互素。　　　　　　　　[Ⅶ.26]

并且 A,C 的乘积是 $D;B,E$ 的乘积是 F。

故 D,F 互素。

证完

若 a,b 互素,则 a^2,b^2 互素,a^3,b^3 互素,一般地,a^n,b^n 互素。

阐述中断言命题对任意幂成立的话是可疑的,并且海伯格用括号括了起来,(1)在希腊原文中指"最后的乘积",(2)在证明中没有与它们对应的话,没有一般性的证明。坎帕努斯省略了这些话,虽然为证明添加了注释,说这个命题对 a,b 的任意相同的幂或不同的幂都成立。海伯格断言,这些话是在塞翁之前插入的。

欧几里得的证明如下。

因为 a,b 互素,所以 a^2,b 互素。　　　　　　　　[Ⅶ.25]

因而 a^2,b^2 互素。　　　　　　　　　　　　　　　　[Ⅶ.25]

类似地[Ⅶ.25],a,b^2 互素。

所以 a,a^2 与 b,b^2 满足 Ⅶ.26 的条件。

因此 a^3,b^3 互素。

命题 28

如果两数互素,则其和与它们的每一个也互素;又,如果两数之和与它们任一个互素,则原二数也互素。

设互素的两数 AB,BC 相加。

我断言其和 AC 与数 AB,BC 每一个也互素。

因为,如果 AC,AB 不互素,那么将有某数量尽 AC,AB。

设量尽它们的数是 D。

这时,由于 D 量尽 AC,AB,

所以它也量尽余数 BC。

但是它也量尽 AB。

所以 D 量尽互素的二数 AB,BC:这是不可能的。 [Ⅶ.定义12]

所以没有数量尽 AC,AB。

所以 AC,AB 互素。

同理,AC,BC 也互素。

所以 AC 与数 AB,BC 的每一个互素。

又设 AC,AB 互素。

我断言 AB,BC 也互素。

因为,如果 AB,BC 不互素,那么有某数量尽 AB,BC。

设量尽它们的数是 D。

这时,由于 D 量尽数 AB,BC 的每一个,

那么它也要量尽整个数 AC。

但是它也量尽 AB,

所以,D 量尽互素的二数 AC,AB:

这是不可能的。 [Ⅶ.定义12]

于是没有数可以量尽 AB,BC。

所以 AB,BC 互素。

证完

若 a,b 互素,则 $a+b$ 与 a 和 b 两者都互素;其逆亦真。

事实上,假设 $(a+b),a$ 不互素,那么它们必然有公度 d。

因此 d 也可除尽差 $(a+b)-a$,或者 b,以及 a;因而 a,b 不互素:这与假设矛盾。

所以 $a+b$ 与 a 互素。

类似地,$a+b$ 与 b 互素。

其逆可用同样方法证明。

海伯格关于欧几里得的假设注释道,若 c 度量 a 与 b,则它也度量 $a\pm b$。但是,它已经更一般地假定 $(Ⅶ.1,2)$ c 度量 $a\pm pb$。

命题 29

任一素数与用它量不尽的任一数互素。

设 A 是一个素数,并且它量不尽 B。

我断言 B,A 互素。

因为,如果 B,A 不互素,

则将有某数量尽它们。

设 C 量尽它们。

由于 C 量尽 B,并且 A 量不尽 B,于是 C 与 A 不相同。

现在,由于 C 量尽 B,A,

所以 C 也量尽与 C 不同的素数 A:这是不可能的。

所以没有数量尽 B,A。

于是 A,B 互素。

证完

若 a 是素数,并且不能度量 b,则 a,b 互素。其证明是自明的。

命题 30

如果两数相乘得某数,并且某一素数量尽该乘积,则它也必量尽原来两数之一。

设两数 A,B 相乘得 C,又设素数 D 量尽 C。

我断言 D 量尽 A,B 之一。

为此设 D 量不尽 A。

由于 D 是素数,所以 A,D 互素。   [Ⅶ.29]

又,D 量 C 有多少次数,就设在 E 中有同样多少个单位。

这时,由于依照 E 中单位的个数,D 量尽 C,所以 D 乘 E 得 C。

[Ⅶ.定义15]

还有,A 乘 B 也得 C;

所以 D,E 的乘积等于 A,B 的乘积。

于是,D 比 A 如同 B 比 E。   [Ⅶ.19]

但是 D,A 互素。

而互素的二数是具有相同比的数对中最小的一对。 [Ⅶ.21]

并且它的大、小两数分别量尽具有同比的大小两数,所得的次数相同,即前项量尽前项和后项量尽后项; [Ⅶ.20]

所以 D 量尽 B。

类似地,我们可以证明,如果 D 量不尽 B,则它将量尽 A。

故 D 量尽 A,B 之一。

证完

若素数 c 度量 ab,则 c 度量 a 或 b。

假设 c 不能度量 a。

因此 c,a 互素。 [Ⅶ.29]

假设 $ab = mc$。

因此 $c : a = b : m$。 [Ⅶ.19]

故[Ⅶ.20,21]c 度量 b。

类似地,若 c 不能度量 b,则它度量 a。

所以,它度量二数 a,b 中的一个。

命题 31

任一合数可被某个素数量尽。

设 A 是一个合数。

我断言 A 可被某一素数量尽。

因为,由于 A 是合数,那么将有某数量尽它。

设量尽它的数是 B。

现在,如果 B 是素数,那么所要证的已经完成了。

但是,如果它是一个合数,就将有某数量尽它。

设量尽它的数是 C。

这样,因为 C 量尽 B,且 B 量尽 A,所以 C 也量尽 A。

又,如果 C 是素数,那么所要证的已经完成了。

但是,如果 C 是合数,就将有某个数量尽它。

这样,继续用这种方法推下去,就会找到某一个素数量尽它前面的数,它也就量尽 A。

因为,如果找不到,那么就会得出一个无穷数列中的数都量尽 A,而且其中每一个小于其前面的数:而这在数里是不可能的。

故可找到一个素数将量尽它前面的一个,它也量尽 A。

所以任一合数可被某一素数量尽。

证完

海伯格在附录中给出这个命题的另一个证明。因为 A 是合数,所以某个数度量它。设 B 是这些数中最小的。我断言 B 是素数。事实上,若不是这样,B 是合数,并且某个数度量它,譬如 C;故 C 小于 B。但是,因为 C 度量 B,B 度量 A,所以 C 必然度量 A。而 C 小于 B:这与假设矛盾。

命题 32

任一数或者是素数或者可被某个素数量尽。

设 A 是一个数。

我断言 A 或者是素数或者可被某个素数量尽。

A ——————

这时,如果 A 是素数,那么需要证的就已经完成了。

但是,如果 A 是合数,那么必有某素数能量尽它。　　　　[Ⅶ.31]

所以,任一数或者是素数或者可被某一素数量尽。

证完

命题 33

给定几个数,试求与它们有同比的数组中的最小数组。

设 A,B,C 是给定的几个数,我们来找出与 A,B,C 有相同比的数组中最小数组。

A,B,C 或者互素或者不互素。

现在,如果 A,B,C 互素,那么它们是与它们有同比的数组中最小数组。

[Ⅶ.21]

但是,如果它们不互素,设 D 是所取的 A,B,C 的最大公度数。　　　[Ⅶ.3]

而且,依照 D 分别量 A,B,C 各有多少次,就分别设在 E,F,G 中有同样多少个单位。

所以按照 D 中的单位数，E,F,G 分别量尽 A,B,C。

[Ⅶ.16]

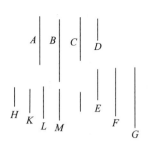

所以 E,F,G 分别量 A,B,C 所得的次数相同。

从而 E,F,G 与 A,B,C 有相同比。 [Ⅶ.定义20]

其次可证它们是有这些比的最小数组。

因为，如果 E,F,G 不是与 A,B,C 有相同比的数组中最小数组，那么就有小于 E,F,G 且与 A,B,C 有相同比的数组。

设它们是 H,K,L。

于是 H 量尽 A 与 K,L 分别量尽数 B,C 有相同的次数。

现在，H 量尽 A 有多少次数，就设在 M 中有同样多少个单位。

所以依照 M 中的单位数，K,L 分别量尽 B,C。

又，因为依照 M 中的单位数，H 量尽 A，所以依照 H 中的单位数，M 也量尽 A。

[Ⅶ.16]

同理，分别依照在数 K,L 中的单位数，M 也量尽数 B,C。

所以 M 量尽 A,B,C。

现在，由于依照 M 中的单位数，H 量尽 A，所以 H 乘 M 得 A。[Ⅶ.定义15]

同理也有 E 乘 D 得 A。

所以，E,D 之乘积等于 H,M 之乘积。

故，E 比 H 如同 M 比 D。 [Ⅶ.19]

但是 E 大于 H，所以 M 也大于 D。

又，它量尽 A,B,C：这是不可能的，因为由假设 D 是 A,B,C 的最大公度数。

所以没有任何小于 E,F,G 且与 A,B,C 同比的数组。

故 E,F,G 是与 A,B,C 有相同比的数组中最小的数组。

证完

给定任意个数 $a,b,c,\cdots$，求与它们有相同比的最小数组。

欧几里得的方法是显然的，并且用反证法来检验。

如同欧几里得，我们只取三个数 a,b,c。

由Ⅶ.3 求出它们的最大公度 g，并且假设

$$a = mg,$$
$$b = ng,$$
$$c = pg,$$

由Ⅶ.定义 20,

$$m : n : p = a : b : c。$$

则 m, n, p 即为所求的数组。

事实上,若不是,设 x, y, z 是与 a, b, c 有相同比的最小数组,并且小于 m,n, p。

因此
$$a = kx,$$
$$b = ky,$$
$$c = kz,$$

其中 k 是某个整数。   [Ⅶ.20]

于是
$$mg = a = xk。$$

因此
$$m : x = k : g。$$ [Ⅶ.19]

并且 $m > x$;所以 $k > g$。

因为 k 度量 a, b, c,所以 g 不是最大公度:这与假设矛盾。

注意,欧几里得只是假定 x, y, z 是小于 m, n, p 且与 a, b, c 有相同比的数值;但是,为了应用Ⅶ.20,必须假定 x, y, z 是与 a, b, c 有相同比的最小数值。

从上一命题的推理,海伯格认为因为 $m > x$,所以 $k > g$ 是由Ⅶ.13 与Ⅴ.14 推出的。我认为欧几里得的推理与卷Ⅴ.无关。例如,这个命题也可写成

$$x : m = g : k。$$

卷Ⅶ.定义 20 的比例定义给出所有我们所要的,由于无论 x 是 m 的什么真分数,g 也是 k 的同样的真分数。

命题 34

给定二数,求它们能量尽的数中的最小数。

设 A, B 是两给定的数,我们来找出它们能量尽的数中的最小数。

现在,A, B 或者互素或者不互素。

首先,设 A, B 互素,并且设 A 乘 B 得 C,所以 B 乘 A 也得 C。   [Ⅶ.16]

故 A, B 量尽 C。

其次可证它也是被 A, B 量尽的最小数。

因为,如果不然,A, B 将量尽比 C 小的数。

设它们量尽 D。

于是,不论 A 量尽 D 有多少次数,就设 E 中有同样多少个单位,并且不论 B

278

量尽 D 有多少次数,就设 F 中有同样多少个单位。

所以 A 乘 E 得 D,且 B 乘 F 得 D。　　　　　　　　　　　　[Ⅶ.定义 15]

所以 A,E 之乘积等于 B,F 之乘积。

故 A 比 B 如同 F 比 E。　　　　　　　　　　　　　　　　　[Ⅶ.19]

但是 A,B 互素,

从而也是同比数对中的最小数对。　　　　　　　　　　　　　　　[Ⅶ.21]

并且最小数对的大小两数分别量尽具有同比的大小两数,所得的次数相同,　　　　　　　　　　　　　　　　　　　　　　　　　　　[Ⅶ.20]

所以后项 B 量尽后项 E。

又,由于 A 乘 B,E 分别得 C,D,

所以 B 比 C 如同 C 比 D。　　　　　　　　　　　　　　　　[Ⅶ.17]

但是 B 量尽 E。

所以 C 也量尽 D,即大数量尽小数:这是不可能的。

所以 A,B 不能量尽小于 C 的任一数。

从而 C 是被 A,B 量尽的最小数。

其次,设 A,B 不互素。

并且设 F,E 为与 A,B 同比的数对中的最小数对。　　　　　　　[Ⅶ.33]

于是,A,E 之乘积等于 B,F 之乘积。　　[Ⅶ.19]

又设 A 乘 E 得 C,所以也有 B 乘 F 得 C。

于是 A,B 量尽 C。

其次可证它也是被 A,B 量尽的数中的最小数。

因为,如若不然,A,B 将量尽小于 C 的数。

设它们量尽 D。

而且依照 A 量尽 D 有多少次数,就设 G 中有同样多少个单位,而依照 B 量尽 D 有多少次数,就设 H 中有同样多少个单位。

所以 A 乘 G 得 D,B 乘 H 得 D。

于是 A,G 之乘积等于 B,H 之乘积。

故,A 比 B 如同 H 比 G。　　　　　　　　　　　　　　　　[Ⅶ.19]

但是,A 比 B 如同 F 比 E。

所以也有,F 比 E 如同 H 比 G。

但是 F,E 是最小的,而且最小数对中其大、小两数量尽有同比数对中的大、小两数,所得次数相同,　　　　　　　　　　　　　　　　　　[Ⅶ.20]

所以 E 量尽 G。

又,由于 A 乘 E,G 各得 C,D。

所以,E 比 G 如同 C 比 D。 [Ⅶ.17]

但是 E 量尽 G,

所以 C 也量尽 D,即较大数量尽较小数:

这是不可能的。

所以 A,B 将量不尽任何小于 C 的数。

故 C 是被 A,B 量尽数中的最小数。

证完

这是求两数 a,b 的最小公倍数的问题。

Ⅰ. 若 a,b 互素,则最小公倍数是 ab。

事实上,若不是,设它是 d,某个小于 ab 的数。

则 $$d = ma = nb,\text{其中 } m,n \text{ 是整数}。$$

因此 $$a : b = n : m,$$ [Ⅶ.19]

因而对互素的 a,b 有

$$b \text{ 度量 } m。$$ [Ⅶ.20,21]

$$\text{但是 } b : m = ab : am$$ [Ⅶ.17]

$$= ab : d。$$

所以 ab 度量 d:这是不可能的。

Ⅱ. 若 a,b 不互素,求出与 a 比 b 有相同比的最小数对 m,n。 [Ⅶ.33]

则 $$a : b = m : n,$$

并且 $$an = bm\,(= c);$$ [Ⅶ.19]

那么 c 就是最小公倍数。

事实上,若不是,设它是 $d\,(< c)$,故

$$ap = bq = d,\text{其中 } p,q \text{ 是整数}。$$

则 $$a : b = q : p,$$ [Ⅶ.19]

因此 $$m : n = q : p,$$

故 $$n \text{ 度量 } p。$$ [Ⅶ.20,21]

并且 $$n : p = an : ap = c : d。$$

故 $$c \text{ 度量 } d:$$

这是不可能的。

由Ⅶ.33，$\left.\begin{array}{l} m=\dfrac{a}{g} \\[2mm] n=\dfrac{b}{g} \end{array}\right\}$，其中 g 是 a,b 的最大公倍数。

因此最小公倍数是 $\dfrac{ab}{g}$。

命题 35

如果两数量尽某数，则被它们量尽的最小数也量尽这个数。

设两数 A,B 量尽一数 CD，又设 E 是它们量尽的最小数。

我断言 E 也量尽 CD。

因为，如果 E 量不尽 CD，

设 E 量出 DF，其余数 CF 小于 E。

现在，由于 A,B 量尽 E，而 E 量尽 DF。

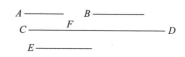

所以 A,B 也量尽 DF。

但是它们也量尽整个 CD，

所以它们也量尽小于 E 的余数 CF：

这是不可能的。

所以 E 不可能量不尽 CD。

因此 E 量尽 CD。

证完

任二数的最小公倍数必然度量任何其他公倍数。

其证明是明显的，依赖于这个事实，若任一数整除 a 与 b，则它也整除 $a-pb$。

命题 36

给定三个数，求被它们所量尽的最小数。

设 A,B,C 是三个给定的数，我们来求出被它们量尽的最小数。

设 D 为被二数 A,B 量尽的最小数。　　　　　　　　[Ⅶ.34]

那么 C 或者量尽 D 或者量不尽 D。

首先，设 C 量尽 D。

但是 A,B 也量尽 D，所以 A,B,C 量尽 D。

其次，可证 D 也是被它们量尽的最小数。

因为，如其不然，A,B,C 量尽小于 D 的某数。

设它们量尽 E。

因为 A,B,C 量尽 E，所以也有 A,B 也量尽 E。

于是被 A,B 所量尽的最小数也量尽 E。　　　　　　[Ⅶ.35]

但是 D 是被 A,B 量尽的最小数。

所以 D 量尽 E，较大数量尽较小数：这是不可能的。

于是 A,B,C 将不能量尽小于 D 的数，

故 D 是 A,B,C 所量尽的最小数。

又设 C 量不尽 D，并且取 E 为被 C,D 所量尽的最小数。　　　　　　　　　　　　　　　　[Ⅶ.34]

因为 A,B 量尽 D，且 D 量尽 E，所以 A,B 也量尽 E。

但是 C 也量尽 E，所以 A,B,C 也量尽 E。

其次，可证明 E 是它们量尽的最小数。

因为，如其不然，设 A,B,C 量尽小于 E 的某数 F。

因为 A,B,C 量尽 F，所以 A,B 也量尽 F，所以被 A,B 量尽的最小数也量尽 F。　　　　　　　　　[Ⅶ.35]

但是 D 是被 A,B 量尽的最小数，所以 D 量尽 F。

但是 C 也量尽 F，所以 D,C 量尽 F。

因此，被 D,C 所量尽的最小数也量尽 F。

但是 E 是被 C,D 所量尽的最小数，所以 E 量尽 F，较大数量尽较小数：这是不可能的。

所以 A,B,C 将量不尽任一小于 E 的数。

故 E 是被 A,B,C 量尽的最小数。

　　　　　　　　　　　　　　　　　　　　　证完

欧几里得求三个数 a,b,c 的最小公倍数。的法则是我们所熟悉的法则。首先求 a,b 的最小公倍数。d，而后求 d,c 的最小公倍数。

欧几里得区分了两种情形，(1) c 度量 d，(2) c 不能度量 d。我们只需重现一般情形(2)的证明。用反证法。

设 e 是 d,c 的最小公倍数。

因为 a,b 都度量 d，并且 d 度量 e，所以

$$a,b \text{ 都度量 } e。$$

同样的,c 度量 e。

因此 e 是 a,b,c 的某个公倍数。

若它不是最小的,设 f 是最小公倍数。

现在 a,b 都度量 f;

因此,它们的最小公倍数 d 也度量 f。   [Ⅶ.35]

于是 d,c 都度量 f。

因此,它们的最小公倍数 e 度量 f: [Ⅶ.35]

这是不可能的,因为 $f < e$。

这个过程可以不断进行,故我们可以不但可以求三个数的最小公倍数。而且可以求任意多个数的最小公倍数。

命题 37

如果一个数被某数量尽,则被量的数有一个称为与量数的一部分同名的一部分。

设数 A 被某一数 B 量尽。

我断言 A 有一个称为与 B 的一部分同名的一部分。

因为依照 B 量尽 A 有多少次数,就设 C 中有多少个单位。

因为依照 C 中的单位数,B 量尽 A;而且依照 C 中的单位数,单位 D 量尽数 C。

所以单位 D 量尽数 C 与 B 量尽 A 有相同的次数。

从而取更比,单位 D 量尽数 B 与 C 量尽 A 有相同的次数。   [Ⅶ.15]

A ——————————

B ———

C —————

D ——

于是无论单位 D 是 B 的怎样的一部分,那么 C 也是 A 的同样的一部分。

但是单位 D 是数 B 的被称为 B 的一部分同名的一部分。

所以 C 也是 A 的被称为 B 的一部分同名的一个部分。

即 A 有一个被称为 B 的一部分同名的一个部分 C。

证完

若 b 度量 a,则 a 的 $\dfrac{1}{b}$ 是一个整数。

设 $$a = m \cdot b。$$

现在 $\qquad m = m \cdot 1$。

于是 $1, m, b, a$ 满足 VII.15 的条件;所以 m 度量 a 的次数与 1 度量 b 的次数相同。

但是 $\qquad\qquad\qquad 1$ 是 b 的 $\dfrac{1}{b}$ 部分,

所以 $\qquad\qquad\qquad m$ 是 a 的 $\dfrac{1}{b}$ 部分。

命题 38

如果一个数有无论怎样的一部分,则它将被与该一部分同名的数①所量尽。

设数 A 有一个一部分 B,又设 C 是与一部分 B 同名的一个数。

我断言 C 量尽 A。

因为,由于 B 是 A 的被称为与 C 同名的一部分,并且单位 D 也是 C 的被称为与 C 同名的一部分。

所以无论单位 D 是数 C 怎样的一部分,那么 B 也是 A 同样的一部分。

所以,单位 D 量尽 C 与 B 量尽 A 有相同的次数。

于是,单位 D 量尽 B 与 C 量尽 A 有相同的次数。 $\qquad$ [VII.15]

故 C 量尽 A。

$\qquad\qquad\qquad\qquad\qquad\qquad\qquad\qquad\qquad\qquad\qquad$ **证完**

这个命题实际上是上一命题的重述。它断言,若 b 是 a 的 $\dfrac{1}{m}$ 部分,即

若 $\qquad\qquad\qquad b = \dfrac{1}{m}a$,

则 $\qquad\qquad\qquad m$ 度量 a。

我们有 $\qquad\qquad\qquad b = \dfrac{1}{m}a$,

并且 $\qquad\qquad\qquad 1 = \dfrac{1}{m}m$。

---

① 若 B 是 A 的 $\dfrac{1}{C}$,则欧几里得把 C 称为 B 的同名数,即 C 是 B 除 A 的商。注意,当时还没有除法运算,因而没有商这个概念。例如 4 是 12 的 $\dfrac{1}{3}$,3 是 4 的同名数。——译者注

因此，$1,m,b,a$ 满足 Ⅶ.15 的条件，因而 m 度量 a 的次数与 1 度量 b 的次数相同，或者

$$m = \frac{1}{b}a。$$

命题 39

求有给定的几个一部分的最小数。

设 A,B,C 是所给定的几个一部分，要求出有几个一部分 A,B,C 的最小数。

设 D,E,F 是被称为与几个一部分 A,B,C 同名的数，并且设取 G 是被 $D,E,$ F 量尽的最小数。   [Ⅶ.36]

所以 G 有被称为与 D,E,F 同名的几个一部分。   [Ⅶ.37]

但是 A,B,C 是被称为与 D,E,F 同名的几个一部分，

所以 G 有几个一部分 A,B,C。

其次可证 G 也是含这几个一部分 A,B,C 的最小数。

因为，如其不然，将有某数 H 有这几个一部分 A,B,C，且小于 G。

由于 H 有着这几个一部分 A,B,C，

所以 H 就将被称为与这几个一个部分 A,B,C 同名的数所量尽。   [Ⅶ.38]

但是，D,E,F 是被称为与这几个一部分 A,B,C 同名的数；所以 D,E,F 量尽 H。

而且 H 小于 G：这是不可能的。

故没有一个数有这几个一部分 A,B,C 且还小于 G。

证完

这个命题实际上是求最小公倍数的另一种形式。

求一个数，它有 $\frac{1}{a}$，$\frac{1}{b}$ 和 $\frac{1}{c}$ 部分。

设 d 是 a,b,c 的最小公倍数。

于是 d 有 $\dfrac{1}{a}$, $\dfrac{1}{b}$ 和 $\dfrac{1}{c}$ 部分。 [Ⅶ.37]

若它不是具有这些部分的最小数,设 e 是具有这些部分的最小数。

那么,由于 e 具有这些部分,所以 a, b, c 度量 e;而 $e < d$:这是不可能的。

卷 VIII

命题 1

如果有几个数成连比例,而且它们的两外项互素,则这些数是与它们有相同比的数组中的最小数组。

设一些数 A, B, C, D 成连比例,又设它们的两外项 A, D 互素。

A ————
B —————
C ——————
D ———————

E ——
F ———
G ————
H —————

我断言 A, B, C, D 是与它们有相同比的数组中最小的数组。

因为,如其不然,可设 E, F, G, H 分别小于 A, B, C, D,且与它们有同比。

现在,因为 A, B, C, D 与 E, F, G, H 有相同比,而且 A, B, C, D 的个数与 E, F, G, H 的个数相等。

所以,取首末比,

A 比 D 如同 E 比 H。   [Ⅶ.14]

但是 A, D 互素,

而互素的两数是与它们有同比的数对中最小的,   [Ⅶ.21]

并且有相同比的数对中最小一对数分别量尽其他的数对,大的量尽大的,小的量尽小的,且有相同的次数。即前项量尽前项,后项量尽后项,量得的次数相同。   [Ⅶ.20]

所以 A 量尽 E,较大的量尽较小的:这是不可能的。

所以,小于 A, B, C, D 的 E, F, G, H 与它们没有相同的比。

故 A, B, C, D 是与它们有同比的最小数组。

证完

欧几里得所谓的一组"成连比例的数"就是**几何级数**。

这个命题证明了,若 $a, b, c, \cdots, k$ 是一列成几何级数的数,并且若 a, k 互素,则这一列数是有相同公比的数组中最小的。

这个证明采取了反证法的形式。我们可以不用这种形式,而仍然保留其本

287

质,若 $a',b',c',\cdots,k'$ 是任一组具有同样公比的数,由首末比,

$$a:k=a':k', \qquad\qquad [\text{Ⅶ}.14]$$

因为 a,k 互素,所以 a,k 分别量尽 a',k',故 a',k' 分别大于 a,k。

命题 2

按预定的个数,求出成连比例的并且有已知比的最小数组。

设 A,B 是有已知比的最小的数对,我们来按预定的个数求出成连比例的最小数组,并且使得它们的比与 A,B 的比相同。

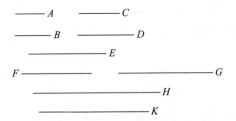

设预定个数为四,设 A 自乘得 C,A 乘以 B 得 D,B 自乘得 E。

还有,设 A 乘以 C,D,E 分别得 F,G,H,并且 B 乘 E 得 K。

现在,由于 A 自乘得 C,且 A 乘 B 得 D,所以 A 比 B 如同 C 比 D。 [Ⅶ.17]

又由于 A 乘 B 得 D,而 B 自乘得 E,所以数 A,B 乘 B 分别得 D,E。

所以,A 比 B 如同 D 比 E。 [Ⅶ.18]

但是,A 比 B 如同 C 比 D,

所以也有 C 比 D 如同 D 比 E。

又由于 A 乘 C,D 得 F,G。

所以 C 比 D 如同 F 比 G。 [Ⅶ.17]

但是 C 比 D 如同 A 比 B。

所以也有 A 比 B 如同 F 比 G。

又由于 A 乘 D,E 得 G,H,

所以 D 比 E 如同 G 比 H。 [Ⅶ.17]

但是 D 比 E 如同 A 比 B。

所以也有 A 比 B 如同 G 比 H。

又,由于 A,B 乘 E 得 H,K,

所以 A 比 B 如同 H 比 K。 [Ⅶ.18]

但是,A 比 B 如同 F 比 G,及 G 比 H。

所以也有 F 比 G 如同 G 比 H，及 H 比 K。

所以 C,D,E 以及 F,G,H,K 皆成连比例，并且其比为 A 比 B。

其次可证它们是成已知比的最小者。

因为，由于 A,B 是与它们有同比的最小者，并且有同比的最小数对是互素的。 ⠀⠀⠀⠀⠀⠀⠀⠀⠀⠀⠀⠀⠀⠀⠀⠀⠀⠀⠀⠀⠀⠀⠀⠀⠀[Ⅶ.22]

所以 A,B 是互素的。

又数 A,B 分别自乘得 C,E；A,B 分别乘 C,E 得 F,K；所以 C,E 和 F,K 分别是互素的。 ⠀⠀⠀⠀⠀⠀⠀⠀⠀⠀⠀⠀⠀⠀⠀⠀⠀⠀⠀⠀[Ⅶ.27]

但是，如果有许多成连比例的数，而且它们的两外项互素，则这些数是与它们有相同比的数组中最小的数组。 ⠀⠀⠀⠀⠀⠀⠀⠀⠀⠀⠀⠀[Ⅷ.1]

因此，C,D,E 以及 F,G,H,K 是与 A,B 有同比数组中最小的数组。

证完

推论⠀⠀由此容易得出，如果成连比的三个数是与它们有相同比的最小者，则它们的两外项是平方数；并且如果成连比的四个数是与它们有相同比的最小者，则它们的两外项是立方数。

故 C,D,E 和 F,G,H,K 成连比例，它们是与 A,B 有相同比的最小数组。

求一几何级数并且是具有给定公比的最小数组。

简化给定比为最小项，$a:b$（可由Ⅶ.33 完成）。

则 $a^n,a^{n-1}b,a^{n-2}b^2,\cdots,a^2b^{n-2},ab^{n-1},b^n$

就是要求的具有 $(n+1)$ 项的数组。

从Ⅶ.17,18，这一组数显然具有给定的公比。

这个几何级数是最小项可以如下证明。

a,b 互素，由于比 $a:b$ 是它的最小项。 ⠀⠀⠀⠀⠀⠀⠀⠀⠀⠀⠀[Ⅶ.22]

因而 a^2,b^2 互素；一般地，a^n,b^n 互素。 ⠀⠀⠀⠀⠀⠀⠀⠀⠀[Ⅶ.27]

所以由Ⅷ.1，这个几何级数是具有最小项的。

这个推论说，若这个数组有 n 项，则其两外项是 $(n-1)$ 次幂。

命题 3

如果成连比的几个数是与它们有相同比的数中的最小者，则它们的两外项是互素的。

设成连比例的几个数 A,B,C,D 是与它们有同比的数组中最小者。

我断言它们的两外项 A,D 互素。

设取数 E,F 是与 A,B,C,D 有相同比的数组中的最小数组。　　　[Ⅶ.33]

然后取有相同性质的另三个数 G,H,K;

其余的,逐次多一个,依此类推,　　　　　　　　　　　　　　[Ⅷ.2]

直至个数等于数 A,B,C,D 的个数。

设所取的数是 L,M,N,O。

现在,由于 E,F 是与它们有同比中的最小者,那么它们是互素的。　[Ⅶ.22]

又,由于数 E,F 分别自乘得数 G,K,又 E,F 分别乘以 G,K 得数 L,O,

[Ⅷ.2 推论]

所以两者 G,K 和 L,O 分别是互素的。　　　　　　　　　　[Ⅶ.27]

又,因为 A,B,C,D 是与它们有同比的数组中最小者,而 L,M,N,O 是与 $A,$
B,C,D 有同比的数组中的最小者。

又数 A,B,C,D 的个数等于数 L,M,N,O 的个数。

所以数 A,B,C,D 分别等于 L,M,N,O。

故 A 等于 L,且 D 等于 O。

又 L,O 是互素的。

故 A,D 也是互素的。

证完

这个证明只是给定与Ⅷ.2 中的数组相等的数。

若 $a,b,c,\cdots,k$(n 项)是具有给定公比的具有最小项的几何级数,则这些项
有Ⅷ.2 的形式。

$$\alpha^{n-1}, \ \alpha^{n-2}\beta, \ \cdots, \ \alpha^2\beta^{n-3}, \ \alpha\beta^{n-2}, \ \beta^{n-1}$$

其中 $\alpha:\beta$ 就是比 $a:b$,故 $\alpha:\beta$ 互素[Ⅶ.22],因而 α^{n-1},β^{n-1} 互素
[Ⅶ.27]。

而且这两组数必然相等,故

$$a = \alpha^{n-1}, \quad b = \beta^{n-1}。$$

命题 4

已知由最小数给出的几个比,求连比例的几个数,它们是有已知比的数组中的最小数组。

设由最小数给出的几个比是 A 比 B,C 比 D 和 E 比 F。

```
A ——              B ——
C ——              D ——
E ——              F ——
N ——                  ——— G
O ——                  ——— H
M ——————              ——————— K
P ——————              ——————— L
```

我们来求出连比例的最小数组,使得它们的比是 A 比 B,C 比 D 以及 E 比 F。

设 G 是被 B,C 量尽的最小数。   [Ⅶ.34]

且 B 量尽 G 有多少次,就设 A 量尽 H 有多少次;

又,C 量尽 G 有多少次,就设 D 量尽 K 有多少次。

现在 E 或者量尽或者量不尽 K。

首先,设它量尽 K。

又 E 量尽 K 有多少次,就设 F 量尽 L 也有多少次。

这时,由于 A 量尽 H 与 B 量尽 G 的次数相同,

所以 A 比 B 如同 H 比 G。   [Ⅶ.定义 20,Ⅶ.13]

同理,C 比 D 如同 G 比 K,

还有 E 比 F 如同 K 比 L。

所以 H,G,K,L 是依 A 比 B,C 比 D 及 E 比 F 为连比例的数组。

其次可证它们也是有这个性质的最小数组。

因为,如果 H,G,K,L 只是依 A 比 B,C 比 D 和 E 比 F 为连比例的但不是最小数组,那么设最小数组是 N,O,M,P。

这时,由于 A 比 B 如同 N 比 O,而 A,B 是最小的。

并且有相同比的一对最小数分别量尽其他数对,大的量尽大的,小的量尽小的,有相同的次数。即前项量尽前项与后项量尽后项的次数相同,所以 B 量尽 O。   [Ⅶ.20]

同理,C 也量尽 O,

于是 B,C 量尽 O,

于是被 B,C 量尽的最小数也量尽 O。 [Ⅶ.35]

但是 G 是被 B,C 量尽的最小数。

所以 G 量尽 O,较大数量尽较小数:这是不可能的。

因而没有比 H,G,K,L 还小的数组的连比例能依照 A 比 B,C 比 D 和 E 比 F。

其次,设 E 量不尽 K。

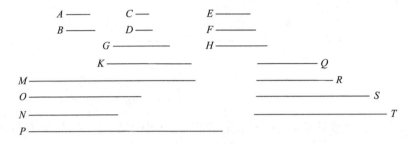

设 M 是被 E,K 量尽的最小数。

又,K 量尽 M 有多少次,就设 H,G 分别量 N,O 有多少次。

并且 E 量尽 M 有多少次,就设 F 量尽 P 也有多少次。

由于 H 量尽 N 与 G 量尽 O 有相同的次数,故 H 比 G 如同 N 比 O。

[Ⅶ.13 和定义 20]

但是 H 比 G 如同 A 比 B,

听以也有,A 比 B 如同 N 比 O。

同理也有,C 比 D 如同 O 比 M。

又,由于 E 量尽 M 与 F 量尽 P 有相同的次数,

所以,E 比 F 如同 M 比 P, [Ⅶ.13 和定义 20]

因此 N,O,M,P 是依照 A 比 B,C 比 D 以及 E 比 F 为连比例。

其次可证它们也是依照 A 比 B,C 比 D 以及 E 比 F 为连比例的最小数组。

因为,如其不然,将有某些数小于 N,O,M,P 而依照 A 比 B,C 比 D 以及 E 比 F 成连比例。

设它们是 Q,R,S,T。

现在,因为 Q 比 R 如同 A 比 B。

而 A,B 是最小的,

并且有相同比的一对最小数,分别量其他数对,大的量尽大的,小的量尽小

的,量得的次数相同,即前项量尽前项与后项量尽后项的次数相同。　　[Ⅶ.20]

所以 B 量尽 R。

同理,C 也量尽 R,所以 B,C 量尽 R。

于是被 B,C 量尽的最小数也将量尽 R。　　　　　　　　　　[Ⅶ.35]

但是 G 是被 B,C 量尽的最小数,所以 G 量尽 R。

又,G 比 R 如同 K 比 S,

所以 K 也量尽 S。　　　　　　　　　　　　　　　　　　　　[Ⅶ.13]

但是 E 也量尽 S,所以 E,K 量尽 S。

于是被 E,K 量尽的最小数也将量尽 S。　　　　　　　　　　[Ⅶ.35]

但是 M 是被 E,K 量尽的最小数,

所以 M 量尽 S,较大数量尽较小数:这是不可能的。

因为,没有小于 N,O,M,P 且依照 A 比 B,C 比 D 以及 E 比 F 成连比例的一些数。

故 N,O,M,P 是依照 A 比 B,C 比 D 以及 E 比 F 成连比例的最小数组。

证完

此处"成连比"不是用在几何级数的意义上,而是这样一组项,每一项对后一项的比给定,但不是相同比。

这个命题提供了一个很好的例子说明希腊方法处理不定数组方法的不方便之处。事实上,若没有现代符号的帮助是难以理解的。若用现代符号,则其推理容易理解。

欧几里得给定三个比,因而要求四个数。我们省略较简单的第一种特殊情形,即 E 量尽 K;我们讨论有三个比的一般情形。

设具有最小项的三个比是

$$a : b, \ c : d, \ e : f。$$

令 l_1,是 b,c 的最小公倍数,并假定

$$l_1 = mb = nc。$$

作三个数　$ma, mb(= nc), nd$。

这三个数的比分别是 $a : b$ 与 $c : d$。

其次,设 l_2 是 nd, e 的最小公倍数,并且令

$$l_2 = pnd = qe。$$

现在作四个数

$$pma, \ \left.\begin{matrix} pmb \\ = pnc \end{matrix}\right\}, \ \left.\begin{matrix} pnd \\ = qe \end{matrix}\right\}, qf,$$

这就是要求的四个数。

若它们不是具有给定比的最小者，设

$$x,y,z,u$$

是最小数组。

因为 $a:b$ 是它们的最小项，并且

$$a:b=x:y,$$

所以 b 量尽 y。

类似地，因为 $c:d=y:z$，

所以 c 量尽 y。

因而 b,c 的最小公倍数 l_1 量尽 y。

但是 $l_1:nd(=c:b)=y:z$。

因而 nd 量尽 z。

并且因为 $e:f=z:u$，

所以 e 量尽 z。

因而 nd,e 的最小公倍数 l_2 量尽 z：这是不可能的，因为 $z<l_2$ 或者 pnd。

步骤 $G:R=K:S$ 当然由 $G:K(=C:D)=R:S$ 推出。

注意，Ⅷ.4 对应于Ⅵ.23，它说明如何**复合**直线之间的两个比。

命题 5

二面数互比是它们边比的复比。

设 A,B 是面数，并且数 C,D 是 A 的边，数 E,F 是 B 的边。

我断言 A 与 B 的比是它们边比的复比。

因为 C 比 E 和 D 比 F 已给定，设取依照 C 比 E 和 D 比 F 成连比例的最小数为 G,H,K，即

C 比 E 如同 G 比 H，

D 比 F 如同 H 比 K。　　　　　[Ⅷ.4]

又设 D 乘 E 得 L。

现在，由于 D 乘 C 得 A，和 D 乘 E 得 L，所以，C 比 E 如同 A 比 L。　　　　　[Ⅶ.17]

但是，C 比 E 如同 G 比 H，

所以也有，G 比 H 如同 A 比 L。

又,由于 E 乘 D 得 L,而且还有 E 乘 F 得 B,所以 D 比 F 如同 L 比 B。

[Ⅶ.17]

但是,D 比 F 如同 H 比 K,

所以也有,H 比 K 如同 L 比 B。

但已证得 G 比 H 如同 A 比 L,

所以取首末比,G 比 K 如同 A 比 B。

[Ⅶ.14]

但是,G 与 K 之比为这些边比的复比。

所以 A 与 B 之比也是这些边比的复比。

证完

若 $a = cd$,$b = ef$,

则 $a : b$ 是 $c : e$ 与 $d : f$ 的复比。

取三个最小的具有给定比的数。

若 l 是 e,d 的最小公倍数,并且 $l = me = nd$,则这三个数是

$$mc , me (= nd) , nf。 \qquad [Ⅷ.4]$$

现在 $$dc : de = c : e \qquad [Ⅶ.17]$$

$$= mc : me = mc : nd。$$

又 $$ed : ef = d : f \qquad [Ⅷ.17]$$

$$= nd : nf。$$

由首末比, $$cd : ef = mc : nf$$

$$= (c : e \text{ 与 } d : f \text{ 的复比})。$$

注意,这个证明完全遵循Ⅵ.23 关于平行四边形的方法。

命题 6

如果有几个成连比例的数,而且第一个量不尽第二个,则任何一个也量不尽其他任一个。

设有几个成连比例的数 A,B,C,D,E,并且设 A 量不尽 B。

我断言任何一个数都量不尽其他任何一个数。

现在,显然知 A,B,C,D,E 依次相互量不尽,因为 A 量不尽 B。

这时,可证任何一个量不尽其他任何一个。

因为如果可能,设 A 量尽 C。

于是,无论有几个数 A,B,C,就取多少个数 F,G,H,并且设它们是与 A,B,C

295

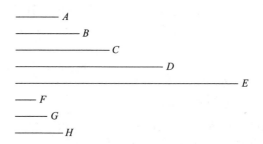

有相同比中的最小数组。   [Ⅶ.33]

现在,由于 F,G,H 与 A,B,C 有相同比,并且数 A,B,C 的个数等于 F,G,H 的个数。

故取首末比,A 比 C 如同 F 比 H。   [Ⅶ.14]

又由于,A 比 B 如同 F 比 G,

而 A 量不尽 B,

所以 F 也量不尽 G,   [Ⅶ.定义 20]

所以 F 不是一个单位,因为单位能量尽任何数。

现在,F,H 是互素的。   [Ⅷ.3]

又,F 比 H 如同 A 比 C,

故 A 也量不尽 C。

类似地,我们能够证明任何一个数量不尽其他任何一个数。

                                                      证完

设 $a,b,c,\cdots,k$ 是几何级数,a 不能量尽 b。

若可能,假定 a 量尽某个项 f。

取 x,y,z,u,w 作为比 a,b,c,d,e,f 的最小数组。

因为 $x:y=a:b$,

并且 a 不能量尽 b,所以 x 不能量尽 y;因而 x 不可能是单位。

由首末比, $x:w=a:f$。

现在 x,w 互素。   [Ⅷ.3]

所以 a 不能量尽 f。

当然我们能证明一个中间项 b 不能量尽后面一个项 f,只要使用数组 $b,c,$ d,e,f,并且因为 $b:c=a:b$,所以 b 不能量尽 c。

命题7

如果有几个成连比例的数,并且第一个量尽最后一个,则它也量尽第二个。

设几个数 A,B,C,D 成连比例,并且设 A 量尽 D。

我断言 A 也量尽 B。

因为,如果 A 量不尽 B,则这些数中任何一个量不尽其他任何一个。　　　　　[Ⅷ.6]

A ——
B ————
C —————
D ——————————

但是,A 量尽 D,所以 A 也量尽 B。

证完

从Ⅷ.6 用反证法的证明是显然的。

命题8

如果在两数之间插入几个与它们成连比例的数,则无论插入在它们之间有多少个成连比例的数,那么在与原来两数有同比的两数之间也能插入同样多个成连比例的数。

设插在两数 A,B 之间的数 C,D 与它们成连比例,又设 E 比 F 如同 A 比 B。

A ——　　　　　　E ——
C ——　　　　　　M ————
D ——　　　　　　N ————
B ————　　　　F ————
G ——
H ——
K ——
L ——

我断言在 A,B 间插入多少个成比例的数,也就在 E,F 之间能插入同样多少个成连比例的数。

因为,有多少个数 A,B,C,D,就取多少个数 G,H,K,L,使其为与 A,C,D,B 有同比的数中的最小数组,　　　　　　　　　　[Ⅶ.33]

所以它们的两端 G,L 是互素的。　　　　　　　　　　[Ⅷ.3]

现在,因为 A,C,D,B 与 G,H,K,L 有同比,且数 A,C,D,B 的个数等于数 G,H,K,L 的个数,

所以取首末比,A 比 B 如同 G 比 L。　　　　　　　　[Ⅶ.14]

但是，A 比 B 如同 E 比 F，

所以也有，G 比 L 如同 E 比 F。

然而，G,L 互素，而互素的数是同比中最小者，   ［Ⅶ.21］

并且有相同比的数中最小一对，分别量尽其他各数对，大的量尽大的，小的量尽小的，且有相同的次数。

即前项量尽前项与后项量尽后项的次数相同。   ［Ⅶ.20］

所以 G 量 E 与 L 量 F 的次数相同。

其次，G 量 E 有多少次，就设 H,K 分别量 M,N 也有多少次，

所以，G,H,K,L 量尽 E,M,N,F 有同样多的次数。

所以 G,H,K,L 与 E,M,N,F 有相同的比。   ［Ⅶ.定义 20］

但是 G,H,K,L 与 A,C,D,B 有相同的比，

所以 A,C,D,B 也与 E,M,N,F 有相同的比。

但是 A,C,D,B 成连比例，

所以 E,M,N,F 也成连比例。

故，在 A,B 之间插入多少个与它们成连比例的数，那么，也能在 E,F 之间插入多少成连比例的数。

证完

若 $a:b=e:f$，并且在 a,b 之间有几何中项 $c,d,\cdots$，则在 e,f 之间也有同样多个几何中项。

设 $\alpha,\beta,\gamma,\cdots,\delta$ 是具有最小项的与 $a,c,d,\cdots,b$ 有相同比的一组数，则 α,δ 互素。   ［Ⅷ.3］

由首末比 $\alpha:\delta=a:b$

$$=e:f。$$

所以 $e=m\alpha,f=m\delta,m$ 是某个整数。   ［Ⅶ.20］

取数组 $m\alpha,m\beta,m\gamma,\cdots,m\delta。$

这是一组有给定比，并且在 $m\alpha,m\delta$ 或 e,f 之间有几何中项，与 a,b 之间的几何中项有相同的个数。

命题 9

如果两数互素，并且与插在它们之间的一些数成连比例，那么无论这样一些成连比例的数有多少个，在互素两数的每一个数和单位之间同样有多少个成

连比例的数。

设 A,B 是互素的两数,并且设 C,D 是插在它们之间的成连比例的数,又设单位为 E。

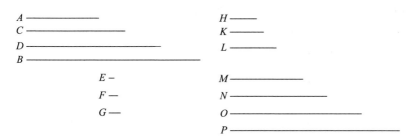

我断言在 A,B 之间成连比例的数有多少个,则在数 A,B 的每一个与单位 E 之间成连比例的数有同样多少个。

因为,设两数 F,G 是与 A,C,D,B 有相同比中的最小者,又取有同样性质的三个数 H,K,L。

并且依次类推,直至它们的个数等于 A,C,D,B 的个数。   [Ⅷ.2]

设已求得的是 M,N,O,P。

显然,F 自乘得 H,且 F 乘 H 得 M,而 G 自乘得 L,且 G 乘 L 得 P。

[Ⅷ.2,推论]

又,由于 M,N,O,P 是与 F,G 有相同比中的最小者,

且 A,C,D,B 也是与 F,G 有相同比中的最小者,   [Ⅷ.1]

而数 M,N,O,P 的个数等于数 A,C,D,B 的个数。

所以 M,N,O,P 分别等于 A,C,D,B。

于是 M 等于 A,且 P 等于 B。

现在,由于 F 自乘得 H,

所以依照 F 中的单位数,F 量尽 H。

但是依照 F 中的单位数,单位 E 也量尽 F,故单位 E 量尽数 F 与 F 量尽数 H 的次数相同。

所以单位 E 比数 F 如同 F 比 H。   [Ⅶ.定义20]

又,由于 F 乘 H 得 M,

所以,依照 F 中的单位个数,H 量尽 M。

但是依照 F 中的单位个数,单位 E 也量尽数 F,

所以单位 E 量尽数 F 与 H 量尽数 M 的次数相同。

从而,单位 E 比数 F 如同 H 比 M。

但也已证明,单位 E 比数 F 如同 F 比 H,

所以也有,单位 E 比数 F 如同 F 比 H,也如同 H 比 M。

但是 M 等于 A,所以单位 E 比数 F 如同 F 比 H,也如同 H 比 A。

同理也有,单位 E 比数 G 如同 G 比 L,也如同 L 比 B。

故,插在 A,B 之间有多少个成连比例的数,那么插在 A,B 的每一个与单位 E 之间成连比例的数也有同样多少个。

证完

假定在互素的两数 a,b 之间有 n 个几何中项,则在 1 与 a 之间,以及 1 与 b 之间也有 n 个几何中项。

若 $c,d,\cdots$ 是 a,b 之间的 n 个几何中项,则

$$a,c,d,\cdots,b$$

是有这样比的最小数组,因为 a,b 互素。 [Ⅷ.1]

因而这些项有如下形式

$$\alpha^{n+1},\ \alpha^{n}\beta,\ \alpha^{n-1}\beta^{2},\ \cdots,\alpha\beta^{n},\ \beta^{n+1},$$

其中,α,β 是有最小项的公比。 [Ⅷ.2,推论]

于是 $a=\alpha^{n+1},b=\beta^{n+1}$。

现在 $1:\alpha=\alpha:\alpha^{2}=\alpha^{2}:\alpha^{3}=\cdots=\alpha^{n}:\alpha^{n+1}$,

并且 $1:\beta=\beta:\beta^{2}=\beta^{2}:\beta^{3}=\cdots=\beta^{n}:\beta^{n+1}$;

所以在 $1,a$ 之间,$1,b$ 之间有 n 个几何中项。

命题 10

如果两个数中的每一个与单位之间的一些数成连比例,那么无论插在这两数与单位之间有多少个数,则在这两数之间也有同样多个数成连比例。

设 D,E 和 F,G 分别是插在两数 A,B 与单位 C 之间的成连比例的数。

我断言插在数 A,B 之间的每一个与单位 C 之间有多少成连比例的数,则插在 A,B 之间也有多少个成连比例的数。

为此,设 D 乘 F 得 H,且数 D,F 分别乘 H 得 K,L。

现在,由于单位 C 比数 D 如同 D 比 E,

所以单位 C 量尽数 D 与 D 量尽 E 有相同的次数。 [Ⅶ.定义 20]

但是依照 D 中的单位数,C 量尽 D,

所以依照 D 中的单位数,数 D 也量尽 E,于是 D 自乘得 E。

C ——   A ——————
              B ——————————————

D ——
E ———   H ————
F ———   K ——————
G —————   L ——————

又由于, C 比数 D 如同 E 比 A,

所以单位 C 量尽数 D 与 E 量尽 A 的次数相同。

但是依照 D 中的单位数,单位 C 量尽数 D,

所以依照 D 中的单位数, E 也量尽 A,

所以 D 乘 E 得 A。

同理也有, F 自乘得 G,且 F 乘 G 得 B。

又,因为 D 自乘得 E,且 D 乘 F 得 H,

所以 D 比 F 如同 E 比 H。   [Ⅶ.17]

同理也有, D 比 F 如同 H 比 G。   [Ⅶ.18]

所以也有 E 比 H 如同 H 比 G。

又,由于 D 乘数 E,H 分别得 A,K,

所以, E 比 H 如同 A 比 K。   [Ⅶ.17]

但是, E 比 H 如同 D 比 F,

所以也有, D 比 F 如同 A 比 K。

又,由于数 D,F 乘 H 分别得 K,L,

所以, D 比 F 如同 K 比 L。   [Ⅶ.18]

但是, D 比 F 如同 A 比 K,

所以也有, A 比 K 如同 K 比 L。

还有, F 乘数 H,G 分别得 L,B,

所以 H 比 G 如同 L 比 B。   [Ⅶ.17]

但是, H 比 G 如同 D 比 F,

于是也有, D 比 F 如同 L 比 B。

但是已证明,

D 比 F 如同 A 比 K,也如同 K 比 L,

所以也有, A 比 K 如同 K 比 L,也如同 L 比 B。

故 A,K,L,B 成连比例。

从而插在 A,B 的每一个与单位 C 之间有多少个成连比例的数,那么插在 A,B 之间也有多少个成连比例的数。

证完

若在 1 与 a 之间有 n 个几何中项,并且在 1 与 b 之间也有 n 个几何中项,则在 a,b 之间有 n 个几何中项。

这个命题是前一个命题的逆。

有 n 个中项的几何数列如下:

$$1,\ \alpha,\ \alpha^2,\cdots,\alpha^n,\ \alpha^{n+1},$$
$$1,\beta,\beta^2,\cdots,\beta^n,\beta^{n+1},$$

其中 $\qquad\qquad\qquad \alpha^{n+1}=a,\beta^{n+1}=b$。

第一行中的最后一项乘以第二行中的第一项,第一行中的倒数第二项乘以第二行中的第二项,等等,我们有

$$\alpha^{n+1},\ \alpha^n\beta,\ \alpha^{n-1}\beta^2,\cdots,\alpha^2\beta^{n-1},\ \alpha\beta^n,\ \beta^{n+1}$$

并且在 a,b 之间有 n 个中项。

注意,欧几里得说"同理也有,D 比 F 如同 H 比 G",这个推理实际上是用 VII.18 代替 VII.17,即推出 $D\times F:F\times F=D:F$。但是,因为由 VII.16,乘法的顺序是无关紧要的,所以他直接说"同理也有"。在后面的命题中也出现同样的事情。

命题 11

在两个平方数之间有一个比例中项数,并且两平方数之比如同它们的边与边的二次比。

设 A,B 是两平方数,并且设 C 是 A 的边,D 是 B 的边。

我断言在 A,B 之间有一个比例中项数,并且 A 比 B 如同 C 与 D 的二次比。

为此,设 C 乘 D 得 E。

现在,由于 A 是平方数,且 C 是它的边,所以 C 自乘得 A。

同理也有,D 自乘得 B。

由于这时 C 乘数 C,D 分别得 A,E,

所以,C 比 D 如同 A 比 E。 [VII.17]

同理也有,C 比 D 如同 E 比 B, [VII.18]

所以也有,A 比 E 如同 E 比 B。

于是 A,B 之间有一个比例中项数。

其次,可证 A 比 B 如同 C 与 D 的二次比。

因为,由于 A,E,B 是三个成比例的数,

所以 A 比 B 如同 A 与 E 的二次比。　　　　　　　　　　[Ⅴ.定义9]

但是,A 比 E 如同 C 比 D。

所以,A 比 B 如同边 C 与 D 的二次比。

证完

根据尼科马丘斯,这个命题和下一个命题的定理,两个平方数有一个几何中项,两个立方数有两个几何中项,是柏拉图学派的。

设 a^2,b^2 是两个平方数,只要作乘积 ab,并且证明

$$a^2,ab,b^2$$

是几何级数。欧几里得用Ⅶ.17,18证明了

$$a^2:ab=ab:b^2。$$

a^2 比 b^2 是 a 比 b 的二次比。

命题 12

在两个立方数之间有两个比例中项数,并且两立方数之比如同它们的边与边的三次比。

设 A,B 是两立方数,并且设 C 是 A 的边,D 是 B 的边。

我断言在 A,B 之间有两个比例中项数,并且 A 与 B 的比如同 C 与 D 的三次比。

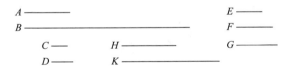

为此,设 C 自乘得 E,C 乘 D 得 F。

设 D 自乘得 G,又设数 C,D 乘 F 分别得 H,K。

现在,由于 A 是立方数,并且 C 是它的边,以及 C 自乘得 E。

所以 C 自乘得 E,C 乘 E 得 A。

同理也有,D 自乘得 G,并且 D 乘 G 得 B。

又,由于 C 乘数 C,D 分别得 E,F,

所以,C 比 D 如同 E 比 F。　　　　　　　　　　　　　[Ⅶ.17]

同理也有,C 比 D 如同 F 比 G。　　　　　　　　　　　　[Ⅶ.18]

又,由于 C 乘数 E,F 分别得 A,H,

所以，E 比 F 如同 A 比 H。 [Ⅶ.17]

但是，E 比 F 如同 C 比 D。

所以也有，C 比 D 如同 A 比 H。

又，由于数 C,D 乘 F 分别得 H,K，

所以，C 比 D 如同 H 比 K。 [Ⅶ.18]

又，由于 D 乘 F,G 分别得 K,B，

所以，F 比 G 如同 K 比 B。 [Ⅶ.17]

但是，F 比 G 如同 C 比 D，

于是也有，C 比 D 如同 A 比 H，如同 H 比 K，又如同 K 比 B。

于是，H,K 是 A,B 之间的两比例中项数。

其次，可证 A 比 B 如同 C 与 D 的三次比。

因为 A,H,K,B 是四个成连比例的数，

所以 A 比 B 如同 A 与 H 的三次比。 [Ⅴ.定义10]

但是，A 比 H 如同 C 比 D。

所以 A 比 B 也如同 C 与 D 的三次比。

证完

设 a^3,b^3 是两个给定的立方数，欧几里得作乘积 a^2b,ab^2，并且证明

$$a^3, \quad a^2b, \quad ab^2, \quad b^3$$

是几何级数。

a^3 比 b^3 是 a 比 b 的三次比。

命题 13

如果有一些数成连比例，且每个自乘得某些数，则这些乘积成连比例；又如果原来这些数再乘这些乘积得某些数，则最后这些数也成连比例。

设有几个数 A,B,C 成连比例，即 A 比 B 如同 B 比 C，

A ——
B ——
C ——
D ——
E ——
F ——
L ——
O ——

G ——
H ——
K ——
M ——
N ——
P ——
Q ——

又设 A,B,C 自乘得 D,E,F,并且 A,B,C 分别乘 D,E,F 得 G,H,K。

我断言 D,E,F 和 G,H,K 分别成连比例。

为此,设 A 乘 B 得 L,又设数 A,B 分别乘 L 得 M,N。

又设 B 乘 C 得 O,并且设数 B,C 乘 O 分别得 P,Q。

于是,类似前面所述,我们能够证明 D,L,E 和 G,M,N,H 都是依照 A 与 B 之比而构成连比例,

并且还有,E,O,F 和 H,P,Q,K 都是依照 B 与 C 之比而构成连比例。

这时,A 比 B 如同 B 比 C,

所以 D,L,E 与 E,O,F 有相同比,

并且还有 G,M,N,H 与 H,P,Q,K 有相同比。

又 D,L,E 的个数等于 E,O,F 的个数,并且 G,M,N,H 的个数等于 H,P,Q,K 的个数。

所以,取首末比,

D 比 E 如同 E 比 F,

G 比 H 如同 H 比 K。   [Ⅶ.14]

证完

若 $a,b,c,\cdots$ 是几何级数,则

$$a^2,\ b^2,\ c^2,\cdots$$

和 $$a^3,\ b^3,\ c^3,\cdots$$

也是几何级数。

海伯格在括号中对这个命题增加了把这个定理推广到任意幂的情形。这句话是"并且这个总是成立",它们好像与加在Ⅶ.27 的话有相同的理由,除了给定数的平方和立方之外,欧几里得还给出了乘积 $ab,a^2b,ab^2,bc,b^2c,bc^2$。当他说了"我们用类似于上述的证明"之后,他指出逐次使用Ⅶ.17,18。

用我们的记号,这个证明对任意幂是容易的。

为了证明 $a^n,b^n,c^n,\cdots$ 是几何级数。

作 a^n,b^n 的所有中项,并且作出

$$a^n,\ a^{n-1}b,\ a^{n-2}b^2,\cdots,ab^{n-1},\ b^n。$$

公比是 $a:b$。

其次,取几何级数

$$b^n,\ b^{n-1}c,\ b^{n-2}c^2,\cdots,bc^{n-1},\ c^n,$$

公比是 $b:c$。

对后面的相邻项同样进行。

现在 $\qquad\qquad a:b=b:c=\cdots$

因而在一组中的一对相邻项的比等于任意另一组中相邻项的比。

并且每一组中项的个数相同,即$(n+1)$项。

所以由首末比,

$$a^n:b^n=b^n:c^n=c^n:d^n=\cdots$$

命题 14

如果一个平方数量尽另一个平方数,则其一个的边也量尽另一个的边;又如果两平方数的一个的边量尽另一个的边,则其一平方数也量尽另一平方数。

为此,设A,B是平方数,且C,D是它们的边,又设A量尽B。

我断言C也量尽D。

设C乘D得E,所以A,E,B依照C与D的比成连比例。 $\qquad\qquad$[Ⅷ.11]

又,由于A,E,B成连比例,并且A量尽B,所以A也量尽E。 $\qquad\qquad$[Ⅷ.7]

又,A比E如同C比D。

故C也量尽D。 $\qquad\qquad\qquad$[Ⅶ.定义20]

又,若C量尽D,我断言A也量尽B。

因为,用同样的作图,我们能够以类似的方法证明A,E,B依照C与D之比成连比例。

又由于,C比D如同A比E,并且C量尽D,所以A也量尽E。 $\qquad\qquad\qquad$[Ⅶ.定义20]

又A,E,B成连比例。

所以A也量尽B。

$\qquad\qquad\qquad\qquad\qquad\qquad$证完

若a^2量尽b^2,则a量尽b;并且若a量尽b,则a^2量尽b^2。

(1)a^2,ab,b^2成连比,公比为a比b。

因为a^2量尽b^2,

所以a^2量尽ab。 $\qquad\qquad\qquad$[Ⅷ.7]

但是$a^2:ab=a:b$,

306

所以 a 量尽 b。

（2）因为 a 量尽 b，所以 a^2 量尽 ab。

并且 a^2,ab,b^2 成连比例。

于是 ab 量尽 b^2，

并且 a^2 量尽 ab，

所以 a^2 量尽 b^2。

可以看出，欧几里得简短地说，因为 a^2 量尽 ab，并且 a^2,ab,b^2 成连比例，所以 a^2 量尽 b^2。同样的事情出现在Ⅷ.15中，其项数比此处多一。

命题 15

如果一个立方数量尽另一个立方数，则其一个的边也量尽另一个的边；又如果两立方数的一个的边量尽另一个的边，则那个立方数也量尽另一个立方数。

为此设立方数 A 量尽立方数 B，又设 C 是 A 的边，D 是 B 的边。

我断言 C 量尽 D。

设 C 自乘得 E，D 自乘得 G，又设 C 乘 D 得 F，并设 C,D 分别乘 F 得 H,K。

现在，显然 E,F,G 和 A,H,K,B 都是依照 C 与 D 之比成连比例。

[Ⅷ.11,12]

又，由于 A,H,K,B 成连比例，

并且 A 量尽 B，

所以它也量尽 H。

[Ⅷ.7]

又，A 比 H 如同 C 比 D；

所以 C 也量尽 D。

[Ⅶ.定义20]

其次，设 C 量尽 D，我断言 A 也将量尽 B。

为此，用同样作图，我们类似地能够证明 A,H,K,B 依照 C 与 D 之比成连比例。

又由于 C 量尽 D，并且 C 比 D 如同 A 比 H，

所以 A 也量尽 H。　　　　　　　　　　　　［Ⅶ.定义20］

因此，A 也量尽 B。

证完

若 a^3 量尽 b^3，则 a 量尽 b；并且反之亦真。其证明与平方时相同，只是细节上作必要的修正。

（1）a^3,a^2b,ab^2,b^3 成连比，其公比是 $a:b$；并且 a^3 量尽 b^3。

所以 a^3 量尽 a^2b；　　　　　　　　　　　　　　［Ⅷ.7］

因而 a 量尽 b。

（2）因为 a 量尽 b，所以 a^3 量尽 a^2b。

并且 a^3,a^2b,ab^2,b^3 成连比例，每一项量尽后一项；

所以，a^3 量尽 b^3。

命题 16

如果一平方数量不尽另一平方数，则其一个的边也量不尽另一个的边；又如果两平方数的一个的边量不尽另一个的边，则其一平方数也量不尽另一平方数。

设 A,B 是平方数，并且 C,D 是它们的边；又设 A 量不尽 B。

A ———

B —————————

C ——

D ———

我断言，C 也量不尽 D。

因为，如果 C 量尽 D，那么 A 也量尽 B。　　［Ⅷ.14］

但是 A 量不尽 B，

故 C 也量不尽 D。

又设 C 量不尽 D，我断言 A 也量不尽 B。

因为，如果 A 量尽 B，那么 C 也量尽 D。　　　　［Ⅷ.14］

但是 C 量不尽 D，

所以 A 也量不尽 B。

证完

若 a^2 量不尽 b^2，则 a 量不尽 b；并且若 a 量不尽 b，则 a^2 量不尽 b^2。

其证明是使用Ⅷ.14作反证法。

命题 17

如果一个立方数量不尽另一个立方数,则其一个的边也量不尽另一个的边;又如果两立方数的一个的边量不尽另一个的边,则其一立方数也量不尽另一个立方数。

设立方数 A 量不尽立方数 B,又设 C 是 A 的边,D 是 B 的边。

```
A ————————
B ————————————————
C ——
D ——
```

我断言 C 也量不尽 D。

因为,如果 C 量尽 D,那么 A 也量尽 B。 　　　　　　[Ⅷ.15]

但是 A 量不尽 B,

故 C 也量不尽 D。

又设 C 量不尽 D,我断言 A 也量不尽 B。

因为,如果 A 量尽 B,那么 C 也将量尽 D。 　　　　[Ⅷ.15]

但是 C 量不尽 D,

所以 A 也量不尽 B。

　　　　　　　　　　　　　　　　　　　　　　　　　　　　证完

若 a^3 量不尽 b^3,则 a 量不尽 b;反之亦真。

其证明是使用Ⅷ.15 作反证法。

命题 18

在两个相似面数之间必有一个比例中项数;又,这两个面数之比如同两对应边的二次比。

设 A,B 是两相似面数,并且设数 C,D 是 A 的两边,E,F 是 B 的两边。

```
A ————————              C ——
B ——————————————————    D ——
G ——————————            E ————
                        F ————————
```

现在,由于相似面数的两边对应成比例, 　　　　　　　　　[Ⅶ.定义 21]

所以 C 比 D 如同 E 比 F。

我断言在 A,B 之间必有一个比例中项数,并且 A 比 B 如同 C 对 E 的二次

比或如同 D 对 F 的二次比,即两对应边的二次比。

现在,由于 C 比 D 如同 E 比 F,

所以,C 比 E 如同 D 比 F。 [Ⅶ.13]

又,由于 A 是面数,且 C,D 是它的边,

所以 D 乘 C 等于 A。

同理也有,E 乘 F 等于 B。

现在设 D 乘 E 得 G。

于是,因为 D 乘 C 得 A,并且 D 乘 E 得 G,

所以,C 比 E 如同 A 比 G。 [Ⅶ.17]

但是,C 比 E 如同 D 比 F,

所以也有,D 比 F 如同 A 比 G。

又,由于 E 乘 D 得 G,E 乘 F 得 B,

所以,D 比 F 如同 G 比 B。 [Ⅶ.17]

但已证明,D 比 F 如同 A 比 G,

所以也有,A 比 G 如同 G 比 B。

于是 A,G,B 成连比例。

故在 A,B 之间有一个比例中项数。

其次也可证 A 比 B 如同它们对应边的二次比,即如同 C 比 E 或 D 比 F 的二次比。

因为 A,G,B 成连比例。

所以 A 比 B 如同 A 比 G 的二次比。 [Ⅴ.定义9]

又,A 比 G 如同 C 比 E,也如同 D 比 F。

所以也有,A 比 B 如同 C 比 E 或 D 比 F 的二次比。

证完

若 ab,cd 是"相似平面数",即

$$a : b = c : b,$$

则在 ab 与 cd 之间有一个比例中项;并且 ab 比 cd 等于 $a : c$ 或 $b : d$ 的二次比。

作乘积 bc(或 ad),则

$$ab , bc (= ad) , cd$$

成几何级数。

因为 $$a : b = c : d,$$

所以　　　　　　　　　　$a:c = b:d$。　　　　　　　　[Ⅶ.13]

因此　　　　　　　　　　$ab:bc = bc:cd$。　　　　　　[Ⅶ.16,17]

于是 bc（或 ad）是 ab, cd 的几何中项。

并且 ab 比 cd 等于 ab 比 bc 或 bc 比 cd 的二次比，即 a 比 c 或 b 比 d 的二次比。

命题 19

在两个相似体数之间，必有两个比例中项数，并且两相似体数之比等于它们对应边的三次比。

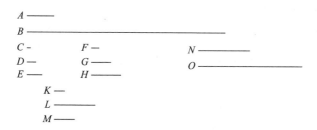

设 A, B 是两个相似体数，又设 C, D, E 是 A 的边，F, G, H 是 B 的边。

现在，由于相似体数的边对应成比例，　　　　　　　　[Ⅶ.定义 21]

所以，C 比 D 如同 F 比 G，

并且 D 比 E 如同 G 比 H。

我断言在 A, B 之间必有两个比例中项数，并且 A 比 B 如同 C 与 F 或 D 与 G 或 E 与 H 的三次比。

为此，设 C 乘 D 得 K，又设 F 乘 G 得 L。

这时，由于 C, D 与 F, G 有相同比，

并且 K 是 C, D 的乘积，以及 L 是 F, G 的乘积，K, L 是相似面数；

　　　　　　　　　　　　　　　　　　　　　　　　[Ⅶ.定义 21]

所以在 K, L 之间有一个比例中项数。　　　　　　　[Ⅷ.18]

设它是 M。

所以，M 等于 D, F 的乘积，正如在这个之前的命题中所证明的。　[Ⅷ.18]

这时，由于 D 乘 C 得 K，且 D 乘 F 得 M，所以，C 比 F 如同 K 比 M。

　　　　　　　　　　　　　　　　　　　　　　　　[Ⅶ.17]

但是，K 比 M 如同 M 比 L。

所以 K, M, L 依照 C 与 F 的比成连比例。

又，由于 C 比 D 如同 F 比 G，

则由更比，C 比 F 如同 D 比 G。　　　　　　　　　　　　　　　[Ⅷ.13]

同理也有，

D 比 G 如同 E 比 H。

所以 K,M,L 是依照 C 与 F 的比，D 与 G 之比，也以 E 与 H 之比成连比例。

其次，设 E,H 乘 M 分别得 N,O。

这时，由于 A 是一个体数，并且 C,D,E 是它的边，

所以 E 乘 C,D 之积得 A。

但是 C,D 之积是 K，所以 E 乘 K 得 A。

同理也有，H 乘 L 得 B。

于是，因为 E 乘 K 得 A，并且还有 E 乘 M 得 N，

所以 K 比 M 如同 A 比 N。　　　　　　　　　　　　　　　　[Ⅶ.17]

但是，K 比 M 如同 C 比 F，D 比 G，也如同 E 比 H。

所以也有，C 比 F，D 比 G，以及 E 比 H 如同 A 比 N。

又，由于 E,H 乘 M 分别得 N,O，

所以，E 比 H 如同 N 比 O。　　　　　　　　　　　　　　　　[Ⅶ.18]

但是，E 比 H 如同 C 比 F 及 D 比 G，

所以也有，C 比 F，D 比 G，以及 E 比 H 如同 A 比 N 和 N 比 O。

又由于，H 乘 M 得 O，并且还有 H 乘 L 得 B，

所以，M 比 L 如同 O 比 B。　　　　　　　　　　　　　　　　[Ⅶ.17]

但是，M 比 L 如同 C 比 F 及 D 比 G，也如同 E 比 H。

所以也有，C 比 F，D 比 G 及 E 比 H 不仅如同于 O 比 B，而且也如同 A 比 N 和 N 比 O。

故 A,N,O,B 依前边的比成连比例。

其次可证 A 比 B 如同它们对应边的三次比，即 C 与 F 或者 D 与 G 以及 E 与 H 的三次比。

因为 A,N,O,B 是四个成连比例的数，

所以 A 比 B 如同 A 与 N 的三次比。　　　　　　　　　　　　[Ⅴ.定义 10]

但是，已经证明了 A 比 N 如同 C 比 F，D 比 G 及 E 比 H。

所以，A 比 B 如同它们对应边的三次比，也就是 C 与 F，D 与 G，以及 E 与 H 的三次比。

证完

换句话说，若 $a:b:c=d:e:f$，则在 abc,def 之间有两个比例中项数；并且

abc 比 def 等于 a 比 d，或 b 比 e，或 c 比 f 的三次比。

欧几里得首先取面数 ab，de（略去 c，f），

并且作乘积 bd。于是

$$ab, bd(=ea), de$$

成几何级数，其公比是 $a:d$ 或 $b:e$。

其次作乘积 cbd，fbd，则

$$abc, cbd, fbd, def$$

成几何级数，其公比是 $a:d$。

因为

$$\left.\begin{array}{l} abc:cbd = ab:bd = a:d \\ cbd:fbd = c:f \\ fbd:def = bd:de = b:e \end{array}\right\}。 \qquad [\text{Ⅶ.17}]$$

并且 $\qquad\qquad\qquad a:d = b:e = c:f$。

abc 比 def 等于 abc 比 cbd 的三次比，即 a 比 d 的三次比。

命题 20

如果在两个数之间有一个比例中项数，则这两个数是相似面数。

设在两个数 A，B 之间有一个比例中项数 C。

我断言 A，B 是相似面数。

为此，设取 D，E 是与 A，C 有相同比中的最小数对，$\qquad$ [Ⅶ.33]

所以 D 量尽 A 与 E 量尽 C 有相同的次数。$\qquad$ [Ⅶ.20]

这时，D 量尽 A 有多少次数，就设在 F 中有多少个单位；

所以 F 乘 D 得 A，因此，A 是面数，且 D，F 是它的边。

又因为 D，E 是与 C，B 同比中的最小数对，

所以，D 量尽 C 与 E 量尽 B 有相同的次数。$\qquad$ [Ⅶ.20]

于是，依照 E 量尽 B 有多少次，就设 G 中有多少单位；

于是，依照 G 中的单位数，E 量尽 B，所以 G 乘 E 得 B。

所以 B 是一个面数,且 E,G 是它的边。

故 A,B 是面数。

其次可证它们也是相似的。

因为,F 乘 D 得 A,并且 F 乘 E 得 C,

所以,D 比 E 如同 A 比 C,即如同 C 比 B。 [Ⅶ.17]

又,由于 E 乘 F,G 分别得 C,B,

所以,F 比 G 如同 C 比 B。 [Ⅶ.17]

但是,C 比 B 如同 D 比 E,

所以也有,D 比 E 如同 F 比 G。

又由更比例,D 比 F 如同 E 比 G。 [Ⅶ.13]

故 A,B 是相似面数;因为它们的边成比例。

证完

这个命题是Ⅷ.18 的逆。若 a,c,b 是几何级数,则 a,b 是"相似面数"。

设 $\alpha:\beta$ 是等于 $a:c$(因而也等于 $c:b$)的最小项,则 [Ⅶ.20]

$$a=m\alpha,\ c=m\beta,\ m\ 是某个整数,$$

$$c=n\alpha,\ b=n\beta,\ n\ 是某个整数。$$

于是 a,b 都是两个因子的乘积,即面数。

又 $$\alpha:\beta=a:c=c:b$$

$$=m:n。$$ [Ⅶ.18]

因而 $$\alpha:m=\beta:n。$$ [Ⅶ.13]

所以 $m\alpha,n\beta$ 是相似面数。

[我们的符号使得第二部分更明显,因为 $c=m\beta=n\alpha$。]

命题 21

如果在两个数之间有两个比例中项数,则这两个数是相似体数。

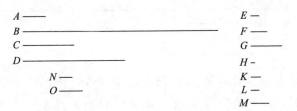

314

设在两个数 A,B 之间有两个比例中项数 C,D。

我断言 A,B 是相似体数。

设取三个数 E,F,G 是与 A,C,D 有相同比中的最小数组； [Ⅶ.33 或Ⅷ.2]

所以它们的两端 E,G 是互素的。 [Ⅷ.3]

这时，由于插在 E,G 之间有一个比例中项数 F，

所以 E,G 是相似面数。 [Ⅷ.20]

又设 H,K 是 E 的边，且 L,M 是 G 的边。

于是，显然由前述命题的 E,F,G 是以 H 与 L 以及 K 与 M 的比成连比例。

这时，由于 E,F,G 是与 A,C,D 有相同比中的最小数组，并且数 E,F,G 的个数等于数 A,C,D 的个数，

所以取首末比，E 比 G 如同 A 比 D。 [Ⅶ.14]

但是，E,G 是互素的，互素的数也是同比中最小的， [Ⅶ.21]

并且有相同比的数对中的最小一对数能分别量尽其他数对，较大的量尽较大的，较小的量尽较小的，即前项量尽前项，后项量尽后项，而且量得的次数相同。 [Ⅶ.20]

所以 E 量尽 A 与 G 量尽 D 有相同的次数。

现在，E 量 A 有多少次，就设在 N 中有多少个单位。

于是，N 乘 E 得 A。

但是 E 是 H,K 的乘积，所以 N 乘 H,K 的积得 A。

故 A 是体数，并且 H,K,N 是它的边。

又，由于 E,F,G 是与 C,D,B 有相同比中的最小数组，

所以 E 量尽 C 与 G 量尽 B 有相同的次数，

这时，E 量尽 C 有多少次，就设 O 中有多少个单位。

于是依照 O 中的单位数，G 量尽 B，所以 O 乘 G 得 B。

但是 G 是 L,M 的乘积，

所以 O 乘 L,M 的积得 B。

所以 B 是体数，并且 L,M,O 是它的边。

故 A,B 是体数。

其次可证它们也是相似的。

因为 N,O 乘 E 得 A,C。

所以，N 比 O 如同 A 比 C，即如同 E 比 F。 [Ⅶ.18]

但是，E 比 F 如同 H 比 L 和 K 比 M；

所以也有，H 比 L 如同 K 比 M 和 N 比 O。

又 H,K,N 是 A 的边,而 O,L,M 是 B 的边。

所以 A,B 是相似体数。

证完

这是Ⅷ.19 的逆。若 a,c,d,b 是几何级数,则 a,b 是"相似体数"。

设 α,β,γ 是 a,c,d(因而也是 c,d,b)的比的最小数组, [Ⅶ.33 或Ⅷ.2]

因而 α,γ 互素。 [Ⅷ.3]

它们也是"相似面数"。 [Ⅷ.20]

设 $\alpha=mn,\gamma=pq,$

其中 $m:n=p:q$。

由Ⅷ.20 的证明,

$$\alpha:\beta=m:p=n:q。$$

由首末比,$a:d=\alpha:\gamma,$ [Ⅶ.14]

因为 α,γ 互素,所以

$a=r\alpha,d=r\gamma,$ 其中 r 是一个整数。

但是 $\alpha=mn,$

因而 $a=rmn,$ 所以 a 是"体数"。

又由首末比,$c:b=\alpha:\gamma,$

因而,$c=s\alpha,b=s\gamma,$ 其中 s 是一个整数。

于是 $b=spq,$ 所以 b 是"体数"。

现在 $\alpha:\beta=\alpha:c=r\alpha:s\alpha$

$$=r:s。$$ [Ⅶ.18]

由上述, $\alpha:\beta=m:p=n:q。$

因而 $r:s=m:p=n:q,$

所以 a,b 是相似体数。

命题 22

如果三个数成连比例,并且第一个是平方数,则第三个也是平方数。

设 A,B,C 是三个成连比例的数,而且第一个数 A 是平方数。

我断言第三个数 C 也是平方数。

因为在 A,C 之间有一个比例中项数 B,所以 A,C 是相似面数。 [Ⅷ.20]

但是 A 是平方数,

故 C 也是平方数。

$$A \;—\!—$$
$$B \;—\!—\!—$$
$$C \;—\!—\!—\!—$$

证完

这只是Ⅷ.20 应用于下述特殊情况,一个"相似面数"是平方数。

命题 23

如果四个数成连比例,而且第一个是立方数,则第四个也是立方数。

设 A,B,C,D 是四个成连比例的数,并且 A 是
立方数。

$$A \;—\!—$$
$$B \;—\!—\!—$$
$$C \;—\!—\!—\!—$$
$$D \;—\!—\!—\!—\!—$$

我断言 D 也是立方数。

因为,A,D 之间有两个比例中项数 B,C,

所以 A,D 是相似体数。   [Ⅷ.21]

但是 A 是立方数,

所以 D 也是立方数。

证完

这只是Ⅷ.21 应用于下述情形,一个"相似立方数"是立方数。

命题 24

如果两个数相比如同两个平方数相比,并且第一个数是平方数,则第二个数也是平方数。

设两个数 A,B 相比同平方数 C 比平方数 D,并且
设 A 是平方数。

$$A \;—\!—\!—\!—\!—$$
$$B \;—\!—\!—\!—$$
$$C \;—\!—\!—$$
$$D \;—\!—$$

我断言 B 也是平方数。

因为 C,D 是平方数,那么 C,D 是相似面数。

所以在两数 C,D 之间有一个比例中项数。   [Ⅷ.18]

又,C 比 D 如同 A 比 B,

所以在 A,B 之间也有一个比例中项数。   [Ⅷ.8]

又 A 是平方数,

所以 B 也是平方数。   [Ⅷ.22]

证完

若 $a:b=c^2:d^2$，并且 a 是一个平方数，则 b 也是一个平方数。

因为 c^2,d^2 有比例中项 cd， [Ⅷ.18]

所以 a,b 也有比例中项。 [Ⅷ.8]

因为 a 是平方数，所以 b 也是平方数。 [Ⅷ.22]

命题 25

如果两个数相比如同两立方数相比，并且第一个数是立方数，则第二个数也是立方数。

设两数 A,B 相比如同立方数 C 比立方数 D，又设 A 是立方数。

我断言 B 也是立方数。

因为 C,D 是立方数，那么 C,D 是相似体数。

所以在 C,D 之间有两个比例中项数。 [Ⅷ.19]

```
A ——
B ————————          E ————————
C ————
D ——————————        F ————
```

又，在 C,D 之间有多少个成连比例的数，那么在与它们有相同比的数之间也就有多少个成连比例的数； [Ⅷ.8]

所以在 A,B 之间也有两个比例中项数。

设它们是 E,F。

其次，由于四个数 A,E,F,B 成连比例，并且 A 是立方数，

故 B 也是立方数。 [Ⅷ.23]

证完

若 $a:b=c^3:d^3$，并且 a 是立方数，则 b 也是立方数。

因为 c^3,d^3 有两个比例中项， [Ⅷ.19]

所以 a,b 也有两个比例中项。 [Ⅷ.8]

因为 a 是立方数，所以 b 也是立方数。 [Ⅷ.23]

命题 26

二相似面数相比如同二平方数相比。

设 A,B 是相似面数。

我断言 A 比 B 如同一个平方数比一个平方数。

因为 A,B 是相似面数,所以在 A,B 之间有一个比例中项数,   [Ⅷ.18]
设这个数是 C。

又取 D,E,F 是与 A,C,B 有相同比中的最小数组。   [Ⅶ.33 或Ⅷ.2]

所以它们的两端 D,F 是平方数。   [Ⅷ.2,推论]

又,由于 D 比 F 如同 A 比 B,并且 D,F 是平方数,

所以 A 比 B 如同一个平方数比一个平方数。

证完

若 a,b 是相似"面数",则可设 c 是它们的比例中项。   [Ⅷ.18]

取 α,β,γ 是 a,c,b 的比的最小数组,   [Ⅶ.33 或Ⅷ.2]

则 α,γ 是平方数。   [Ⅷ.2,推论]

所以 a 比 b 是一个平方数比一个平方数。

命题 27

二相似体数相比如同二立方数相比。

设 A,B 是相似体数。

我断言 A 比 B 如同一个立方数比一个立方数。

因为 A,B 是相似体数,

所以在 A,B 之间有两个比例中项数。   [Ⅷ.19]

设它们是 C,D。

并且取 E,F,G,H 是与 A,C,D,B 有相同比中的最小数组,而且它们的个数
相等,   [Ⅶ.33 或Ⅷ.2]

所以它们的两端 E,H 是立方数。   [Ⅷ.2,推论]

又,E 比 H 如同 A 比 B;

所以也有，A 比 B 如同一个立方数比一个立方数。

证完

这是关于立方数的与Ⅷ.26 相同的事情。其证明也有相同方式，除了用
Ⅷ.19代替Ⅷ.18。

在安那里兹的最后注中提及海伦关于这个命题的注。海伦增加了两个
命题：

1.若两个数的比等于平方数比平方数，则这两个数是相似面数；

2.若两个数的比等于立方数比立方数，则这两个数是相似体数。

这两个命题分别是Ⅷ.26,27 的逆。它们容易证明。

(1)若 $a:b=c^2:d^2$，

则因为 c^2,d^2 有比例中项 cd，　　　　　　　　　　　　　　　　[Ⅷ.11 或 18]

所以 a,b 也有比例中项。　　　　　　　　　　　　　　　　　　　[Ⅷ.8]

因此 a,b 是相似面数。　　　　　　　　　　　　　　　　　　　　[Ⅷ.20]

(2)可类似地证明，使用Ⅷ.12 或 19,Ⅷ.8,Ⅷ.21。

海伦插入的这两个命题的第一个是Ⅷ.26 的逆，它可能有利于改正Ⅸ.10
的正文，尽管它没有给出最容易的证明。参考海伦的关于Ⅶ.3 的推广，这个隐
含在欧几里得的Ⅶ.33 中。

卷 IX

命题 1

如果两个相似面数相乘得某数，则这个乘积是一个平方数。

设 A,B 是两个相似面数，并且设 A 乘 B
得 C。

A ─────────
B ──────────────
C ──────────────────────────
D ──────────────────────────────

我断言 C 是平方数。

为此设 A 自乘得 D，故 D 是平方数。

这时，由于 A 自乘得 D，并且 A 乘以 B 得 C，

所以 A 比 B 如同 D 比 C。   [Ⅶ.17]

又，由于 A,B 是相似面数，

所以在 A,B 之间有一个比例中项数。   [Ⅷ.18]

但是，如果在两个数之间有多少个数成连比例，就在与那些有相同比的数
之间也有多少个数成连比例；   [Ⅷ.8]

这样也在 D,C 之间有一个比例中项数。

又，D 是平方数，

所以 C 也是平方数。   [Ⅷ.22]

证完

两个相似面数的乘积是一个平方数。

设 a,b 是两个相似面数，并且

$$a : b = a^2 : ab_\circ$$ [Ⅶ.17]

又因为 a,b 有比例中项，   [Ⅷ.18]

所以 $a^2 : ab$ 有比例中项。   [Ⅷ.8]

并且 a^2 是平方数，所以 ab 是平方数。   [Ⅷ.22]

命题 2

如果两数相乘得一个平方数,则它们是相似面数。

设 A, B 是两个数,并且设 A 乘以 B 得

平方数 C。

```
A ─────────
B ───────────
C ───────────────────
D ────────────────
```

我断言 A, B 是相似面数。

为此,可设 A 自乘得 D,

于是 D 是平方数。

现在,由于 A 自乘得 D,并且 A 乘 B 得 C,

所以,A 比 B 如同 D 比 C。   [Ⅶ.17]

又,由于 D 是平方数,并且 C 也是平方数,

所以 D, C 都是相似面数。

于是,在数 D, C 之间有一个比例中项数。   [Ⅷ.18]

又,D 比 C 如同 A 比 B,

所以,在 A, B 之间也有一个比例中项数。   [Ⅷ.8]

但是,如果在两个数之间有一个比例中项数,

则它们是相似面数;   [Ⅷ.20]

所以 A, B 是相似面数。

$\qquad\qquad\qquad\qquad\qquad\qquad\qquad\qquad$ **证完**

若 ab 是平方数,则 a, b 是相似平面数。   [Ⅸ.1 的逆]

因为 $\qquad\qquad\qquad a:b=a^2:ab$,   [Ⅶ.17]

并且 a^2, ab 是平方数,因而是相似平面数,它们有比例中项。   [Ⅷ.18]

所以 a, b 也有比例中项,   [Ⅷ.8]

故 a, b 是相似面数。   [Ⅷ.20]

命题 3

如果一个立方数自乘得某一数,则乘积是立方数。

设立方数 A 自乘得 B。

我断言 B 是立方数。

为此,设 C 是 A 的边,且 C 自乘得 D。

于是显然有 C 乘 D 得 A。

现在,由于 C 自乘得 D,

所以依照 C 中的单位数 C 量尽 D。

但是依照 C 中的单位数,单位也量尽 C,

所以,单位比 C 如同 C 比 D。   [Ⅶ. 定义 20]

又,由于 C 乘以 D 得 A,

所以,依照 C 中的单位数,D 量尽 A。

但依照 C 中的单位数,单位量尽 C;

所以,单位比 C 如同 D 比 A。

而单位比 C 如同 C 比 D;

所以也有单位比 C 如同 C 比 D,也如同 D 比 A。

于是在单位与数 A 之间有成连比例的两个比例中项数 C,D。

又,由于 A 自乘得 B,

所以依照 A 中的单位数,A 量尽 B。

但是,依照 A 中的单位数,单位也量尽 A;

所以,单位比 A 如同 A 比 B。   [Ⅶ. 定义 20]

但在单位与 A 之间有两个比例中项数,

所以在 A,B 之间也有两个比例中项数。   [Ⅷ.8]

然而,如果在两个数之间有两个比例中项数,且第一个是立方数,则第二个
也是立方数。   [Ⅷ.23]

又知 A 是立方数,所以 B 也是立方数。

证完

a^3 与自己的乘积 $a^3 \cdot a^3$ 是立方数。

因为 $1 : a = a : a^2 = a^2 : a^3$,

所以在 1 与 a^3 之间有两个比例中项。

又 $1 : a^3 = a^3 : a^3 \cdot a^3$,

所以在 a^3 与 $a^3 \cdot a^3$ 之间有两个比例中项。   [Ⅷ.8]

(事实上,Ⅷ.8 只是关于两对数的,而其证明对一对数中一个是单位也同
样有效。)

并且 a^3 是立方数,所以 $a^3 \cdot a^3$ 也是立方数。   [Ⅷ.23]

命题 4

如果一个立方数乘一个立方数得某个数,则这个乘积也是立方数。

设立方数 A 乘以立方数 B 得 C。

我断言 C 是立方数。

为此,可设 A 自乘得 D,于是,D 是立方数。

$$A \text{———} \quad B \text{———} \quad C \text{—————} \quad D \text{—————}$$

[Ⅸ.3]

又,由于 A 自乘得 D,且 A 乘以 B 得 C,所以,A 比 B 如同 D 比 C。 [Ⅶ.17]

又,由于 A,B 是立方数,那么 A,B 是相似体数。

于是在 A,B 之间有两个比例中项数, [Ⅷ.19]

这样在 D,C 之间也有两个比例中项数。 [Ⅷ.8]

已知 D 是立方数。

所以 C 也是立方数。 [Ⅷ.23]

证完

两个立方数的乘积 $a^3 \cdot b^3$ 是立方数。

因为 $a^3 : b^3 = a^3 \cdot a^3 : a^3 \cdot b^3$, [Ⅶ.17]

并且相似立方数 a^3, b^3 之间有两个比例中项。 [Ⅷ.19]

因而在 $a^3 \cdot a^3, a^3 \cdot b^3$ 之间有两个比例中项。 [Ⅷ.8]

但是 $a^3 \cdot a^3$ 是立方数, [Ⅸ.3]

所以 $a^3 \cdot b^3$ 是立方数。 [Ⅷ.23]

命题 5

如果一个立方数乘以一个数得一个立方数,则这个被乘的数也是一个立方数。

设立方数 A 乘以一数 B 得立方数 C。

我断言 B 是立方数。

为此,设 A 自乘得 D,于是 D 是立方数。

$$A \text{———} \quad B \text{———} \quad C \text{———} \quad D \text{———}$$

[Ⅸ.3]

现在,由于 A 自乘得 D,且 A 乘以 B 得 C,

所以,A 比 B 如同 D 比 C。 [Ⅶ.17]

因 D,C 是立方数,于是它们是相似体数。

所以在 D,C 之间有两个比例中项数。　　　　　　　　[Ⅷ.19]

又,D 比 C 如同 A 比 B,

所以在 A,B 之间也有两个比例中项数。　　　　　　　[Ⅷ.8]

已知 A 是立方数,所以 B 也是立方数。　　　　　　　[Ⅷ.23]

证完

若 a^2b 是一个立方数,则 b 也是立方数。

由Ⅸ3,乘积 $a^3 \cdot a^3$ 是立方数。

并且　　　　　　　　　　$a^3 \cdot a^3 : a^3b = a^3 : b$。　　　　[Ⅶ.17]

前两项是立方数,因而是"相似体数";所以它们之间有两个比例中项。

　　　　　　　　　　　　　　　　　　　　　　　　　　　[Ⅷ.19]

因而在 a^3,b 之间有两个比例中项。　　　　　　　　　[Ⅷ.8]

并且 a^3 是立方数,所以 b 是立方数。　　　　　　　[Ⅷ.23]

命题 6

如果一个数自乘得一个立方数,则它本身也是立方数。

设数 A 自乘得立方数 B。

我断言 A 也是立方数。

为此,设 A 乘以 B 得 C。

此时,由于 A 自乘得 B,并且 A 乘以 B 得 C,

所以 C 是立方数。

又,由于 A 自乘得 B,

所以依照 A 中的单位数,A 量尽 B。

但是依照 A 中的单位数,单位也量尽 A。

所以,单位比 A 如同 A 比 B。　　　　　　　　　　[Ⅶ.定义20]

又,因为 A 乘以 B 得 C,

所以依照 A 中的单位数,B 量尽 C。

但依照 A 中的单位数,单位也量尽 A。

所以,单位比 A 如同 B 比 C。　　　　　　　　　　[Ⅶ.定义20]

但是,单位比 A 如同 A 比 B,

所以也有,A 比 B 如同 B 比 C。

A ————

B ——————

C ————————

又由于 B,C 是立方数,于是它们是相似体数。

所以在 B,C 之间有两个比例中项数。　　　　　　　　　　　　[Ⅷ.19]

又,B 比 C 如同 A 比 B。

所以在 A,B 之间也有两个比例中项数。　　　　　　　　　　[Ⅷ.8]

又 B 是立方数,

所以,A 也是立方数。　　　　　　　　　　　　　　　　　[Ⅷ.23]

证完

若 a^2 是立方数,则 a 也是立方数。

因为 $1:a=a:a^2=a^2:a^3$。

现在 a^2,a^3 都是立方数,因而是"相似立方数",所以它们之间有两个比例中项。　　　　　　　　　　　　　　　　　　　　　　　　[Ⅷ.19]

因而在 a,a^2 之间有两个比例中项。　　　　　　　　　　　[Ⅷ.8]

并且 a^2 是立方数,所以 a 也是立方数。　　　　　　　　[Ⅷ.23]

注意,最后一步不是正好引用Ⅷ.23 的结论,由于在那里四个项中的第一个是已知的立方数,并且证明了最后一项是立方数;此处的情形是相反的。但是没有困难。不必把这个命题反过来,我们只要参考Ⅷ.21,它证明了具有两个比例中项的 a,a^2 是两个相似体数;因为 a^2 是立方数,所以 a 也是立方数。

命题 7

如果一个合数乘一数得某数,则这个乘积是体数。

设合数 A 乘一数 B 得 C。

我断言 C 是体数。

因为,由于一个合数 A 能被某

数 D 量尽。　　　　　　　[Ⅶ.定义 13]

设数 D 量尽 A 的次数为 E,

于是 D 乘以 E 得 A,

所以 A 是 D,E 的乘积。

而且,依照 D 量尽 A 有多少次,就设 E 中有同样多少单位。

这时,由于依照 E 中的单位个数,D 量尽 A,

所以 E 乘 D 得 A。　　　　　　　　　　　　　　　　[Ⅶ.定义 15]

又由于 A 乘以 B 得 C,又 A 是 D,E 的乘积,

所以 D，E 的乘积乘以 B 得 C。

因此，C 是体数，且 D，E，B 分别是它的边。

证完

因为一个合数是两个因数的乘积，所以它乘以另一个数的结果是三个因数的乘积，即一个"体数"。

命题 8

如果从单位开始任意给定成连比例的若干个数，那么由单位起的第三个是平方数，并且以后每隔一个就是平方数；第四个是立方数，以后每隔两个就是立方数；第七个既是立方数也是平方数，并且以后每隔五个既是立方数也是平方数。

设由单位开始有一些数 A，B，C，D，E，F 成连比例。

我断言由单位起的第三个数 B 是平方数，以后每隔一个就是平方数；C 是第四个数，它是立方数，以后每隔两个就是立方数；F 是第七个数，它既是立方数也是平方数，以后每隔五个既是立方数也是平方数。

因为，由于单位比 A 如同 A 比 B，所以，单位量尽 A 与 A 量尽 B 有相同的次数。　　　　　　　　　　　　　　　　　　　　　　[Ⅶ. 定义 20]

但依照 A 中的单位数，单位量尽 A，所以，依照 A 中的单位数，A 也量尽 B。

所以 A 自乘得 B，

于是，B 是平方数。

又由于 B，C，D 成连比例，且 B 是平方数，

所以 D 也是平方数。　　　　　　　　　　　　　　　　　　　[Ⅷ. 22]

同理，F 也是平方数。

类似地，我们可以证明，每隔一个数就是一个平方数。

其次可证 C 是由单位起的第四个数，它是立方数，以后每隔两个都是立方数。

因为单位比 A 如同 B 比 C，

所以单位量尽数 A 与 B 量尽 C 有相同的次数。

但依照 A 中的单位数，单位量尽 A，

所以依照 A 中的单位数，B 量尽 C。

于是 A 乘以 B 得 C。

这时,由于 A 自乘得 B,且 A 乘 B 得 C,

所以 C 是立方数。

又由于 C,D,E,F 成连比例,且 C 是立方数,

所以 F 也是立方数。 [Ⅷ.23]

但它已被证明也是平方数,

所以,由单位起第七个数既是立方数也是平方数。

类似地,我们可以证明以后所有那些每隔五个数的数既是平方数也是立方数。

证完

若 $1,a_2,a_3,\cdots$ 是几何级数,则 $a_2,a_4,a_6,\cdots$ 是平方数;$a_3,a_6,a_9,\cdots$ 是立方数;$a_6,a_{12},\cdots$ 既是平方数又是立方数。

因为 $1:a = a:a_2$,

所以 $a_2 = a^2$。

又因为 a_2,a_3,a_4 是几何级数,并且 $a_2(=a^2)$ 是平方数,所以

a_4 是平方数。 [Ⅷ.22]

类似地,$a_6,a_8,\cdots$ 是平方数。

其次, $1:a = a_2:a_3$

$= a^2:a_3$,

因此 $a_3 = a^3$ 是立方数。

又因为 a_3,a_4,a_5,a_6 是几何级数,并且 a_3 是立方数,所以

a_6 是立方数。 [Ⅷ.23]

类似地,$a_9,a_{12},\cdots$ 是立方数。

显然,$a_6,a_{12},a_{18},\cdots$ 既是平方数又是立方数。

若把几何级数写成

$$1,a,a^2,a^3,a^4,\cdots,a^n$$

则其所有结论是显然的。

命题 9

由单位开始给定成连比例的任意多个数,如果单位后面的数是平方数,则

所有其余的数也是平方数。如果单位后面的数是立方数,则所有其余的数也是立方数。

设由单位起给定成连比例的几个数 A,B,C,D,E,F,并且设单位后面的数 A 是平方数。

我断言所有其余的数也是平方数。

现在已证明了,由单位起第三个数 B 是平方数,而且以后每隔一个数也是平方数;   [Ⅸ.8]

我断言所有其余的数也是平方数。

因为 A,B,C 成连比例,并且 A 是平方数,

所以,C 也是平方数,   [Ⅷ.22]

又,因为 B,C,D 成连比例,并且 B 是平方数,

所以 D 也是平方数。   [Ⅷ.22]

类似地,我们可证明所有其余的数也是平方数。

其次,设 A 是立方数,

我断言所有其余的数也是立方数。

现在,已证明了由单位起第四个数 C 是立方数,以后每隔两个都是立方数;

[Ⅸ.8]

我断言所有其余的数也是立方数。

因为,由于单位比 A 如同 A 比 B,

所以,单位量尽 A 与 A 量尽 B 有相同的次数。

但依照 A 中的单位数,单位量尽 A。

所以依照 A 中的单位数,A 也量尽 B。

因此 A 自乘得 B。

又,A 是立方数。

但是,如果一个立方数自乘得某个数,其乘积也是立方数。   [Ⅸ.3]

所以 B 也是立方数。

又,由于 A,B,C,D 成连比例,且 A 是立方数,

于是 D 也是立方数。   [Ⅷ.23]

同理,E 也是立方数,类似地,所有其余的数也是立方数。

$$A \; \underline{}$$
$$B \; \underline{}$$
$$C \; \underline{}$$
$$D \; \underline{}$$
$$E \; \underline{}$$
$$F \; \underline{}$$

证完

若 1, a^2, a_2, a_3, a_4,$\cdots$ 是几何级数,则 a_2, a_3, a_4,$\cdots$ 都是平方数;并且若 1, a^3, a_2, a_3, a_4,$\cdots$ 是几何级数,则 a_2, a_3, a_4,$\cdots$ 都是立方数。

（1）由IX.8，a_2，a_4，a_6，…都是平方数。

又 a^2，a_2，a_3 是几何级数，并且 a^2 是平方数，所以

$$a_3 \text{ 是平方数}。 \qquad [\text{VIII.22}]$$

同样的理由，a_5，a_7，…都是平方数。

（2）由IX.8，a_3，a_6，a_9，…都是立方数。

现在 $1 : a^3 = a^3 : a_2$，

所以 $a_2 = a^3 \cdot a^3$ 是立方数。 $\qquad [\text{IX.3}]$

又 a^3，a_2，a_3，a_4 是几何级数，并且 a^3 是立方数，所以

a_4 是立方数。 $\qquad [\text{VIII.23}]$

类似地可证 a_5 是立方数，等等。

这些结论也是显然的，若写成

（1）1，a^2，a^4，a^6，…，a^{2n}，

（2）1，a^3，a^6，a^9，…，a^{3n}。

命题 10

由单位开始给定成连比例的任意多个数，如果单位后面的数不是平方数，那么除去由单位起的第三个和每隔一个数以外，其余的数都不是平方数。又，如果单位后面的数不是立方数，那么，除去由单位起第四个和每隔两个数以外，其余的数都不是立方数。

设由单位开始有成连比例的几个数 A，B，C，D，E，F，并且设单位后面的数 A 不是平方数。

我断言除由单位起第三个和每隔一个数以外的任何其余的数都不是平方数。

因为，如果可能，设 C 是平方数，但 B 也是平方数。 $\qquad [\text{IX.8}]$

A ————
B ————
C —————
D —————
E ——————
F ———————

［于是 B，C 相比如同一个平方数比一个平方数。］

又，B 比 C 如同 A 比 B，

所以 A，B 相比如同一个平方数比一个平方数。

这样 A，B 是相似平面数。 $\qquad [\text{VIII.26，逆命题}]$

又 B 是平方数，所以 A 也是平方数：这与假设矛盾。

所以 C 不是平方数。

类似地,我们能证明除由单位起的第三个和每隔一个以外的任何其余的数都不是平方数。

其次,设 A 不是立方数。

我断言除由单位起第四个和每隔两个数以外的任何其余的数都不是立方数。

因为,如果可能,设 D 是立方数。

现在 C 也是立方数,因为它是由单位起的第四个。 [IX.8]

又,C 比 D 如同 B 比 C,

所以,B 比 C 如同一个立方数比一个立方数。

并且 C 是立方数,所以 B 也是立方数。 [VIII.25]

因为单位比 A 如同 A 比 B,

又依照 A 中的单位数,单位量尽 A,

所以依照 A 中的单位数,A 量尽 B。

这样 A 自乘得立方数 B。

但是,如果一个数自乘得一个立方数,它自己也是立方数。 [IX.6]

所以,A 也是立方数:这与假设矛盾。

于是 D 不是立方数。

类似地,我们能证明由单位起的第四个和以后每隔两个数以外的任何其余的数都不是立方数。

证完

若 $1,a,a_2,a_3,a_4,\cdots$ 是几何级数,则(1)若 a 不是平方数,则除了 $a_2,a_4,a_6,\cdots$ 之外,其余的数都不是平方数;(2)若 a 不是立方数,则除了 $a_3,a_6,a_9,\cdots$ 之外,其余的数都不是立方数。

关于这个证明的第一部分,即证明了若 a_2 是平方数,则 a 必然是平方数,海伯格指出,用括号括起来的话可能是伪造的;因为使用VIII.24比使用VIII.26的逆更容易,并且在第二部分使用VIII.24优于使用VIII.25。我同意这个观点并且把对应的话括了起来。若采用这个变化,其证明如下:

(1)若可能,设 a_3 是平方数。

现在 $a_2:a_3=a:a_2$。

但是 a_2 是平方数。 [IX.8]

所以 a 比 a_2 是一个平方数比一个平方数,并且 a_2 是平方数;

因此 a 是平方数[VIII.24]:这是不可能的。

（2）若可能，设 a_4 是立方数。

现在 $a_3 : a_4 = a_2 : a_3$。

并且 a_3 是立方数。   [IX.8]

所以 a_2 比 a_3 是一个立方数比一个立方数。

并且 a_3 是立方数；

因此 a_2 是立方数。   [VIII.25]

因为 $1 : a = a : a_2$，

所以 $a_2 = a^2$。

又因为 a^2 是立方数，所以 a 必然是立方数[IX.6]：这是不可能的。

此处引用的命题VIII.24,25 不是完全相同的形式，其中第一个与第二个平方或立方改变了位置。但是没有困难，因为证明这个定理的方法说明两个推理同样正确。

命题 11

如果由单位开始给定成连比例的任意多个数，则按照连比例中的位置，较小者量尽较大者。

设由单位 A 起，数 B,C,D,E 成连比例。

我断言用 B,C,D,E 中的最小数 B 量尽 E，量尽的次数是数 C,D 中的一个。

因为单位 A 比 B 如同 D 比 E，

所以单位 A 量尽数 B 与 D 量尽 E 有相同的次数；

所以单位 A 量尽 D 与 B 量尽 E 有相同的次数。   [VII.15]

但 A 量尽 D 的次数是 D 中的单位数，所以 B 量尽 E 的次数是 D 中的单位数。

这样，较小数 B 量尽较大数 E 的次数是 D。

推论 明显地，由单位开始的成连比例的数中任一数量它以后某数得到一数，此数是被量数以前的某一数。

                                                        证完

这个命题及其推论断言，若 $1,a_1,a_2,\cdots,a_n$ 是几何级数，则 a_r 量尽 a_n，并且其商是 $a_{n-r}(r<n)$。

欧几里得只证明了 $a_n = a \cdot a_{n-1}$。

因为 $1 : a = a_{n-1} : a_n$，

所以 1 量尽 a 的次数等于 a_{n-1} 量尽 a_n 的次数。

因此 1 量尽 a_{n-1} 的次数等于 a 量尽 a_n 的次数。 ［Ⅶ.15］

即 $a_n = a \cdot a_{n-1}$。

我们可以如下补充其推论的证明。

$$1 : a = a_r : a_{r+1},$$

$$a : a_2 = a_{r+1} : a_{r+2},$$

$$\cdots\cdots$$

$$a_{n-r-1} : a_{n-r} = a_{n-1} : a_n,$$

由首末比

$$1 : a_{n-r} = a_r : a_n。 \qquad ［Ⅶ.14］$$

如前可推出

$$a_n = a_r \cdot a_{n-r}。$$

用指数的符号，有

$$a^{m+n} = a^m \cdot a^n。$$

命题 12

如果由单位起有任意个成连比例的数，无论有多少个素数量尽最后一个数，则同样的素数也量尽单位之后的那个数。

$$
\begin{array}{ll}
A \text{——} & F \text{————————} \\
B \text{————} & G \text{——————————} \\
C \text{——————} & H \text{————————} \\
D \text{————————} & \\
E \text{—} & \\
\end{array}
$$

设由单位起有成连比例的几个数 A, B, C, D。

我断言不论有几个素数量尽 D, A 也被同样的素数所量尽。

设 D 被某个素数 E 量尽，我断言 E 量尽 A。

为此假设它量不尽 A。

现在 E 是素数，又任何素数与它量不尽的数是互素的，所以 E, A 是互素的。 ［Ⅶ.29］

又，由于 E 量尽 D，设依照 F, E 量尽 D，所以 E 乘以 F 得 D。

又，由于依照 C 中的单位数，A 量尽 D， ［Ⅸ.11 和推论］

333

所以 A 乘以 C 得 D。

但是还有，E 乘以 F 得 D，

所以 A,C 的乘积等于 E,F 的乘积。

于是，A 比 E 如同 F 比 C。　　　　　　　　　　　　　　［Ⅶ.19］

但 A,E 是互素的，

互素的数也是最小的。　　　　　　　　　　　　　　　　　　［Ⅶ.21］

并且有相同比的数中的最小者以同样的次数量尽那些数，即前项量尽前项且后项量尽后项，　　　　　　　　　　　　　　　　　　　　［Ⅶ.20］

所以，设依照数 G，E 量尽 C，所以 E 乘以 G 得 C。

但，由前述的命题，

A 乘以 B 也得 C。　　　　　　　　　　　　　　　　［Ⅸ.11 和推论］

所以 A,B 的乘积等于 E,G 的乘积。

因此，A 比 E 如同 G 比 B。　　　　　　　　　　　　［Ⅶ.19］

但 A,E 是互素的，

而互素的数也是最小的。　　　　　　　　　　　　　　　　　［Ⅶ.21］

并且有相同比的数中的最小者以同样的次数量尽那些数，即前项量尽前项且后项量尽后项，　　　　　　　　　　　　　　　　　　　　［Ⅶ.20］

所以，设依照 H，E 量尽 B，所以 E 乘以 H 得 B。

但还有 A 自乘也得 B，　　　　　　　　　　　　　　　　　［Ⅸ.8］

所以 E,H 的积等于 A 的平方。

所以 E 比 A 如同 A 比 H。　　　　　　　　　　　　　　［Ⅶ.19］

但 A,E 是互素的，

互素的数也是最小的。　　　　　　　　　　　　　　　　　　［Ⅶ.21］

并且有相同比的数中最小者量那些数时有相同次数，即前项量尽前项且后项量尽后项，　　　　　　　　　　　　　　　　　　　　　［Ⅶ.20］

所以 E 量尽 A，即前项量尽前项。

但，已假定 E 量不尽 A：这是不可能的。

所以 E,A 不是互素的。

因此，它们是互为合数的。

但是互为合数时可被某一数量尽。　　　　　　　　　　　　［Ⅶ.定义14］

又，由于按假设 E 是素数，且素数是除自己外不被任何数量尽，

所以 E 量尽 A,E，这样 E 量尽 A。

［但它也量尽 D，于是 E 量尽 A,D。］

类似地,我们能证明,无论有几个素数能量尽 D,A 也将被同一素数量尽。

证完

若 $1,a,a_2,\cdots,a_n$ 是几何级数,并且素数 p 量尽 a_n,则 p 也量尽 a。

若假定 p 不能量尽 a,则 p,a 互素。 [Ⅶ.29]

假定 $a_n = m \cdot p$。

现在 $a_n = a \cdot a_{n-1}$。 [Ⅸ.11]

所以 $a \cdot a_{n-1} = m \cdot p$,

并且 $a : p = m : a_{n-1}$。 [Ⅶ.19]

因此,由于 a,p 互素,所以

p 量尽 a_{n-1}。 [Ⅶ.20,21]

重复同样的推理,可以证明 p 量尽 $a_{n-1},a_{n-3},\cdots$ 最后 p 量尽 a。

但是假设 p 不能量尽 a:这是不可能的。

因此 p,a 不是互素的,所以有公因子。 [Ⅶ.定义 14]

但是 p 是素数,所以 p 量尽 a。

海伯格指出,欧几里得本人证明了 E 量尽 A,上述括起来的话是不必要的,因而这可能是插入的。

命题 13

如果由单位开始有任一多个成连比例的数,而且单位后面的数是素数,那么,除这些成比例的数以外,任何数都量不尽其中最大的数。

设由单位起给定成连比例的几个数 A,B,C,D,且单位后面的数 A 是素数。

我断言除 A,B,C 以外任何其他的数都量不尽它们中最大的数 D。

因为,如果可能,设它被 E 量尽,且 E 不同于 A,B,C 中任何一个,显然 E 不是素数。

因为,如果 E 是素数,而且量尽 D,

它也量尽素数 A, [Ⅸ.12]

然而它不同于 A:这是不可能的。

335

所以 E 不是素数,因而它是合数。

但是任何合数都要被某一个素数量尽,　　　　　　　　　　　　[Ⅶ.31]

所以 E 被某一素数量尽。

其次可证除 A 外它不被任何另外的素数量尽。

因为,如果 E 被另外的素数量尽,而 E 量尽 D。

则这个另外的数也将量尽 D。

这样,它也量尽素数 A,　　　　　　　　　　　　　　　　　[Ⅸ.12]

然而它不同于 A:这是不可能的。

所以 A 量尽 E。

而且,因为 E 量尽 D,设 E 依照 F 量尽 D。

我断言 F 不同于数 A,B,C 中任何一个。

因为,如果 F 与数 A,B,C 中一个相同,依照 E 量尽 D,则数 A,B,C 中之一也依照 E 量尽 D。

但数 A,B,C 中之一依照数 A,B,C 之一量尽 D,　　　　　　[Ⅸ.11]

所以 E 必须与 A,B,C 中之一相同:这与假设矛盾。

于是 F 不同于 A,B,C 中任何一个。

类似地,我们能证明 F 被 A 所量尽,现只需再证明 F 不是素数。

因为,如果它是素数,且量尽 D,

它也量尽素数 A,　　　　　　　　　　　　　　　　　　　[Ⅸ.12]

然而它不同于 A:这是不可能的。

于是 F 不是素数,因此它是合数。

但是任何合数都要被某一个素数量尽,　　　　　　　　　　　　[Ⅶ.31]

于是 F 被某一个素数量尽。

其次可证除 A 以外 F 不能被任何另外的素数所量尽。

因为,如果有另外的素数量尽 F,且 F 量尽 D,那么这个另外的素数也可量尽 D,

这样它也量尽素数 A,　　　　　　　　　　　　　　　　　[Ⅸ.12]

然而它不同于 A:这是不可能的。

于是 A 量尽 F。

于是依照 F,E 量尽 D,所以 E 乘以 F 得 D。

但,还有 A 乘以 C 也得 D,　　　　　　　　　　　　　[Ⅸ.11]

所以 A,C 的乘积等于 E,F 的乘积。

所以有比例,A 比 E 如同 F 比 C。　　　　　　　　　　[Ⅶ.19]

但 A 量尽 E,所以 F 也量尽 C。

设它依照 G 量尽它。

类似地,我们能证明 G 不同于 A,B 中的任何一个,并且 A 量尽它。

又,因为 F 依照 G 量尽 C,所以 F 乘以 G 得 C。

但,还有 A 乘以 B 也得 C, [Ⅸ.11]

所以 A,B 的乘积等于 F,G 的乘积。

于是,有比例,A 比 F 如同 G 比 B。 [Ⅶ.19]

但 A 量尽 F,所以 G 也量尽 B。

设它依照 H 量尽它。

类似地,我们能证明 H 与 A 不同。

又,由于 G 依照 H 量尽 B,所以 G 乘以 H 得 B。

但,还有 A 自乘得 B, [Ⅸ.8]

所以 H,G 的乘积等于 A 的平方。

于是,H 比 A 如同 A 比 G。 [Ⅶ.19]

但 A 量尽 G,所以 H 也量尽素数 A,而 H 不同于 A:这是不合理的。

所以除 A,B,C 以外任何另外的数量不尽最大的数 D。

证完

若 $1,a,a_2,\cdots,a_n$ 是几何级数,并且若 a 是素数,则 a_n 不能被任意数量尽,除了它前面的项。

设 a_n 被 b 量尽,b 不同于 a_n 前面的所有项。

则 b 不是素数,否则它会量尽 a, [Ⅸ.12]

因而 b 是合数,它被某个素数 p 量尽。 [Ⅶ.31]

于是 p 必然量尽 a_n,因而量尽 a[Ⅸ.12];故 p 不能不同于 a,因而 b 不能被除了 a 之外的任意素数量尽。

假定 $$a_n = b \cdot c。$$

c 不可能等于任一项 $a,a_2,\cdots,a_{n-1}$;否则,b 就会等于它们中的另一项:

[Ⅸ.11]

这与假设矛盾。

我们也可以证明(正如关于 b)c 不可能是素数,并且不能被除了 α 之外的任何素数量尽。

因为 $$b \cdot c = a_n = a \cdot a_{n-1},$$ [Ⅸ.11]

所以 $$a : b = c : a_{n-1}。$$

因为 a 量尽 b，所以　　　　c 量尽 a_{n-1}。

设　　　　　　　　　　　$a_{n-1} = c \cdot d$。

我们可以同样证明 d 不可能等于 $a, a_2, \cdots, a_{n-2}$ 中的任一项，它不是素数，并且不能被除了 a 之外的任何素数量尽，因而

$$d \text{ 量尽 } a_{n-2}。$$

沿着这个方式进行，我们最后得到因子 k，它可以量尽 a，但不同于 a：这是不可能的，因为 a 是素数。

于是原来的假定 a_n 可以被一个不同于 $a, a_2, \cdots, a_{n-1}$ 的数 b 量尽是不正确的。

命题 14

如果一个数是被一些素数能量尽的最小者，那么，除原来量尽它的素数外任何另外的素数量不尽这个数。

设数 A 是被素数 B, C, D 量尽的最小数。

我断言除 B, C, D 以外任何另外的素数都量不尽 A。

因为，如果可能，设素数 E 能量尽它，并且 E 和 B, C, D 中任何一个不相同。

现在，因为 E 量尽 A，设它依照 F 量尽 A；

所以 E 乘 F 得 A。

又，A 被素数 B, C, D 量尽。

但，如果两个数相乘得某数，并且任一素数量尽这个乘积，它也量尽原来两数中的一个；　　　　　　　　　　　　　　　　　　　　　　　　［Ⅶ.30］

所以 B, C, D 量尽数 E, F 中的一个。

现在它们量不尽 E，

因为 E 是素数且不同于数 B, C, D 中的任何一个。

于是它们量尽 F，而 F 小于 A：这是不可能的，

因为假设 A 是被 B, C, D 量尽的最小数。

所以除 B, C, D 外没有素数量尽 A。

证完

338

换句话说,一个数只能用一种方法被分解为素因子。

设 a 是被每一个素数 $b,c,d,\cdots,k$ 量尽的最小数。

若假设 a 有一个不同于 $b,c,d,\cdots,k$ 的素因子 p。

设　　　　　　　　　　　 $a = p \cdot m$。

现在因为 $b,c,d,\cdots,k$ 量尽 a,所以必然量尽两个因子 p,m 之一。　　[Ⅶ.30]

由假设,它们不能量尽 p;所以它们必须量尽小于 a 的数 m:这与假设矛盾。

所以 a 没有除了 $b,c,d,\cdots,k$ 之外的素因子。

命题 15

如果成连比例的三个数是那些与它们有相同比的数组中的最小数组,则它们中任何两个的和与其余一数互素。

设三个成连比例的数 A,B,C 是与它们有相同比中的最小者。

我断言数 A,B,C 中任何两个的和与其余一个数互素,

即 A,B 之和与 C 互素;B,C 之和与 A 互素;A,C 之和与 B 互素。

为此,设二数 DE,EF 是给定的与 A,B,C 有相同比的数中最小者。　　[Ⅷ.2]

显然,DE 自乘得 A,并且 DE 乘以 EF 得 B,还有 EF 自乘得 C。　　[Ⅷ.2]

现在,由于 DE,EF 是最小的,

它们是互素的。　　[Ⅶ.22]

但是,如果两个数是互素的,

它们的和也与每一个互素,　　[Ⅶ.28]

于是 DF 也与数 DE,EF 每一个互素。

但是还有 DE 也与 EF 互素,

所以 DF,DE 与 EF 互素。

但是,如果两个数与任一数互素,

它们的乘积也与该数互素;　　[Ⅶ.24]

这样,FD,DE 的乘积与 EF 互素。

因此,FD,DE 的乘积也与 EF 的平方互素。　　[Ⅶ.25]

但是 FD,DE 的乘积是 DE 的平方与 DE,EF 乘积的和,　　[Ⅱ.3]

所以,DE 的平方与 DE,EF 的乘积的和与 EF 的平方互素。

又,DE 的平方是 A,DE,EF 的乘积是 B;而 EF 的平方是 C;

所以 A,B 的和与 C 互素。

类似地,我们能证明 B,C 的和与 A 互素。

其次可证 A,C 的和也与 B 互素。

因为 DF 与 DE,EF 中的每一个互素,

所以 DF 的平方也与 DE,EF 的乘积互素。 ［Ⅶ.24.25］

但是 DE,EF 的平方加上 DE,EF 乘积的二倍等于 DF 的平方, ［Ⅱ.4］

所以 DE,EF 的平方加上 DE,EF 乘积的二倍与 DE,EF 的乘积互素。

取分比,DE,EF 的平方与 DE,EF 乘积的和与 DE,EF 的乘积互素。

因此,再取分比,DE,EF 的平方与 DE,EF 的乘积互素。

又,DE 的平方是 A,DE,EF 的乘积是 B,

而 EF 的平方是 C。

所以 A,C 的和与 B 互素。

证完

若 a,b,c 是几何级数,并且是具有给定公比的最小项,则 $(b+c)$,$(c+a)$,$(a+b)$ 分别与 a,b,c 互素。

设 $\alpha:\beta$ 是具有这个公比的最小项,故这个几何级数是

$$\alpha^2,\quad \alpha\beta,\quad \beta^2。 \qquad ［Ⅷ.2］$$

现在因为 α,β 互素,所以 $\alpha+\beta$ 与 α 和 β 互素。 ［Ⅶ.28］

因而 $(\alpha+\beta)$,α 都与 β 互素。

故 $(\alpha+\beta)\alpha$ 与 β 互素, ［Ⅶ.24］

$\qquad\qquad$ 与 β^2 互素; ［Ⅶ.25］

即 $\alpha^2+\alpha\beta$ 与 β^2 互素。

或者说 $a+b$ 与 c 互素。

类似地,$\alpha\beta+\beta^2$ 与 α^2 互素。

或者说 $b+c$ 与 a 互素。

最后,因为 $\alpha+\beta$ 与 α 和 β 互素,所以

$(\alpha+\beta)^2$ 与 $\alpha\beta$ 互素。 ［Ⅶ.24,25］

或者 $\alpha^2+\beta^2+2\alpha\beta$ 与 $\alpha\beta$ 互素。

因此 $\alpha^2+\beta^2$ 与 $\alpha\beta$ 互素。

后面的推理可以用康曼丁奥斯的反证法证明。

若 $\alpha^2+\beta^2$ 与 $\alpha\beta$ 不是互素的,设 x 量尽它们,因而 x 量尽 $\alpha^2+\beta^2+2\alpha\beta$ 以及 $\alpha\beta$;

故 $\alpha^2 + \beta^2 + 2\alpha\beta$ 与 $\alpha\beta$ 不是互素的,这与假设矛盾。

命题 16

如果两数是互素的,则第一个数比第二个数不同于第二个与任何另外的数相比。

设两数 A,B 互素。

我断言 A 比 B 不同于 B 比任何另外的数。

因为,如果可能,设 A 比 B 如同 B 比 C。

现在 A,B 是互素的,

互素的数也是最小的, [Ⅶ.21]

并且有相同比的数中的最小者以相同的次数量尽其他的数,前项量尽前项,后项量尽后项。 [Ⅶ.20]

于是作为前项量尽前项,A 量尽 B。

但它也量尽自身,

于是 A 量尽互素的数 A,B:这是不合理的。

于是 A 比 B 不同于 B 比 C。

证完

若 a,b 互素,则它们不可能有第三个整数的比例项。

若可能,令

$$a : b = b : x。$$

因而[Ⅶ.20,21]a 量尽 b;并且 a,b 有公因数 a,与假设矛盾。

命题 17

如果有任意多个数成连比例,而且它们的两端是互素的,那么,第一个比第二个不同于最后一个比任何另外一个数。

设有成连比例的数 A,B,C,D,并且设它们的两端 A,D 互素。

我断言 A 比 B 不同于 D 比任何另外的数。

因为,如果可能,设 A 比 B 如同 D 比 E,

由更比例，A 比 D 如同 B 比 E。 [Ⅶ.13]

但 A,D 是互素的，

互素的数也是最小的。 [Ⅶ.21]

并且有相同比的数中最小者量其他数有相同的次数，即前项量尽前项，后项量尽后项。 [Ⅶ.20]

由于 A 量尽 B。

又 A 比 B 如同 B 比 C。

所以 B 也量尽 C，这样 A 也量尽 C。

又由于，B 比 C 如同 C 比 D，并且 B 量尽 C，

所以 C 也量尽 D。

但 A 也量尽 C，这样 A 也量尽 D。

但它也量尽自己，

所以 A 量尽互素的 A,D：这是不可能的。

所以 A 比 B 不同于 D 比任何另外的数。

证完

若 $a,a_2,a_3,\cdots,a_n$ 是几何级数，并且 a,a_n 互素，则 a,a_2,a_n 不可能有第四个整数的比例项。

若可能，令

$$a : a_2 = a_n : x。$$

所以 $$a : a_n = a_2 : x,$$

因而[Ⅶ.20,21]a 量尽 a_2。

所以 a_2 量尽 a_3， [Ⅶ.定义20]

因而 a 量尽 a_3，并且最后量尽 a_n。

于是 a,a_n 都被 a 量尽：这与题设矛盾。

命题 18

给定两个数，研究对它们是否可能有第三比例项。

设 A,B 是给定的两个数，我们来研究它们是否可能有第三个比例项。

现在 A,B 互素或者不互素。

如果它们是互素的，已经证明过不可能找到和它们成比例的第三个数。

[Ⅸ.16]

其次,设 A,B 不互素,并且设 B 自乘得 C。

那么,A 量尽 C 或者量不尽 C。

首先,设 A 依照 D 量尽 C,则 A 乘 D 得 C。

但 B 自乘得 C,那么 A,D 的乘积等于 B 的平方。

所以 A 比 B 如同 B 比 D。   [Ⅶ.19]

于是对 A,B 已经求到了第三个比例项 D。

接着,设 A 量不尽 C。

我断言对 A,B 求第三个比例项是不可能的。

因为,如果可能,设已求到第三个比例项 D。

于是 A,D 的乘积等于 B 的平方。

但 B 的平方等于 C,所以 A,D 的乘积等于 C。

因此,A 乘以 D 等于 C,

所以依照 D,A 量尽 C。

但是由假设,A 量不尽 C:这是不合理的。

于是,当 A 量不尽 C 时,对数 A,B 不可能找到第三比例项。

证完

给定两个数 a,b,求它们可以有第三个比例项的条件。

(1)a,b 必然不是互素的。   [Ⅸ.16]

(2)a 必然量尽 b^2。

事实上,若 a,b,c 成连比例,则

$$ac = b^2。$$

所以 a 量尽 b^2。

条件(1)包括在条件(2)中,因为若 $b^2 = ma$,则 a 与 b 不可能互素。

容易看出三个成连比例的项应当是

$$a, \ a\frac{b}{a}, \ a(\frac{b}{a})^2。$$

命题 19

给定三个数,试研究对它们如何能找到第四比例项。

设 A, B, C 是三个给定的数,我们来研究对它们如何可以找到第四比例项。

A ———————
B ———————
C ———————————
D ———————————————
E —————————————————————

现在,或者它们不是连比例,而它们的两端是互素的;或者它们成连比例,而它们的两端不是互素的;或者它们既不成连比例,两端也不是互素的;或者它们成连比例,而且它们的两端是互素的。

如果,这时 A, B, C 成连比例,而且它们的两端 A, C 是互素的,则已经证明了对它们不可能找到第四比例项。 [ⅨⅩ.17]

[其次,设 A, B, C 不构成连比例,而两端仍然是互素的。

我断言在这种情形里,对它们也不可能找到第四比例项。

因为,如果可能,设第四比例项 D 已找到,使得

A 比 B 如同 C 比 D,

而且设找出 E,使得 B 比 C 如同 D 比 E。

现在,由于 A 比 B 如同 C 比 D,并且 B 比 C 如同 D 比 E,

那么,取首末比,A 比 C 如同 C 比 E。 [Ⅶ.14]

但 A, C 是互素的,互素的数也是最小的, [Ⅶ.21]

而且有相同比的数中的最小者,以相同倍数量尽其余的数,即前项量尽前项,而且后项量尽后项。 [Ⅶ.20]

所以作为前项量尽前项,A 量尽 C。

但它也量尽它自己,所以 A 量尽互素的数 A, C:这是不可能的。

故这时对 A, B, C 不可能找到第四比例项。]

接着,设 A, B, C 构成连比例,但设 A, C 不是互素的。

我断言对它们可能找到第四比例项。

为此,设 B 乘以 C 得 D,那么 A 或者量尽 D 或者量不尽 D。

首先,设 A 依照 E 量尽 D,所以 A 乘 E 得 D。

但,还有 B 乘以 C 也得 D。

所以 A, E 的乘积等于 B, C 的乘积。

于是有 A 比 B 如同 C 比 E。 [Ⅶ.19]

所以对 A, B, C 已经找到第四比例项 E。

其次,设 A 量不尽 D,

我断言对 A, B, C 不可能找到第四比例项。

因为,如果可能,设 E 已被找到,

所以 A, E 的乘积等于 B, C 的乘积。 [Ⅶ.19]

但 B, C 的乘积是 D, 于是 A, E 的乘积也等于 D。

所以 A 乘以 E 得 D, 于是 A 依照 E 量尽 D,

这样 A 量尽 D。而已设 A 量不尽 D; 这是不合理的。

于是当 A 量不尽 D 时, 对 A, B, C 不可能找到第四比例项。

接着, 设 A, B, C 既不成连比例, 两端也不是互素的。

又设 B 乘以 C 得 D。

类似地, 这时可证明, 如果 A 量尽 D, 对它们能找到第四比例项, 但是如果 A 量不尽 D, 这时就不可能找到第四比例项。

证完

给定三个数 a, b, c, 要求它们有第四个比例项的条件。

这个命题的希腊正文有缺陷, 欧几里得分四种情形讨论。

(1) a, b, c 不成连比例, 并且 a, c 互素。

(2) a, b, c 成连比例, 并且 a, c 不互素。

(3) a, b, c 不成连比例, 并且 a, c 不互素。

(4) a, b, c 成连比例, 并且 a, c 互素。

情形 (4) 已在 IX.17 中讨论, 证明了此时没有第四比例项。

这个正文证明了在情形 (1) 没有第四比例项。考虑 4, 6, 9, 我们可以看出此处有错误。其证明也是错误的。这个正文说, 若可能, 令 d 是 a, b, c 的第四比例项, 并且令

$$b : c = d : e。$$

由首末比, $\qquad\qquad a : c = c : e。$

因此 a 量尽 c: $\hfill [\text{Ⅶ}.20, 21]$

这是不可能的, 因为 a, c 互素。

但是这个没有证明第四比例项 d 不存在; 它只证明了若 d 是第四比例项, 则没有整数 e 满足方程

$$b : c = d : e。$$

事实上, 由 IX.16, 显然在方程

$$a : c = c : e$$

中, e 不可能是整数。

情形 (2) 和 (3) 是正确的, 前者是完整的, 而另一情形只是说"类似于"。

事实上, 这两种情形给出了全部所要的。

设取乘积 bc, 那么, 若 a 量尽 bc, 则可假定 $bc = ad$; 因而

345

$$a:b=c:d,$$

并且 d 是第四比例项。

但是，若 a 不能量尽 bc，则没有第四比例项。事实上，若 x 是第四比例项，则 ax 等于 bc，并且 a 就会量尽 bc。

在各种情形，a,b,c 有第四比例项的充分条件是 a 应当量尽 bc。

塞翁改正了这个证明，略去了我用刮号刮起来的部分以及情形(3)的最后几行。又，他没有区分四种情形，而只是两种情形。"或者 A,B,C 成比例并且 A,C 互素；或者不是。"而后，用"其次设 $A,B,C,\cdots$，求其第四比例项"代替引入情形(2)，在第二个刮号之后，塞翁只是说"但是，若不是这样"[即不是 a,b,c 是几何级数并且 a,c 互素]，"设 B 乘以 C 得到 D"，等等。

奥古斯特选择了塞翁的证明。海伯格没有这样做。

命题 20

预先给定任意多个素数，则有比它们更多的素数。

设 A,B,C 是预先给定的素数。

我断言有比 A,B,C 更多的素数。

为此，取能被 A,B,C 量尽的最小数，

并设它为 DE，再给 DE 加上单位 DF。

那么 EF 或者是素数或者不是素数。

首先，设它是素数。

那么已找到多于 A,B,C 的素数 A,B,C,EF。

其次，设 EF 不是素数，那么 EF 能被某个素数量尽。　　　　　　[Ⅶ.31]

设它被素数 G 量尽。

我断言 G 与数 A,B,C 任何一个都不相同。

因为，如果可能，设它是这样。

现在 A,B,C 量尽 DE，所以 G 也量尽 DE。

但它也量尽 EF。

所以 G 作为一个数，将量尽其差，即量尽单位 DF；这是不合理的。

所以 G 与数 A,B,C 任何一个都不同。

又由假设它是素数。

因已经找到了素数 A,B,C,G，它们的个数多于预先给定的 A,B,C 的个数。

　　　　　　　　　　　　　　　　　　　　　　　　　　　　　　证完

这是一个重要命题,**素数的个数是无穷的。**

可以看出,其证明与我们的代数教科书中的证明相同。设 $a,b,c,\cdots,k$ 是任意个数个素数。

取乘积 $abc\cdots k$ 并且加上单位。

则 $(abc\cdots k+1)$ 或者是素数,或者不是素数。

(1) 若是,我们就增加了另一个素数。

(2) 若不是,则它必然被某个素数 p 量尽。 [Ⅶ.31]

现在 p 不可能等于任一个素数 $a,b,c,\cdots,k$。

事实上,若它是其中一个,则它整除 $abc\cdots k$。又因为它整除 $(abc\cdots k+1)$,所以它量尽其差,即单位:这是不可能的。

所以在任何情形下我们可以得到一个新的素数。

并且这个过程可以进行到任何程度。

命题 21

如果把任意多的偶数相加,则其总和是偶数。

设把几个偶数 AB,BC,CD,DE 相加。

我断言其总和 AE 是偶数。

$$\frac{\quad\quad\quad\quad\quad\quad\quad\quad\quad\quad}{A\quad B\quad\quad\quad C\quad\quad\quad\quad\quad D\quad E}$$

因为,由于数 AB,BC,CD,DE 的每一个都是偶数,它有一个半部分。

[Ⅶ.定义 6]

这样总和 AE 也有一个半部分。

但是,可以被分成相等的两部分的数是偶数。 [Ⅶ.定义 6]

所以 AE 是偶数。

证完

从这个命题直至Ⅸ.34,都是关于奇、偶、"偶倍偶数"和"偶倍奇数"等定理的,全都是简单的并且无须解释。

命题 22

如果把许多奇数相加,而且它们的个数是偶数,则其总和将是偶数。

设有偶数个奇数 AB,BC,CD,DE,把它们加在一起。

我断言总和 AE 是偶数。

因为,由于数 AB,BC,CD,DE 每一个都是奇数,如果从每一个减去一个单位,那么每个余数将是偶数, [Ⅶ. 定义 7]

这样它们的总和是偶数。 [Ⅸ. 21]

$$\begin{array}{c|c|c|c|c} A & B & C & D & E \end{array}$$

但单位的个数也是偶数个,

所以总和 AE 也是偶数。 [Ⅸ. 21]

证完

命题 23

如果把一些奇数相加,而且它们的个数是奇数,则全体也是奇数。

设把一些奇数 AB,BC,CD 加在一起,它们的个数是奇数。

$$\begin{array}{c|c|c|cc} A & B & C & E & D \end{array}$$

我断言总和 AD 是奇数。

设从 CD 中减去单位 DE,则差 CE 是偶数。 [Ⅶ. 定义 7]

但 CA 也是偶数。 [Ⅸ. 22]

所以总和 AE 也是偶数。 [Ⅸ. 21]

又 DE 是一个单位,

所以 AD 是奇数。 [Ⅶ. 定义 7]

证完

命题 24

如果从偶数中减去偶数,则其差是偶数。

设从偶数 AB 减去偶数 BC。

我断言差 CA 是偶数。

$$\begin{array}{c|cc} A & C & B \end{array}$$

因为,AB 是偶数,它有一个半部分。 [Ⅶ. 定义 6]

同理,BC 也有一个半部分。

这样差 CA 也有一个半部分,从而差 AC 也是偶数。

证完

命题 25

如果从一个偶数减去一个奇数，则其差是奇数。

设从偶数 AB 减去奇数 BC。

我断言差 CA 是奇数。

为此设从 BC 减去单位 CD，　　　　　　　　　　　[Ⅶ. 定义 7]

所以 DB 是偶数。

但是 AB 也是偶数，

所以差 AD 也是偶数。　　　　　　　　　　　　　[Ⅸ. 24]

又 CD 是一个单位，

所以 CA 是奇数。　　　　　　　　　　　　　　[Ⅶ. 定义 7]

证完

命题 26

如果从一个奇数减去一个奇数，则其差将是偶数。

设从奇数 AB 减去奇数 BC。

我断言差 CA 是偶数。

因为，由于 AB 是奇数，设从它中减去单位 BD，

所以差 AD 是偶数。　　　　　　　　　　　　　[Ⅶ. 定义 7]

同理，CD 也是偶数。　　　　　　　　　　　　　[Ⅶ. 定义 7]

这样差 CA 也是偶数。　　　　　　　　　　　　　[Ⅸ. 24]

证完

命题 27

如果从一个奇数减去一个偶数，则其差是奇数。

设从奇数 AB 减去偶数 BC。

我断言差 CA 是奇数。

设从奇数 AB 减去单位 AD，那么 DB 是偶数。　　　　[Ⅶ.定义7]

但是 BC 也是偶数，

所以差 CD 是偶数。　　　　　　　　　　　　　　　[Ⅸ.24]

故 CA 是奇数。　　　　　　　　　　　　　　　　[Ⅶ.定义7]

证完

命题 28

如果一个奇数乘一个偶数，则此乘积是偶数。

设奇数 A 乘以偶数 B 得 C，

我断言 C 是偶数。

A ——
B ———
C —————

因为，由于 A 乘以 B 得 C，

所以在 A 中有多少单位，C 也就由多少个等于 B 的数相加。　[Ⅶ.定义15]

并且 B 是偶数，所以，C 是一些偶数的和。

但是，如果一些偶数加在一起，其总和是偶数。　　　　　[Ⅸ.21]

所以 C 是偶数。

证完

命题 29

如果一个奇数乘一个奇数，则其乘积是奇数。

设奇数 A 乘以奇数 B 得 C。

我断言 C 是奇数。

A ——
B ———
C —————

因为，A 乘以 B 得 C，

所以在 A 中有多少个单位，C 也就由多少

个等于 B 的数相加。　　　　　　　　　　　　　　[Ⅶ.定义15]

又，数 A，B 的每一个是奇数，所以 C 是奇数个奇数的和。

故 C 是奇数。　　　　　　　　　　　　　　　　　[Ⅺ.23]

证完

命题 30

如果一个奇数量尽一个偶数,则这个奇数也量尽它的一半。

设奇数 A 量尽偶数 B。

我断言 A 也量尽 B 的一半。

因为 A 量尽 B,设 A 量尽 B 得 C。

我断言 C 不是奇数。

因为,如果可能,设它是奇数。

那么,因为 A 量尽 B 得 C,所以 A 乘以 C 得 B。

于是 B 是奇数个奇数之和。

所以 B 是奇数:这是不合理的, [IX.23]

因为由假设它是偶数。

于是,C 不是奇数,而是偶数。

这样,A 偶数次量尽 B。

由此它也量尽 B 的一半。

证完

命题 31

如果一个奇数与某数互素,则这个奇数与某数的二倍互素。

设奇数 A 与数 B 互素,且设 C 是 B 的二倍。

我断言 A 与 C 互素。

因为,如果它们不互素,则有某一数量尽它们,设这数是 D。

现在 A 是奇数,于是 D 也是奇数,

又,由于 D 是量尽 C 的奇数,且 C 是偶数,

所以 D 也量尽 C 的一半。 [IX.30]

但 B 是 C 的一半,所以 D 量尽 B。

但它也量尽 A,所以 D 量尽互素的数 A,B:这是不可能的。

所以 A 不得不与 C 互素。

所以 A,C 是互素的。

证完

命题 32

从二开始,连续二倍起来的数列中的每一个数只是偶倍偶数。

设 B,C,D 是从 A 为二开始连续二倍起
来的数。

```
A ——
B ———
C ————
D —————
```

我断言 B,C,D 只是偶倍偶数。

显然,B,C,D 的每一个是偶倍偶数,因
为它是从二开始被加倍的。

进一步还可证它们每一个也只是偶倍偶数。

设从单位开始。

从单位开始的几个成连比例的数,并且单位后面的一个数 A 是素数,
则数 A,B,C,D 中最大者 D,除 A,B,C 外没有任何数量尽它。　　[Ⅸ.13]

又,数 A,B,C 每一个是偶数,

所以 D 只是偶倍偶数。　　　　　　　　　　　　　　　　[Ⅶ.定义 8]

类似地,我们能够证明数 B,C 的每一个也只是偶倍偶数。

证完

见关于Ⅶ.定义 8 到 11 的注,雅姆利克斯讨论了关于欧几里得的定义"偶
倍偶数"、"偶倍奇数"和"奇倍偶数"中的困难。

命题 33

如果一个数的一半是奇数,则它只是偶倍奇数。

设数 A 的一半是奇数。

```
—————
      A
```

我断言 A 仅是偶倍奇数。

现在,显然它是偶倍奇数,因为它的一半是奇数,此奇数量尽原数的次数为
偶数。　　　　　　　　　　　　　　　　　　　　　　　　　[Ⅶ.定义 9]

其次可证它也只是偶倍奇数。

因为,如果 A 也是偶倍偶数,

那么它被一个偶数量尽的次数是偶数。   [VII.定义8]

于是,虽然它的一半是奇数,而它的一半也将被一个偶

数量尽:这是不合理的。

故 A 只是偶倍奇数。

证完

命题 34

如果一个数既不是从二开始连续二倍起来的数,它的一半也不是奇数,那么它既是偶倍偶数也是偶倍奇数。

设数 A 既不是从二开始连续二倍起来的数,它的一

半也不是奇数。

$$\overline{}_{A}$$

我断言 A 既是偶倍偶数也是偶倍奇数。

显然 A 是偶倍偶数,

因为它的一半不是奇数。   [VII.定义8]

其次可证它也是偶倍奇数。

因为,如果平分 A,然后平分它的一半,而且继续这样作下去,我们就将得到某一个奇数,它量尽 A 的次数是偶数。

因为,否则,我们将得到二,从而 A 是从二开始连续二倍起来的数中的数:这与假设矛盾。

于是它是偶倍奇数。

但已证明了它也是偶倍偶数。

故 A 既是偶倍偶数也是偶倍奇数。

证完

命题 35

如果给出成连比例的任意个数,又从第二个与最后一个减去等于第一个的数,则从第二个数得的差比第一个数如同从最后一个数得的差比最后一个数以前各项之和。

设有从最小的 A 开始的一些数 A, BC, D, EF 构成连比例,又设从 BC 和 EF

中减去等于 A 的数 BG,HF。

我断言 GC 比 A 如同 EH 比 A,BC,D 之和。

为此,设 FK 等于 BC,且 FL 等于 D。

那么,由于 FK 等于 BC,并且其中部分 FH 等于部分 BG,

所以差 HK 等于差 GC。

又由于,EF 比 D 如同 D 比 BC,且如同 BC 比 A,

而 D 等于 FL,BC 等于 FK,且 A 等于 FH。

所以 EF 比 FL 如同 LF 比 FK,又如同 FK 比 FH。

由分比,EL 比 LF 如同 LK 比 FK,又如同 KH 比 FH。 　　　[Ⅶ.11,13]

所以也有,前项之一比后项之一如同所有前项的和比所有后项的和。

[Ⅶ.12]

因此,KH 比 FH 如同 EL,LK,KH 之和比 LF,FK,HF 之和。

但是 KH 等于 CG,FH 等于 A,且 LF,FK,HF 之和等于 D,BC,A 之和。

所以 CG 比 A 如同 EH 比 D,BC,A 的和。

故从第二个数得的差比第一个数如同从最后一个数得的差比最后一个数以前所有数之和。

证完

这个命题可能是算术卷中最有趣的命题,由于它给出了一个关于求几何级数的和的方法。

设 $a_1,a_2,a_3,\cdots,a_n,a_{n+1}$ 是几何级数。欧几里得的命题证明了

$$(a_{n+1}-a_1):(a_1+a_2+\cdots+a_n)=(a_2-a_1):a_1。$$

为了明显起见,我们使用代数的分数符号来表示命题。

欧几里得的方法是这样的。

因为

$$\frac{a_{n+1}}{a_n}=\frac{a_n}{a_{n-1}}=\cdots=\frac{a_2}{a_1},$$

所以由分比,

$$\frac{a_{n+1}-a_n}{a_n}=\frac{a_n-a_{n-1}}{a_{n-1}}=\cdots=\frac{a_3-a_2}{a_2}=\frac{a_2-a_1}{a_1}。$$

又因为一个前项比一个后项等于所有前项的和比所有后项的和, [Ⅶ.12]

所以

$$\frac{a_{n+1}-a_1}{a_n+a_{n-1}+\cdots+a_1}=\frac{a_2-a_1}{a_1}。$$

它给出了 $a_1 + a_2 + \cdots + a_n$ 或者 S_n。

为了与代数教科书中的结果比较,我们把级数写成

a, ar, ar^2, $\cdots$, ar^{n-1} (n 项),

我们有

$$\frac{ar^n - a}{S_n} = \frac{ar - a}{a},$$

或者

$$S_n = \frac{a(r^n - 1)}{r - 1}。$$

命题 36

设从单位起有一些连续二倍起来的连比例数,若所有数之和是素数,则这个和乘最后一个数的乘积将是一个完全数。

设从单位起数 A, B, C, D 是连续二倍起来的连比例数,且所有的和是素数,设 E 等于其和,设 E 乘 D 得 FG。

我断言 FG 是完全数。

因为,无论 A, B, C, D 有多少个,就设有同样多个数 E, HK, L, M 为从 E 开始连续二倍起来的连比例数,

于是,取首末比,A 比 D 如同 E 比 M。 [Ⅶ.14]

所以 E, D 的乘积等于 A, M 的乘积。 [Ⅶ.19]

又,E, D 的乘积是 FG,因而 A, M 的乘积也是 FG。

由于 A 乘 M 得 FG,所以依照 A 中单位数,M 量尽 FG。

又,A 是二,所以 FG 是 M 的二倍。

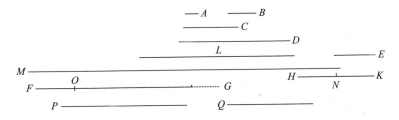

但是 M, L, HK, E 是彼此连续二倍起来的数,

所以 E, HK, L, M, FG 是连续二倍起来的连比例数。

现在,设从第二个 HK 和最后一个 FG 减去等于第一个 E 的数是 HN, FO,

所以,从第二个得的差比第一个如同从最后一个数得的差比最后一个数以前所有数之和。 [Ⅸ.35]

所以 *NK* 比 *E* 如同 *OG* 比 *M*,*L*,*HK*,*E* 之和。

而 *NK* 等于 *E*,所以 *OG* 等于 *M*,*L*,*HK*,*E* 之和。

但是 *FO* 也等于 *E*,且 *E* 等于 *A*,*B*,*C*,*D* 与单位之和。

所以整体 *FG* 等于 *E*,*HK*,*L*,*M* 与 *A*,*B*,*C*,*D* 以及单位之和,并且 *FG* 被它们所量尽。

也可以证明,除 *A*,*B*,*C*,*D*,*E*,*HK*,*L*,*M* 以及单位以外任何其他的数都量不尽 *FG*。

因为,如果可能,可设某数 *P* 量尽 *FG*,

并且设 *P* 与数 *A*,*B*,*C*,*D*,*E*,*HK*,*L*,*M* 中任何一个都不相同。

又,不论 *P* 量尽 *FG* 有多少次,就设在 *Q* 中有多少个单位,于是 *Q* 乘 *P* 将得 *FG*。

但是,还有 *E* 乘 *D* 也得 *FG*。

所以,*E* 比 *Q* 如同 *P* 比 *D*。   [Ⅶ.19]

而且,由于 *A*,*B*,*C*,*D* 是由单位起的连比例数,

所以除 *A*,*B*,*C* 外,任何其他的数量不尽 *D*。   [Ⅸ.13]

又由假设,*P* 不同于数 *A*,*B*,*C* 任何一个;

所以 *P* 量不尽 *D*。

但是 *P* 比 *D* 如同 *E* 比 *Q*,

所以 *E* 也量不尽 *Q*。   [Ⅶ.定义20]

又,*E* 是素数,

并且任一素数与它量不尽的数是互素的。   [Ⅶ.29]

所以,*E*,*Q* 互素。

但是互素的数也是最小的。   [Ⅶ.21]

并且有相同比的数中最小数,以相同的次数量尽其他的数,即前项量尽前项,后项量尽后项,   [Ⅶ.20]

又,*E* 比 *Q* 如同 *P* 比 *D*,

所以 *E* 量尽 *P* 与 *Q* 量尽 *D* 有相同的次数。

但是,除 *A*,*B*,*C* 外,任何其他的数都量不尽 *D*,

所以 *Q* 与 *A*,*B*,*C* 中的一个相同。

设它与 *B* 相同。

又,无论有多少个 *B*,*C*,*D*,就设从 *E* 开始也取同样多个数 *E*,*HK*,*L*。

现在 *E*,*HK*,*L* 与 *B*,*C*,*D* 有相同比。

于是取首末比,*B* 比 *D* 如同 *E* 比 *L*。   [Ⅶ.14]

所以 B,L 的乘积等于 D,E 的乘积。 [Ⅶ.19]

但是 D,E 的乘积等于 Q,P 的乘积,

所以 Q,P 的乘积也等于 B,L 的乘积。

所以 Q 比 B 如同 L 比 P。 [Ⅶ.19]

又,Q 与 B 相同,所以 L 也与 P 相同:

这是不可能的,因为由假设 P 与给定的数中任何一个都不相同。

所以,除 A,B,C,D,E,HK,L,M 和单位外,没有数量尽 FG。

又证明了 FG 等于 A,B,C,D,E,HK,L,M 以及单位的和;

又一个完全数等于它自己所有部分的和的数。 [Ⅶ.定义22]

故 FG 是完全数。

证完

若级数

$$1,2,2^2,\cdots,2^{n-1}$$

的和是素数,则这个和与最后一项的乘积是"完全"数,即等于所有它的因子的和。

设 $1+2+2^2+\cdots+2^{n-1}(\ =S_n)$ 是素数,则

$S_n\cdot 2^{n-1}$ 是完全数。

取 $(n-1)$ 项的级数

$$S_n,2S_n,2^2S_n,\cdots,2^{n-2}S_n。$$

它与

$$2,2^2,2^3,\cdots,2^{n-1}$$

逐项成比例。

由首末比,

$$2:2^{n-1}=S_n:2^{n-2}S_n, \qquad [\ Ⅶ.14\ ]$$

或者 $\qquad 2:2^{n-2}S_n=2^{n-2}S_n。 \qquad [\ Ⅶ.19\ ]$

(从代数上看这是显然的,但是欧几里得的记号要求证明。)

现在由 Ⅸ.35,对于几何级数 $S_n,2S_n,2^2S_n,\cdots,2^{n-2}S_n$,

有 $(2S_n-S_n):S_n=(2^{n-1}S_n-S_n):(S_n+2S_n+\cdots+2^{n-2}S_n)。$

所以 $\qquad S_n+2S_n+2^2S_n+\cdots+2^{n-2}S_n=2^{n-1}s_n-S_n,$

或者 $\qquad 2^{n-1}S_n=S_n+2S_n+2^2S_n+\cdots+2^{n-2}S_n+S_n$

$$=S_n+2S_n+2^2S_n+2^2S_n+\cdots+2^{n-2}S_n+(1+2+2^2+$$

$$\cdots+2^{n-1}),$$

并且 $2^{n-1}S_n$ 被表示式右边的每一项量尽。

现在要证明 $2^{n-1}S_n$ 没有除了这些项的其他因子。

若假定它有不同的因子 x,设

$$2^{n-1}S_n = x \cdot m。$$

所以 $\qquad\qquad\qquad\qquad S_n : m = x \cdot 2^{n-1}。$ 　　　　　　　　　[Ⅶ.19]

现在 2^{n-1} 只能被级数 $1,2,2^2,\cdots,2^{n-1}$ 中的项量尽, 　　　　[Ⅸ.13]

并且 x 不同于所有这些项,故 x 不能量尽 2^{n-1},于是 S_n 不能量尽 m。

　　　　　　　　　　　　　　　　　　　　　　　　　　[Ⅶ.定义20]

又 S_n 是素数,故与 m 互素。 　　　　　　　　　　　　　　　[Ⅶ.29]

由[Ⅶ.20,21]可以推出

$$m \text{ 量尽 } 2^{n-1}。$$

假定 $m = 2^r$。

由首末比,$2^r : 2^{n-1} = S_n : 2^{n-r-1}S_n$。

所以 $2^r \cdot 2^{n-r-1}S_n = 2^{n-1}S_n$ 　　　　　　　　　　　　[Ⅶ.19]

$$= x \cdot m。$$

并且 $m = 2^r$;

所以 $x = 2^{n-r-1}S_n$,是 $1,2,2^2,\cdots,2^{n-2}$ 中的一个项:这与假设矛盾。

因而 $2^{n-1}s_n$ 没有除了 $S_n,2S_n,2^2S_n,\cdots,2^{n-1}S_n,1,2,2^2,\cdots,2^{n-1}$ 之外的因子。

塞翁和尼科马丘斯定义了"完全"数。尼科马丘斯给出了四个完全数,6, 28,496,8128。他说它们是按"顺序"的,小于 10 有一个,小于 100 有一个,小于 1000 有一个,小于 10000 有一个;他又说它们的末尾数是 6,8 交替的。用公式 $(2^n - 1)2^{n-1}$ 容易证明它们的末尾的确是 6 或 8[参考 Loria,*Le scienze esatte nell' antica Grecia*,pp. 840—1],但是并不是交替的。事实上,第五个和第六个完全数的末尾是 6,而第七个和第八个的末尾是 8。

自从欧几里得时代以来,完全数的主题使数学家极度迷恋。费马(Fermat, 1601—1665)给梅森(Mersenne)的信中(*Euvres de Fermat*,ed. Tannery and Henry,Vol. Ⅱ.,1894,pp.197—9)阐述了三个命题,有关 $2^n - 1$ 是否是素数。我们首先写下

1	2	3	4	5	6	7	8	9	10	11	$\cdots$	n
1	3	7	15	31	63	127	255	511	1023	2047	$\cdots$	$2^n - 1$。

其中第二行是 2 的相应幂减 1,即 $2^n - 1$。这两行数有如下关系。

1. 若指数不是素数,则对应的数也不是素数(由于 $a^{pq} - 1$ 总可以被 $a^p - 1$

以及 $a^q - 1$ 整除）

2. 若指数是素数,则对应的数减 1 被二倍的指数整除。$[(2^n - 2)/2n = (2^{n-1} - 1)/n$,这是费马定理的特殊情形。费马定理是若 p 是素数,并且 a, p 互素,则 $a^{p-1} - 1$ 被 p 整除。$]$

3. 若指数 n 是素数,则对应的数只能被形为 $(2mn + 1)$ 的数整除。因此,若在第二行的对应数没有这种形式的因子,则它就没有整数因子。

第一个和第三个命题对这个问题是特别有用的。像通常一样,费马没有给出他的证明。

我增加了前四个完全数后面的一些发现。

第五个 $2^{12}(2^{13} - 1) = 33550336$

第六个 $2^{16}(2^{17} - 1) = 8589869056$

第七个 $2^{18}(2^{19} - 1) = 137438691328$

第八个 $2^{30}(2^{31} - 1) = 2305843008139952128$

第九个 $2^{60}(2^{61} - 1) = 2658455991569831744654692615953842176$

第十个 $2^{88}(2^{89} - 1)$

已经证明了 $2^{107} - 1, 2^{127} - 1$ 是素数,因此 $2^{106}(2^{107} - 1), 2^{106}(2^{107} - 1)$ 是完全数。

雅姆利克斯可能知道第五个完全数,尽管他没有给出它;在 15 世纪,柯特泽(Curtze, *Cod. lat.* Monac. 14908)发现了它的所有因子。简·普雷斯泰特(Jean Prestet,逝于 1670)计算了前八个完全数。费马断言,欧拉(Euler)证明了 $2^{81} - 1$ 是素数。西尔霍夫(P. Seelhoff)发现了第九个完全数(*Zeitschrift für Math. u. Physik*, XXXI., 1886, pp. 174—8)并且被卢卡斯(E. Lucas)验证(*Mathesis*, Ⅶ., 1887, pp, 45—6)。波阿斯(R. E. Powers)发现了第十个完全数(见 *Bulletin of the American Mathematical Society*, XVIII., 1912, p. 162),福奎姆伯格(E. Fauquembergue)和波阿斯 1914 年证明了 $2^{107} - 1$ 是素数,福奎姆伯格证明了 $2^{107} - 1$ 是素数。

是否存在不同于欧几里得型的“完全数”,特别是奇完全数的问题直到现在仍没有解决。(参见 Sylvester 的注释,在 *Comptes Rendus*, CVI., 1888; Catalan, "Mélanges mathématiques" in *Mém. de la Soc.* de Liége, 2e Série, XV., 1888, pp. 205—7; C. Servais in *Mathésis*, Ⅶ., pp. 228—30 and Ⅷ. pp. 92—93, 135; E. Cesaro in *Mathésis*, Ⅶ., pp 245—6; E. Lucas in *Mathésis*, X., pp. 74—6)。

关于这个主题的详细历史见 L. E. Dickson, *History of the Theory of Numbers*, Vol. l., 1919, pp. Ⅲ—Ⅳ, 3—33。